U0225065

亚热带建筑科学国家重点实验室　华南理工大学建筑历史文化研究中心　资助

国家自然科学基金资助项目「中国古代城市规划、设计的哲理、学说及历史经验研究」（项目号 50678070）

国家自然科学基金资助项目「中国古城水系营建的学说及历史经验研究」（项目号 51278197）

中国城市营建史研究书系　吴庆洲　主编

近代武昌城市发展与空间形态研究

Historical and Morphological Study on the Transformation of Wuchang in Modern Times

吴薇 著

WU Wei

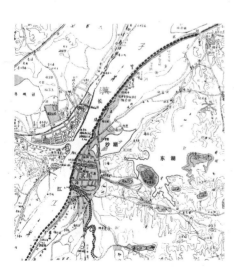

中国建筑工业出版社

图书在版编目（CIP）数据

近代武昌城市发展与空间形态研究 / 吴薇著. —北京：中国建筑
工业出版社，2014.11
（中国城市营建史研究书系）
ISBN 978-7-112-17547-5

Ⅰ.①近…　Ⅱ.①吴…　Ⅲ.①区（城市）—城市建设—城市史—
武汉市—近代　Ⅳ.①TU984.263.1

中国版本图书馆CIP数据核字（2014）第274844号

责任编辑：周艳明

中国城市营建史研究书系
近代武昌城市发展与空间形态研究

吴薇　著

*

中国建筑工业出版社出版、发行（北京西郊百万庄）
各地新华书店、建筑书店经销
广州友间文化有限公司制版
广州佳达彩印有限公司印刷

*

开本：787×1092毫米　1/16　印张：19⅝　字数：372千字
2014年12月第一版　　2014年12月第一次印刷
定价：**48.00**元
ISBN 978-7-112-17547-5
（26761）

中国城市营建史研究书系编辑委员会名录

顾　问（按姓氏笔画为序）：
　　王瑞珠　阮仪三　邹德慈　夏铸九　傅熹年

主　编：
　　吴庆洲

副主编：
　　苏　畅

编　委（按姓氏笔画为序）：
　　王其亨　王贵祥　田银生　刘克成　刘临安
　　陈　薇　赵万民　赵　辰　常　青　程建军
　　傅朝卿
　　Paolo Ceccarelli（齐珂理，意大利）
　　Peter Bosselmann（鲍斯文，德国）

总序　迎接中国城市营建史研究之春天

吴庆洲

本文是中国建筑工业出版社于2010年出版的"中国城市营建史研究书系"的总序。笔者希望借此机会，讨论中国城市营建史研究的学科特点、研究方法、研究内容和研究特色等若干问题，以推动中国城市营建史研究的进一步发展。

一、关于"营建"

"营建"是经营、建造之谓，包含了从筹划、经始到兴造、缮修、管理的完整过程，正是建筑史学中关于城市历史研究的经典范畴，故本书系以"城市营建史"称之。在古代汉语文献中，国家、城市、建筑的构建都常使用营建一词，其所指不仅是建造，也同时有形而上的意涵。

中国城市营建史研究的主要学科基础是建筑学、城市规划学、考古学和历史学，以往建筑史学中有"城市建设史"、"城市发展史"、"城市规划史"等称谓，各有关注的角度和不同的侧重。城市营建史是城市史学研究体系的子系统，不能离开城市史学的整体视野。

二、国际城市史研究及中国城市史研究概况

城市史学的形成期十分漫长。在城市史被学科化之前，已经有许多关于城市历史的研究了，无论是从历史的视角还是社会、政治、文学等其他视角，这些研究往往与城市的集中兴起、快速发展或危机有关。

古希腊的城邦和中世纪晚期意大利的城市复兴分别造就了那个时代关于城市的学术讨论，现代意义上的城市学则源自工业革命之后的城市发展高潮。一般认为，西方的城市史学最早出现于20世纪20年代的美国芝加哥等地，与城市社会学渊源颇深。[1] 二次世界大战后，欧美地区的社会史、城市史、地方史等有了进一步发展。但城市史学作为现代意义上的历史学的一个分支学科，是在20世纪60年代才出现的。著名的城市理论家刘易斯·芒福德（Lewis Mumford，1895—1990）著《城市发展史——起源、演变和前景》即成书于1961年。现在，芒福德、本奈沃洛

5

---

[1] 罗澍伟.中国城市史研究述要[J].城市史研究，1988，1.

（Leonardo Benevolo，1923—）、科斯托夫（Spiro Kostof，1936—1991）等城市史家的著作均已有中文译本。据统计，国外有关城市史著作20世纪60年代按每年度平均计算突破了500种，70年代中期为1000种，1982年已达到1400种。[1] 此外，海外关于中国城市的研究也日益受到重视，施坚雅（G.William Skinner，1923—2008）主编的《中华帝国晚期的城市》、罗威廉（William Rowe，1931—）的汉口城市史研究、申茨（Alfred Schinz，1919—）的中国古代城镇规划研究、赵冈（1929—）经济制度史视角下的城市发展史研究、夏南悉（Nancy Shatzman-Steinhardt）的中国古代都城研究以及朱剑飞、王笛和其他学者关于北京、上海、广州、佛山、成都、扬州等地的城市史研究已经逐渐为国内学界熟悉。仅据史明正著《西文中国城市史论著要目》统计，至2000年11月，以外文撰写的中国城市史有论著200多部（篇）。

中国古代建造了许多伟大的城市，在很长的时间里，辉煌的中国城市是外国人难以想象也十分向往的"光明之城"。中国古代有诸多关于城市历史的著述，形成了相应的城市理论体系。现代意义上的中国城市史研究始于20世纪30年代。刘敦桢先生的《汉长安城与未央宫》发表于1932年《中国营造学社汇刊》第3卷3期，开国内城市史研究之先河。中国城市史研究的热潮出现在20世纪80年代以后，应该说，这与中国的快速城市化进程不无关系。许多著作纷纷问世，至今已有数百种，初步建立了具有自身学术特色的中国城市史研究体系。这些研究建立在不同的学术基础上，历史学、地理学、经济学、人类学、水利学和建筑学等一级学科领域内，相当多的学者关注城市史的研究。城市史论著较为集中地来自历史地理、经济史、社会史、文化史、建筑史、考古学、水利史、人类学等学科，代表性的作者如侯仁之（1911—）、史念海（1912—2001）、杨宽（1914—2005）、韩大成（1924—）、隗瀛涛（1930—2007）、皮明庥（1931—）、郭湖生（1931—2008）、马先醒（1936—）、傅崇兰（1940—）等先生。因著作数量较多，恕不一一列举。

由20世纪80年代起，到2010年，研究中国城市史的中外著作，加上各大学城市史博士学位论文，估计总量应达500部以上。一个研究中国城市史的热潮正在形成。

近年来城市史学研究中一个引人注目的现象就是对空间的日益重视——无论是形态空间还是社会空间，而空间研究正是城市营建史的传统领域，营建史学者们在空间上的长期探索已经在方法上形成了深厚的积淀。

---

[1] 近代重庆史课题组. 近代中国城市史研究的意义、内容及线索. 载天津社会科学院历史研究所、天津城市科学研究会主办. 城市史研究. 第5辑. 天津：天津教育出版社，1991.

三、中国城市营建史研究的回顾

城市营建史研究在方法和内容上不能脱离一般城市史学的基本框架，但更加偏重形式制度、城市规划与设计体系、形态原理与历史变迁、建造过程、工程技术、建设管理等方面。以往的中国城市营建史研究主要由建筑学者、考古学者和历史学者来完成，亦有较多来自社会学者、人类学者、经济史学者、地理学者和艺术史学者等的贡献，学科之间融合的趋势日渐明显。

虽然刘敦桢先生早在1932年发表了《汉长安城与未央宫》，但相对于中国传统建筑的研究而言，中国城市营建史的起步较晚。同济大学董鉴泓教授主编的《中国城市建设史》1961年完成初稿，后来补充修改成二稿、三稿，阮仪三参加了大部分资料收集及插图绘制工作，1982年由中国建筑工业出版社出版，是系统讨论中国城市营建史的填补空白之作，也是城市规划专业的教科书。我本人教过城市建设史，用的就是董先生主编的书。后来该书又不断修订、增补，内容更加丰富、完善。

郭湖生先生在城市史研究上建树颇丰，在《建筑师》上发表了中华古代都城小史系列论文，1997年结集为《中华古都——中国古代城市史论文集》（台北：空间出版社）。曹汛先生评价：

"郭先生从八十年代开始勤力于城市史研究，自己最注重地方城市制度、宫城与皇城、古代城市的工程技术等三个方面。发表的重要论文有《子城制度》、《台城考》、《魏晋南北朝至隋唐宫室制度沿革——兼论日本平城京的宫室制度》等三篇，都发表在日本的重头书刊上。" [1]

贺业钜先生于1986年发表了《中国古代城市规划史论丛》，1996年出版的《中国古代城市规划史》是另一本重要著作，对中国古代城市规划的制度进行了较深入细致的研究。

吴良镛先生一直关注中国城市史的研究，英文专著《中国古代城市史纲》1985年在联邦德国塞尔大学出版社出版，他还关注近代南通城市史的研究。

华南理工大学建筑学科对城市史的研究始于龙庆忠（非了）先生，龙先生1983年发表的《古番禺城的发展史》是广州城市历史研究的经典文献。

其实，建筑与城市规划学者关注和研究城市史的人越来越多，以上只是提到几位老一辈的著名学者。至于中青年学者，由于人数较多，难以一一列举。

华南理工大学建筑历史与理论博士点自20世纪80年代起就开始培养城市史和城市防灾研究的博士生，龙先生培养的五个博士中，有四位的博

7

[1] 曹汛.伤悼郭湖生先生[J].建筑师2008，6：104-107.

士论文为城市史研究：吴庆洲《中国古代城市防洪研究》（1987），沈亚虹《潮州古城规划设计研究》（1987），郑力鹏《福州城市发展史研究》（1991），张春阳的《肇庆古城研究》（1992）。龙先生倡导在城市史研究中重视城市防灾（其实质是重视城市营建与自然地理、百姓安危的关系）、重视工程技术和管理技术在城市营建过程中的作用、重视从古代的城市营建中获取能为今日所用的经验与启迪。

龙老开创的重防灾、重技术、重古为今用的特色，为其学生们所继承和发扬。陆元鼎教授、刘管平教授、邓其生教授、肖大威教授、程建军教授和笔者所指导的博士中，不乏研究城市史者，至2010年9月，完成的有关城市营建史的博士学位论文已有20多篇。

四、中国城市营建史研究的理论与方法

诚如许多学者所注意到的，近年以来，有关中国城市营建史的研究取得了长足的进展，既有基于传统研究方法的整理和积累，也从其他学科和海外引入了一些新的理论、方法，一些新的技术也被引入到城市史研究中。笔者完全同意何一民先生的看法：城市史研究已经逐渐成为与历史学、社会学、经济学、地理学等学科密切联系而又具有相对独立性的一门新学科。[1]

笔者认为，中国城市营建史的研究虽然面临着方法的极大丰富，但仍应注意立足于稳固的研究基础。关于方法，笔者有如下的体会：

1. 系统学方法

系统学的研究对象是各类系统。"系统"一词来自古代希腊语"systemα"，是指若干要素以一定结构形式联结构成的具有某种功能的有机整体。现代系统思想作为一种对事物整体及整体中各部分进行全面考察的思想，是由美籍奥地利生物学家贝塔朗菲（Ludwig Von Bertalanffy，1901—1972）提出的。系统论的核心思想是系统的整体观念。

钱学森在1990年提出的"开放的复杂巨系统"（Open Complex Giant System）理论中，根据组成系统的元素和元素种类的多少以及它们之间关联的复杂程度，将系统分为简单系统和巨系统两大类。还原论等传统研究方法无法处理复杂的系统关系，从定性到定量的综合集成法（meta-synthesis）才是处理开放、复杂巨系统的唯一正确的方法。这个研究方法具有以下特点：（1）把定量研究和定性研究有机结合起来；（2）把科学技术方法和经验知识结合起来；（3）把多种学科结合起来进行交叉研究；（4）把宏观研究和微观研究结合起来。[2]

---

[1] 何一民主编. 近代中国衰落城市研究[M]. 成都: 巴蜀书社, 2007: 14.

[2] 钱学森, 于景元, 戴汝. 一个科学新领域——开放的复杂巨系统及其方法论[J]. 自然杂志, 1990, 1: 3-10.

8

城市是一个开放的复杂巨系统，不是细节的堆积。

2. 多学科交叉的方法

中国城市营建史不只是城市规划史、形态史、建筑史，其研究涉及建筑学、城市规划学、水利学、地理学、水文学、天文学、宗教学、神话学、军事学、哲学、社会学、经济学、人类学、灾害学等多种学科，只有多学科的交叉，多角度的考察，才可能取得好的成果，靠近真实的城市历史。

3. 田野与文献不能偏废，应采用实地调查与查阅历史文献相结合、考古发掘成果与历史文献的记载进行印证相结合、广泛的调查考察与深入细致的案例分析相结合的方法。

4. 比较研究

和许多领域的研究一样，比较研究在城市史中是有效的方法。诸如中西城市、沿海与内地城市、不同地域、不同时期、不同民族的城市的比较研究，往往能发现问题，显现特色。

5. 借鉴西方理论和方法应考虑是否适用中国国情

中国城市营建史的研究可以借鉴西方一些理论和方法，诸如形态学、类型学、人类学、新史学的理论和方法等。但不宜生搬硬套，应考虑其是否适用于中国国情。任放先生所言极有见地：

任何西方理论在中国问题研究领域的适用度，都必须通过实证研究加以证实或证伪，都必须置于中国本土的历史情境中予以审视，绝不能假定其代表客观真理，盲目信从，拿来就用，造成所谓以论带史的削足适履式的难堪，无形中使中国历史的实态成为西方理论的注脚。我们应通过扎实的历史研究，对西方理论的某些概念和分析工具提出修正或予以抛弃，力求创建符合中国社会情境的理论架构。

在借鉴西方诸社会科学方法时，应该保持警觉，力戒西方中心主义的魅影对研究工作造成干扰。[1]

6. 提倡研究的理论和方法的创新

依靠多学科交叉、借鉴其他学科，就有可能找到新的研究理论和方法。

比如，拙著《中国古城防洪研究》第四章第三节"古代长江流域城市水灾频繁化和严重化"中，研究表明，中国历代人口的变化与长江流域城市水灾的频率的变化有着惊人的相关性，从而得出"古代中国人口的剧增，加重了资源和环境的压力，加重了城市水灾"的结论。[2] 这是从社会学的角度以人口变化的背景研究城市水灾变化的一种探索，仅仅从工程技术的角度是很难解答这一问题的。

9

---

[1] 任放. 中国市镇的历史研究与方法[M]. 北京：商务印书馆，2010：357-358，367.

[2] 吴庆洲. 中国古城防洪研究[M]. 北京：中国建筑工业出版社，2009：187-195.

五、中国城市营建史的研究要突出中国特色

类似生物有遗传基因那样，民族的传统文化（包括科学），也有控制其发育生长，决定其性状特征的"基因"，可称"文化基因"。文化基因表现为民族的传统思维方式和心理底层结构。中国传统文化作为一个整体有明显的阴性偏向，其本质性特征与一般女性的心理和思维特征相一致；而西方则有明显的阳性偏向，其特征与一般男性的心理和思维特征相一致。

在古代学术思想史上，西方学者多立足空间以视时间；中国学者多立足时间以视空间。所以西方较多地研究了整体的空间特性和空间性的整体，中国则较多地探寻了整体的时间特性和时间性的整体。[1]

世界上几乎每个民族都有自己特殊的历史、文化传统和思维方式。思维方式有极强的渗透性、继承性、守常性。从文化人类学的观点看，思维方式的考察对于说明世界历史的发展有重要的理论价值。在社会、哲学、宗教、艺术、道德、语言文字等方面，中国与欧洲鲜明显示出两种不同的体系，不同的走向，不同的格调。[2]

由于"文化基因"的不同，中国城市的营建必然具有中国特色，中国的城市是中国人在自己的哲学理念指导下，根据城市的地理环境选址，按照自己的理想和要求营建的，中国的城市体现的是中国的文化特色。中国城市营建史一定要注意中国特色、研究中国特色、突出中国特色。

我们运用现代系统论的理论，也要认识到中国古代的易经和老子哲学也是用的系统论观点，认为天、地、人三才为一个开放的宇宙大系统，天、地、人、三才合一为古人追求的最高的理想境界，这些都投射到了城市营建之中。

赵冈先生从经济史的角度出发，发现中国与西方的城市发展完全不同。第一，中国城市发展的主要因素是政治力量，不待工商业之兴起，所以中国城市兴起很早。第二，政治因素远不如工商业之稳定，常常有巨大的波动及变化，所以许多城市的兴衰变化也很大，繁华的大都市转眼化为废墟是屡见不鲜之事。此外，赵冈的研究还发现中国的城乡并不似欧洲中世纪那样对立，战国以后井田制度解体，城乡人民可以对流，基本上城乡是打成一片的。[3]赵冈先生的研究成果显现了中国城市的若干特色。

中国城市营建史中有着太多的特色等待着更多的研究者去做深入的发掘。即以笔者的研究体会为例：

---

[1] 田盛颐.中国系统思维再版序.刘长林著.中国系统思维——文化基因探视[M].北京：社会科学文献出版社，2008.
[2] 刘长林.中国系统思维——文化基因探视[M].北京：社会科学文献出版社，2008：1-2.
[3] 赵冈.中国城市发展史论集[M].北京：新星出版社，2006：90-91.

中国的古城的城市水系，是多功能的统一体，被称为古城的血脉。[1] 这是一大特色。

作为军事防御用的中国古代城池，同时又能防御洪水侵袭，它是军事防御和防洪工程的统一体，[2] 为其一大特色。

研究城市形态，可别忘了，我国古人按照周易哲学，有"观象制器"的传统，也有"仿生象物"的营造意匠。[3]

只有关注中国特色，才能发现并突出中国特色，才能研究出真正的中国城市营建史的成果。

六、研究中国城市营建史的现实意义

中国古城有6000年以上的历史，在古代世界，中国的城市规划、设计取得了举世瞩目的成就，建设了当时最壮美、繁荣的城市。汉唐的长安城、洛阳城，六朝古都南京城、宋代东京城、南宋临安城、元大都城、明清北京城都是当时最壮丽的都市。明南京城是世界古代最大的设防城市。中国古代城市无论在规模之宏大、功能之完善、生态之良好、景观之秀丽上，都堪称当时世界之最。

吴良镛院士指出：

中国古代城市是中国古代文化的重要组成部分。在封建社会时期，中国城市文化灿烂辉煌，中国可以说是当时世界上城市最发达的国家之一。其特点是：城市分布普遍而广泛,遍及黄河流域、长江流域、珠江流域等；城市体系严密规整，国都、州、府、县治体系严明；大城市繁荣，唐长安、宋开封、南宋临安等地区可能都拥有百万人口；城市规划制度完整，反映了不得逾越的封建等级制度等等；所有这些都在世界城市史上占有独特的重要地位。……中国古代城市有高水平的建筑文化环境。中国传统的城市建设独树一帜，'辨方正位'，'体国经野'，有一套独具中国特色的规划结构、城市设计体系和建筑群布局方式，在世界城市史上也占有独特的位置。[4]

中国古人在城市规划、城市设计上有相应的哲理、学说以及丰富的历史经验，这是一笔丰厚的文化与科学技术遗产，值得我们去挖掘、总结，并将其有生命活力的部分，应用于今天的城市规划、城市设计之中。

20世纪80年代之后，我国的城市化进程迅速加快，但城市规划的理论和实践处于较低水平，并且理论尤为滞后。正因为城市规划理论的滞后，

---

[1] 吴庆洲. 中国古代的城市水系[J]. 华中建筑，1991，2：55-61.

[2] 吴庆洲. 中国古城防洪研究[M]. 北京：中国建筑工业出版过，2009：563-572.

[3] 吴庆洲. 仿生象物——传统中国营造意匠探微[J]. 城市与设计学报，2007. 9，28：155-203.

[4] 吴良镛. 建筑·城市·人居环境[M]. 石家庄：河北教育出版社，2003：378-379.

我们国家的城市面貌出现城市无特色的"千城一面"的状况。出现这种状况有两种原因：

一是由于我们的规划师、建筑师不了解我国城市的过去，也没有结合国情来运用西方的规划理论，而是盲目效仿。正如刘太格先生所认为的："欧洲城市建设善于利用山、水和古迹，其现代化和国际化的创作都具有本土特色，在长期的城市发展中，设计者们较好地实现了新旧文明的衔接，并进而向全球推广欧洲文化。亚洲城市建设过程中缺少对山水和古迹的保护，设计者中'现代化'、'国际化'的追随者较多，设计缺少本土特色。"即亚洲的"建设者自信不足，不了解却迷信西方文化，盲目地崇拜和模仿西洋建筑，而不珍惜亚洲自己的文化。"[1]事实上，山、水在中国古代城市的营建中具有着十分重要的意义，例如广州城，便立意于"云山珠水"。只是由于当代人对城市历史的不了解，山水才在城市的蔓延和拔高中逐渐变得微不足道，以至于成为了被慢慢淡忘的"历史"了。

二是中国古城营建的哲理、学说和历史经验，尚有待总结，才能给城市规划师、建筑师和有关决策者、建设者和管理人员参考运用。城市营建的历史本身是一种记忆，也是一门重要而深奥的学问。中国城市营建史研究不可建立在功利性的基础之上，但城市营建的现实性决定了它也不能只发生在书斋和象牙塔之内，对于处于巨变中的中国城市来说，城市营建在观念、理论、技术和管理上的历史经验、智慧和教训完全应该也能够成为当代城市福祉的一部分。

中国城市营建史之研究，有重大的理论研究价值和指导城市规划、城市设计的实践意义。从创造和建设具有中国特色的现代化城市，以及对世界城市规划理论作出中国应有的贡献这两方面，这一研究的理论和实践意义都是重大的。

七、中国城市营建史研究的主要内容

各个学科研究城市史各有其关注的重点。笔者认为，以建筑学和城市规划学以及历史学为基础学科的中国城市营建史的研究应体现出自身学科的特色，应在城市营建的理论、学说，城市的形态、营建的科学技术以及管理等方面作更深入、细致的研究。中国城市营建史应关注：

（1）中国古代城市营建的学说；

（2）影响中国古代城市营建的主要思想体系；

（3）中国古代城市选址的学说和实践；

（4）城市的营造意匠与城市的形态格局；

---

[1] 万育玲. 亚洲城乡应与欧洲争艳——刘太格先生谈亚洲的城市建设[J]. 规划师. 2006,
3: 82-83.

（5）中国古代城池军事防御体系的营建和维护；

（6）中国古城防洪体系的营造和管理；

（7）中国古代城市水系的营建、功用及管理维护；

（8）中国古城水陆交通系统的营建与管理；

（9）中国古城的商业市街分布与发展演变；

（10）中国古代城市的公共空间与公共生活；

（11）中国古代城市的园林和生态环境；

（12）中国古代城市的灾害与城市的盛衰；

（13）中国古代的战争与城市的盛衰；

（14）城市地理环境的演变与其盛衰的关系；

（15）中国古代对城市营建有创建和贡献的历史人物；

（16）各地城市的不同特色；

（17）城市营建的驱动力；

（18）城市产生、发展、演变的过程、特点与规律；

（19）中外城市营建思想比较研究；

（20）中外城市营建史比较研究，等等。

八、迎接中国城市营建史研究之春天

中国城市营建史研究书系首批出版十本，都是在各位作者所完成的博士学位论文的基础上修改补充而成的，也是亚热带建筑科学国家重点实验室和华南理工大学建筑历史文化研究中心的学术研究成果。这十本书分别是：

（1）苏畅著《〈管子〉城市思想研究》；

（2）张蓉著《先秦至五代成都古城形态变迁研究》；

（3）万谦著《江陵城池与荆州城市御灾防卫体系研究》；

（4）李炎著《南阳古城演变与清"梅花城"研究》；

（5）王茂生著《从盛京到沈阳——城市发展与空间形态研究》；

（6）刘剀著《晚清汉口城市发展与空间形态研究》；

（7）傅娟著《近代岳阳城市转型和空间转型研究（1899—1949）》；

（8）贺为才著《徽州村镇水系与营建技艺研究》；

（9）刘晖著《珠江三角洲城市边缘传统聚落的城市化》；

（10）冯江著《祖先之翼——明清广州府的开垦、聚族而居与宗族祠堂的衍变》。

这些著作研究的时间跨度从先秦至当下，以明清以来为主。研究的地域北至沈阳，南至广州，西至成都，东至山东，以长江以南为主。既有关于城市营建思想的理论探讨，也有对城市案例和村镇聚落的研究，以案例的深入分析为主。从研究特点的角度，可以看到这些研究主要集中于以下主题：城市营建理论、社会变迁与城市形态演变、城市化的社会与空间过程、城与乡。

《〈管子〉城市思想研究》是一部关于城市思想的理论著作，讨论的是我国古代的三代城市思想体系之一的管子营城思想及其对后世的影响。

有六位作者的著作是关于具体城市的案例解析，因为过往的城市营建史研究较多地集中于都城、边城和其他名城，相对于中国古代城市在层次、类型、时期和地域上的丰富性而言，营建史研究的多样性尚嫌不足，因此案例研究近年来在博士论文的选题中得到了鼓励。案例积累的过程是逐渐探索和完善城市营建史研究方法和工具的过程，仍然需要继续。

另有三位作者的论文是关于村镇甚至乡土聚落的，可能会有人认为不应属于城市史研究的范畴。在笔者看来，中国古代的城与乡在人的流动、营建理念和技术上存在着紧密的联系，区域史框架之内的聚落史是城市史研究的另一方面。

正是因为这些著作来源于博士学位论文，因此本书系并未有意去构建一个完整的框架，而是期待更多更好的研究成果能够陆续出版，期待更多的青年学人投身于中国城市营建史的研究之中。

让我们共同努力，迎接中国城市营建史研究之春天的到来！

吴庆洲
华南理工大学建筑学院　教授
亚热带建筑科学国家重点实验室　学术委员
华南理工大学建筑历史文化研究中心　主任

目　录

第一章 绪 论

本论文属于中国城市营建史的范畴。中国城市营建史可以分为中国古代城市营建史、中国近代城市营建史和中国现代城市营建史三部分。本论文属于中国近代城市营建史的范畴。为何要研究中国城市营建史？吴庆洲先生在《迎接中国城市营建史研究之春天》中指出："中国古人在城市规划、城市设计上有相应的哲理、学说以及丰富的历史经验，这是一笔丰厚的文化与科学技术遗产，值得我们去挖掘、总结，并将其有生命活力的部分，应用于今天的城市规划、城市设计之中"。众所周知，伴随着快速的经济发展，中国城市在20世纪80年代之后经历了巨大的变化，城市特色消失，城市面貌呈现出"千城一面"的状况。出现这种状况主要有两方面原因：一是城市规划师、建筑师不了解中国城市的过去，城市建设过程中缺少对山水和古迹的保护，同时也没有结合中国国情来运用西方的规划理论，而是盲目崇拜和模仿西方城市与建筑。反映出对自身文化的忽视。二是有关现代城市之前的古近代城市营建的哲理、学说和历史经验，尚有待解读与总结，才能供规划师、建筑师以及有关决策者等参考运用。"城市营建的历史本身是一种记忆，也是一门重要且深奥的学问。对于处于巨变中的中国城市而言，城市营建在观念、理论、技术和管理上的历史经验、智慧与教训完全应该也能够成为当代城市福祉的一部分。因而，从创造和建设具有中国特色的现代化城市，以及对世界城市规划理论作出中国应有的贡献这两方面而言，中国城市营建史研究的理论与实践意义都是重大的"[1]。

由于以往的城市营建史研究较多地集中于都城、边城和一些名城，相对于中国古近代城市在层次、类型、时期和地域上的丰富性而言，营建史研究的多样性尚嫌不足。因此，广泛的、涉及各个层面和类型的个案城市研究的积累作为逐渐探索与完善城市营建史研究方法和工具的过程，仍有推进的必要。本文研究的目的正是基于此。

---

[1] 吴庆洲. 迎接中国城市营建史研究之春天[J]. 建筑师，2011，1: 91-95.

第一节　研究背景

　　武昌是位于长江和汉水交汇之滨的一座历史古城（图1-1-1）。自三国时期孙权建立的军事城堡——夏口城，到唐宋时期的东南巨镇——鄂州城，再到元明清时期的湖广会城——武昌城，历为县、州、府和省治所在地，至今已有近2000年历史。号称"江南第一名楼"的黄鹤楼位于武昌城中蛇山西端的黄鹄矶头，巍峨壮观，登楼远眺，三镇景色尽收眼底。唐代诗人"崔颢题诗李白搁笔"之后，楼以文闻名，城以楼闻名，武昌因而在中国城市中具有较高的知名度。1911年，辛亥革命在武昌首先爆发，武汉三镇（武昌、汉口、汉阳）在其后一系列的军事、政治事件中被日益紧密地联系在一起。民国中期，三镇合一建立了统一的武汉市，并成为国民政府的新首都。虽然其后分分合合，但在1949年新中国成立后，三镇还是稳定地结成同一个城市型政区——武汉市，武昌成为这个新的湖北省省会城市中的一个城区。作为"首义之城"以及华中地区的政治文化中心，武昌在区域城市体系中占据举足轻重的地位，然而在城市史的研究领域一直未能引起学术界的关注，缺乏综合而系统的研究。以往关于武汉城市的研究中也多以汉口为研究的重点，对武昌则严重忽视，从而造成研究成果的非整体性与片面性。21世纪初，随着城市史研究思路不断地开拓，对于"首义之城"——武昌的近代化发展的综合研究才开始进入研究者视野。

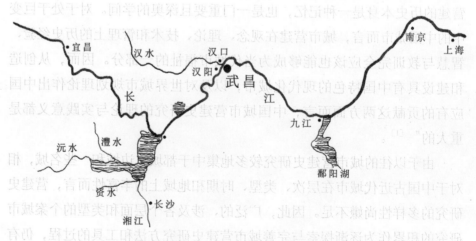

图1-1-1　武昌地理位置图

一、研究的缘起与意义

（一）中国近代城市史研究的新思路

"城市营建史是城市史学研究体系的子系统，不能离开城市史学的整体视野。"[1] 城市史研究是中国近30年来迅速发展起来的新兴学科。中国近代城市史以研究城市的近代化为主线，上溯传统城市的转换，下连20世纪80年代的城市化进程，在城市史研究中占据着重要地位，在一定程度上代表了这个新兴学科的发展方向与状况。

20世纪80年代以来，中国近代城市史的研究就在不断探索、开拓新的研究方向与思路。从最初的四大单体城市研究，到区域城市研究；从对城市的政治、经济、文化研究，到城市全方位的研究；从对城市进行粗线条研究到对城市进行精细研究；从孤立地对城市进行研究，到将城市与区域发展、与中国社会变迁相结合进行研究，由于不断的创新开拓，推动了中国近代城市史研究的快速发展。近年来，中国近代城市史的研究实践中出现了一个新的研究方向，即按城市行政网络体系展开系列研究。其中，加强省会城市史的研究成为新思路之一。[2]

秦王朝统一中国后，形成了以皇帝所在的都城为中心的都城—郡—县三级行政体系，此后直到元代行省制建立，这一体系才发生变化，形成了都城—省会—府—县四级行政等级体系。省会成为此体系中的一个重要层次，作为除都城之外最重要的城市，在区域中发挥巨大的作用，不仅是省域的政治中心和管理中心，也是经济中心与文化中心。近代以来，省会城市成为省域内发展最快、现代化变迁最大的城市之一，带动区域城市与乡村的发展，各省逐渐形成了以省会城市为中心的区域城市体系。当代中国的省制区划大体沿袭了清代的行省制度与范围，多数的特大城市由清代的省会城市发展而来，在省域甚至跨省域的区域发展中起着重要的引领与带头作用，因而，加强以省会城市为中心的区域经济和文化一体化进程是大势所趋。基于省会城市的重要地位和作用，近几年在社会学、经济学等各领域出现了省会城市研究的热潮。省会建设和发展思路、省会城市经济发展、省会中心性作用、省会的文化建设、省会城市群发展等方面的研究成果大量涌现。在多学科关注省会城市现状与发展未来的同时，省会城市史的研究也理应加强。省会城市的发展和研究不能脱离历史经验，追溯省会城市的发展源流与来龙去脉，分析其自清代以来的城市功能作用的变化和社会变迁，能从整体上把握城市的发展脉络与规律，为科学地制定省会城市的长期发展规划提供借鉴，也能为当今行政中心城市的转型以及建设提供历史借鉴。

同时，对于诸如省会城市之类的大城市的研究，为能获得整体、全面且客观的成果，近年来有学者提出了城区史研究的思路，即将一个城市划分为多个有特色的城市空间，并以城区（区域）的历史作为研究对

3

---

[1] 吴庆洲. 迎接中国城市营建史研究之春天[J]. 建筑师，2011（1）: 91-95.
[2] 何一民. 省会城市史: 城市史研究的新亮点[J]. 史林，2009（1）: 1-7.

象[1]。已故史学家唐振常在给《百年上海城》作序中曾指出："百年以还，（上海）三界四方并存，浦东浦西分割，虽同处一城，实相割裂，这些割裂之块都应该是一个个的专题，须分别论列，而不宜亦不能笼而统之，混而合之去叙述。分块论列，能见其深。合而观之，乃成上海这个现代化大城市的全局。"[2]可见，一个城市的发展，实际上是不同类型城区发展的总和，要想获得对一个大都市发展的总体认识，就不能不从各呈差异、各展风采的城区研究入手。

对于近代武昌城市研究的选题，无疑是这两种研究新思路的交集，具有非凡的意义。一方面，由三国时期的军事城堡发展而来的武昌城，在元初即已奠定了湖广行省的政治中心地位。历经明、清两朝及民国时期，虽然湖广行省的管辖范围不断调整，但武昌作为湖广会城的地位从未动摇。另一方面，民国中期，武昌、汉口、汉阳三镇统一建立了武汉市，虽然其后分分合合，但在1949年新中国成立后，三镇还是稳定地结成同一个城市行政区——武汉市，武昌成为这个新的湖北省省会城市中的一个城区。至现在，武汉已发展成为中部地区的中心城市、"武汉城市圈"的首位城市，在国家的政治、经济生活中发挥巨大作用。不可否认，是武昌、汉口、汉阳的协同发展，共同塑造了今日武汉城市的辉煌，也是三镇各自历史发展的轨迹共同形成武汉城市多样化的个性。然而，在以往关于武汉城市的研究中，多以汉口为研究的重点，对武昌和汉阳则严重忽视。大量的笔墨用以描述汉口发展的方方面面，对于武昌、汉阳则寥寥数语，更有些直接将汉口城市发展的特性冠戴为"武汉"的城市特性，从而造成研究成果的非整体性与片面性。本文的研究立足于近代武昌城市的发展，并将之置于三镇统一的大背景下探讨近代时期三镇关系的变化以及随之城市的发展，以期获得对于武昌城市深入且精细的认识，并进而从整体与全面的视点重新获得对于近代武汉发展的总体认识。

（二）近代城市形态研究与城市历史保护

在现代科学技术飞跃发展的背景下，中国城市在过去30年的快速经济发展过程中经历了巨大的变化。在取得非凡的建设成就的同时，也出现了诸多的城市问题。面对城市发展与历史保护的尖锐的矛盾，以及城市特色逐渐消退的问题，维护城市的历史风貌成为政府与学界共同关注的重要课题。

城市历史的保护离不开合理的规划，而合理的规划有赖于对城市既有的物质空间实体以及人文精神内涵的深刻解读。对于城市形态的研究是认知城市物质形式及其内涵的有效理论工具，在城市历史保护规划中有着重

---

[1] 苏智良. 城区史研的路径与方法——以上海城区研究为例[J]. 史学理论研究, 2006 (4): 115-117.

[2] 郑祖安. 百年上海城[M]. 上海: 学林出版社, 1999: 1.

要的应用前景[1]。综合的、跨学科的城市形态研究不仅有助于对城市历史文脉形成和发展过程的全面认识，而且可以为深化和加强城市历史保护规划提供科学的方法论支持。城市物质空间形态是城市最直接、最直观的表达与反映，是城市形态研究的重要工作之一。历史发展到今天，在中国大部分的城市中保留了众多的近代城市空间格局，构成当前城市历史文化保护的重要组成部分。许多近代城市发展过程中遗留下来的空间布局，如铁路线、工业区等，仍然影响着当代城市空间的发展。因此，对于近代城市空间形态的专门研究，对于当前的城市历史文化保护与城市规划建设有着现实的指导意义。

（三）近代在武昌城市发展中的意义

从城市纵向的发展历程来看，武昌的发展无疑既典型又特殊。从三国时期的夏口城开始，发展成为唐宋时期的鄂州城、元明清时期的武昌城，经历了类似于中国其他一些区域中心城市的发展路线，即从军事城堡—经济中心—政治中心的发展历程，具有一定的典型性。1861年汉口开埠，1889年张之洞督鄂后，武昌开启了城市近代化历程。如同中国其他城市一样，在近代化发展过程中经历了从封闭走向开放、从传统农业社会型向近代工业社会型的转变，初步具有现代城市特征。但是每一个城市，由于其所处宏观区位、地理环境等的改变，以及自身历史发展水平的不同，城市近代化发展的状况不尽相同。对于武昌而言，近代更是一个经历剧烈转型的时期。它的转型，不仅是城市类型的转换，也是独立发展的城市向协同发展的现代城区的转换。近代诸多的政治、军事事件的发生，尤其是辛亥首义将武昌从中国内地一个普通的省会城市变成全国、甚至世界瞩目之焦点；武汉三镇也在这一系列事件中被日益紧密地结合成一个整体。城市发展过程中的各种因素都在这一时期发生密集、剧烈的变化，包括军事上的争夺、政体的变迁、近代工业的开启、交通的发展、新式教育的繁盛、自然灾害的集中，以及各种社会力量在这纷繁复杂的历史场景中不断登场：西方教会组织、晚清权臣、首义精英、北洋军阀、武汉国民政府、南京国民政府、日军占领者以及不断改变的武昌或武汉"市民"。因此，武昌近代是值得关注与深入研究的一个时期。对这个历史时间段的研究并不仅仅是为了廓清武昌城市那段纷繁复杂的历史，更是为了全面且深入认识武汉城市发展的特质。

另外，近代武昌种种历史变革的最终结果，落实在城市物质形态层面，表现为传统封闭的城市空间形态向开放的现代城市空间格局的转变，而且，历史发展到今天，在当代武昌的城市空间结构中仍然保留有相当大

---

[1] 田银生，谷凯，陶伟. 城市形态研究与城市历史保护规划[J]. 城市规划，2010（4）：21-25.

部分的近代城市空间格局与建筑，构成当前城市历史保护的重要组成部分。根据调研，目前武昌1840年以前的建筑遗存较少，大量被列入保护级别的都是近代遗存，这还不包括未被列入保护级别的，但对城市空间、城市风貌特色影响较大的一些近代街区环境等。武汉在1986年被国务院核定颁布为中国历史文化名城。由于这座城市崛起于近代，是中国近代化的产物，其近代化的规模及其对全国的影响举足轻重，加之其大量的近代遗存，有学者将之划归为"近代史迹城市"，并且认为"武汉（包括武昌）的文化遗产集中反映了中国近代文化转型的历史过程，最终三镇合一，成为共和制度下的全新首都，因此武汉可以被称为'中国文化转型之都'"[1]。因此，对于三镇之一的武昌近代城市空间形态的研究，无疑对于丰富武汉历史文化名城的内涵、加强城市历史保护具有重要的现实指导意义。

二、相关研究成果

（一）近代中国城市史的研究

有关中国近代城市的研究，在20世纪70年代以前以西方学者成果居多。其中对中国学界影响最大的当属美国加州大学施坚雅等学者编著的有关城市史的3卷书：《共产党中国的城市》、《两个世界之间的中国城市》和《中华帝国晚期的城市》。该套书是一项研究中国城市与社会的大型科研课题，数十位知名学者的集体成果代表了西方研究中国城市史的最高水平。其中，施坚雅创立了以市场为基础的区域体系分析理论，强调"把中国疆域概念化为行政区划的特点，阻碍了我们对另一空间层次——由经济中心地及其从属地区构成的社会经济层次的认知"[2]。施坚雅从区域城市化的角度出发，综合考虑商业贸易、人口密度、劳动分工、城市腹地等因素，结合流域分布图将中国划分为九大区域，这种划分不但打破了传统上以政治边界划分中国的方法，而且改变了自20世纪20年代以来西方学界认为中国城市化无从谈起的韦伯模式，意义重大。虽然，施坚雅的这一层级体系模型由于其非历史的缺陷在今天受到越来越多的批评，但他的模式深深影响了一代中国学者，直至今日仍是中国近代城市研究中最富理论色彩的成果。另外，罗茨·墨非的《上海：现代中国的钥匙》（Shanghai: Key to Modern China）一书也可谓早期史学经典。该著作第一次对上海在近代中国开放进程中的地位和角色进行综合性研究，运用历史地理学方法考察了上海城市的发展模式、上海在区域经济中的地位以及对整个中国经济发展的影响。罗威廉对于汉口的研究也颇有影响。他的两部

[1]丁援.武汉——革命造就的转型之都[J].新建筑，2011（5）：26-27.
[2]（美）施坚雅.中华帝国晚期的城市[M].叶光庭，等译.北京：中华书局，2000：6-7.

著作《汉口：中国城市的商业与社会（1796—1889）》、《汉口：一个中国城市的冲突与社区（1796—1895）》分别从地方精英与社会控制两个方面考察了近代汉口完整的商业网络与官府权力之间紧密的互动关系以及城市行会建立起来的社会福利和公共事务组织对城市公共领域的有效管理。此外，日本学者对于日占区的中国近代城市的研究非常活跃，完成了《中国东北城市规划史研究》、《满洲国的首都规划》、《哈尔滨的城市规划》等论文。

中国学者的近代城市史研究始于20世纪80年代初期。个案城市研究成为城市史研究的突破口。张仲礼的《近代上海城市研究》、皮明庥的《近代武汉城市史》、罗澍伟的《近代天津城市史》、隗瀛涛的《近代重庆城市史》可谓中国学者在城市研究方面开创性的著作。这些著作运用多学科的理论和方法，从城市的功能、结构、社会等方面的转变；城市发展的阶段与特点等方面解释城市的发展，力图从中国城市本身的特征出发，建立有中国特色的研究框架，为今后研究近代城市史提供了可供参考的理论框架与方法。20世纪90年代，研究的主要方向开始从个案城市向区域城市研究以及中国城市整体研究转化。张仲礼主编的《东南沿海城市与中国近代化》第一次将东南沿海城市作为一个有机的城市群，采用多层次、多角度、多学科相结合的立体交叉式研究方法，以近代化的发展为主线，对上海、宁波、福州、厦门、广州等城市进行比较研究，以纵横交错的多角度勾勒出每个城市的个性以及城市群体的共性。罗澍伟的《试论近代华北的区域城市系统》则对近代华北区域的城市系统从宏观、全局的角度作了整体的勾勒，认为近代中国由封建社会向半封建半殖民地社会的转换，在相当程度上表现为区域城市类型与系统的转换。同时，关于城市类型的研究也取得了一定的研究进展和成果。隗瀛涛主编的《中国近代不同类型城市综合研究》认为中国城市化的研究必须从类型着手进行分类研究，并指出中国城市化之所以特殊和复杂，就在于几种不同类型城市的并存与相互转换。另外，对于城市整体研究也在逐渐增多。如宁越敏的《中国城市发展史》、张承安《城市发展史》、戴均良《中国城市发展史》、何一民《中国城市史纲》、顾朝林《中国城镇体系：历史·现状·展望》、曹洪涛《中国近现代城市的发展》等。其中，何一民的《中国城市史纲》研究的时间跨度从先秦时期至中华民国，对于中国城市的形成、发展、变迁的历史作了系统清晰的论述，总结了中国城市发展的历史特点，是一部全面考察中国城市史的开创性著作。

近年来，随着跨学科研究的开展以及多元化理论的介入，以建筑学、城市规划等学科为主的近代城市史研究着眼于城市建筑、城市建设与规划、城市发展与城市空间形态演变等的探讨，取得了一定成果。自20世纪80年代汪坦先生发起"中国近代建筑史研讨会"，经过近30年的发展，对于中国近代城市建筑史研究已取得相当丰硕的成果，主要成果包括：《中国近代建筑研究与保护》系列论文集、赖德霖《中国近代建筑史研究》、张复合《北京近代建筑历史源流》、徐苏斌《比较、交往、启示——中日近现代建筑史之研究》、王昕《江苏近代建筑研究》等。关于近代中国城市建设与规划史的研究，近年来也取得了一定的成果。董鉴泓主编的《中国城市建设史》第一次梳理了中国近代城市发展脉络以及介绍了不同类型的中国城市。华南理工大学吴庆洲教授的《中国古代城市防洪研究》和《中国古城防洪研究》总结了古代有关城市防洪的科学技术与宝贵经验，独辟蹊径地开拓了城市史研究的新视野，拓展了城市防灾学的研究，填补了我国科技史上的一项空白[1]。21世纪初，吴庆洲致力于中国城市营建史的研究，经过十多年不懈的努力，他与他所指导的博士研究生们在这一研究领域取得了相当瞩目的成绩。在《迎接中国城市营建史研究的春天》一文中，他在建筑学科研究领域首次明确了城市营建史外延包含"城市建设史"、"城市发展史"和"城市规划史"，并指出了中国城市营建史研究的理论与方法。2010年其主编的"中国城市营建史研究书系"出版。在首批10本著作中，既有关于城市营建思想的理论探讨，也有对城市案例的研究①。研究的时间跨度从先秦至当下，研究的地域北至沈阳，南至广东。研究的主题则集中于城市营建理论、社会变迁与城市形态演变、城市化的社会与空间过程、城与乡等。除此之外，国内其他高校也有一批博士论文以近代城市建设与规划史作为研究对象，包括李百浩《日本在中国占领地的城市规划历史研究》、罗玲《近代南京城市建设研究》、于海漪《南通近代城市规划建设》、王亚男《1900—1949年北京的城市规划与建设研究》、吴晓松《近代东北城市建设分期与类型》等。另外，也有一些博士论文选择以近代城市空间形态的演变为研究对象，取得了一定的成果，包括周霞《广州城市形态演进》、刘剀《晚清汉口城市发展与空间形态研究》、邰艳丽《东北地区城市空间形态研究》等。但与近代城市建筑史、城市建设与规划史的研究成果相比，关于近代城市空间形态演变的研究仍显得相对薄弱。

总的来看，中国近代城市的研究已发展成为各学科广泛参与的领域，在研究方法上呈现出多学科交叉的特征，在研究内容上，则呈现出多元化

---

[1] 吴庆洲. 中国古城防洪研究 [M]. 北京：中国建筑工业出版社，2009：3.

① 著作主要包括：苏畅《〈管子〉城市思想研究》；张蓉《先秦至五代成都古城形态变迁研究》；万谦《江陵城池与荆州城市御灾防卫体系研究》；李炎《南阳古城演变与清"梅花城"研究》；王茂生《从盛京到沈阳——城市发展与空间形态研究》；刘剀《晚清汉口城市发展与空间形态研究》；付娟《近代岳阳城市转型与空间转型研究（1899—1949）》；贺为才《徽州村镇水系与营建技艺研究》；刘晖《珠江三角洲城市边缘传统聚落的城市化》；冯江《祖先之翼——明清广州府的开垦、聚族而居与宗族祠堂的衍变》。

特征。历史社会学科的城市史研究关注近代城市化和城市近代化中的各种问题，建筑与城市规划学科的城市史研究则更为关注近代城市物质空间环境的演变过程与特征。

（二）城市形态的研究

城市形态理论萌芽早在东西方古代城市建设的实践中就已出现。中国在西周时期（约公元前11世纪）就已有了满足等级制度需要的城市形态的"匠人营国"规划制度；公元前5世纪古希腊也出现了希波丹姆规划形式。然而作为系统的理论研究，则始于19世纪初的西方国家。随着城市研究的深入和学科之间的交叉，地理学和人文学科的学者首先将形态学引入到城市的研究范畴。其目的在于将城市看作有机体来进行观察与研究，以便了解它的生长机制，逐步建立一套对城市发展分析的理论[1]。在近百年的发展过程中，不同的学科从各自的角度提出了不同的研究思路。根据侧重的研究对象与方法的不同，相关的理论成果可以概括为三类：一是形态分析研究；二是环境行为研究；三是社会学分析研究。

形态分析研究：包括城市历史研究、市镇规划分析研究以及建筑学方法研究。西方著名城市研究学者培根（E. Bacon）、芒福德（L. Mumford）、斯乔博格（G. Sjoberg）等对传统城市的研究颇有成果。他们的著作除了详尽地描述了西方城市历史形态演变过程之外，还讨论了引起其变化的原因。市镇规划分析的研究起源于中欧的城市形态形成（Morphogenesis）的传统研究，由英国的康泽恩（M. R. G. Conzen）发扬光大，为成立于20世纪80年代初的英国城市形态研究小组（UMRG）继承和发展，并且逐渐影响到整个西方乃至全球的城市研究学术领域。市镇平面图分析、度量衡学分析和租地权分析是该学派研究城市形态的主要方法。除了建立基本的市镇规划分析体系之外，康泽恩还发展了城镇景观的概念，它对旧城保护实践的意义非常重要。另外，在建筑学领域，建筑师与城市设计师也发展出一系列方法对理解城市形态提供了独特的视角，其中最为突出的是类型学分析与历史文脉研究。类型学起源于法国和意大利。意大利建筑师马拉托里（S. Muratori）、卡尼吉亚（G. Caniggia）奠定了类型学的基础，主要关注建筑和开放空间的类型分类，解释城市形态并建议未来发展方向。其中，建筑师罗西（A. Rossi）又从中发展出一种类型学方法，对法国和英国的城市形态研究产生重要影响。根据罗西德解释，类型是普遍的，它存在于所有的建筑学领域，类型同样是一个文化因素，从而使它可以在建筑与城市分析中被广泛使用。以库雷（G. Cullen）、克雷尔（L.Krier）、埃普亚德（D. Appleyard）为核心的历史文脉研究则着重于对物质环境的自然和人文特色的分析，其目的是在不同的地域条件下创造有意义的环境空间。

9

---

[1] 段进, 邱国潮. 国外城市形态学概论[M]. 南京：东南大学出版社，2009: 5.

其中最有影响的理论是库雷在1961年提出的序列视景分析。通过分析"系列视线"、"场所"与"内容"，库雷指出，英国20世纪五六十年代的"创造崭新、现代与完美"的大规模城市更新建设与富有多样性特质的城市肌理相比较，后一种更有价值和值得倡导[1]。这一思想对中国当前城市快速发展的现实同样具有深刻的启发作用。

环境行为研究以凯文·林奇（K. Lynch）、乔尔（J. Gehl）、怀特（H. Whyte）、简·雅各布森（J. Jacbos）为代表人物的环境研究派，主要关注人的主观意愿和人的行为与环境之间的互动关系，试图了解如何感知与理解环境、特定环境的特征及对人类行为的暗示作用以及将环境—行为各个方面联系起来。在他们的研究中，客观科学的方法代替了旧的个人直观的行为研究传统。在凯文·林奇的一系列研究中，"心智地图"的方法被用来反映个人对环境的感知，"节点"、"路径"、"区域"、"地标"被作为基本要素来分析环境心理趋向。他强调好的城市形态应包括：活力与多样性（包括生物与生态）、交通易达性（针对开放空间、社会服务与工作）、控制（接近人体的空间体量）、感觉（可识别性）、灵活性以及社会平等[2]。另外，拉卜伯特（A. Rapoport）、特兰塞克（R. Trancik）讨论了人对特定建筑环境的行为反应，分析了现代城市问题多出于"逆城市"和"逆人"的作用力。在此基础之上指出城市发展演变应与当地生活方式及文化需求相适应，强调设计应与环境相协调[3]。

社会学研究：包括政治经济学和社会经济学方法研究。以哈维（M. E. Harvey）、诺克斯（P. L. Knox）为代表人物的政治经济学派运用政治经济学的理论和方法揭示城市土地利用的内在动力机制，演绎和解释城市土地利用的空间模式。研究主要分析政治、经济因素以及社会组织在城市过程中的作用，并在建成环境与商品生产过程之间建立联系，强调建成环境的产生、变化与社会生产和再生产过程紧密相关。在这一过程中，资本是主要作用因素。1985年哈维基于对城市景观形成与变化和资本主义发展动力之间的矛盾关系的分析，提出"资本循环"理论，指出城市景观变化过程中蕴含了资本置换的事实[4]。更进一步，诺克斯在1991年通过对美国城市景观的分析，说明了社会文化因素与经济因素同等重要并影

[1] Cullen. G. Townscape [M]. The Architecture Press. 1971.

[2] （美）凯文·林奇. 城市形态[M]. 林庆怡，陈朝晖，邓华译. 北京：华夏出版社，2001.

[3] Rapoport. A. History and precedent in environmental design[M]. University of Wisconsin Milwankee, 1990.

[4] Harvey. M. E. The urbanization of capital: studies in the history and theory capitalist urbanization[M]. The Johns Hopkins University Press. 1985.

响着城市环境的形成过程[1]。社会学研究中还有一种以芝加哥学派为主的城市功能结构分析研究。20世纪20年代成立于美国芝加哥大学社会学系的芝加哥学派运用社会经济学理论研究城市用地发展关系，强调城市内各组成部分的有机联系，认为社会阶层的分化导致地域的分化。在社会学家伯吉斯（E. Burgess）创立了同心圆理论的基础上，霍伊特（H. Hoyt）发展出扇形区理论，哈里斯（C. D. Harris）和乌尔曼（E. L. Ullmann）发展出多核心城市理论，成为研究土地利用的三大经典模式。20世纪五六十年代以后，他们及其追随者的研究在世界范围内产生了广泛影响。虽然人们已经逐渐认识到圈层理论的局限性，如无法解释土地利用模式形成的原因，反映城市社会经济活动和空间结构的关系，但在关于城市空间结构现象的描述中，还是具有广泛的应用，"同心圆"、"扇形"、"多核心"成为众多城市空间研究中频频出现的关键词。

　　从以上三类理论成果来看，国外城市形态理论研究逐步从城市现象的描述深入到城市发展内在原因的解读。同时，由于城市本身的复杂性，虽然已有多种理论产生，但并没有一种研究或分析方法能够完全揭示城市发展的内在机制。以上种种理论都是仅从一个侧面解释了城市空间形成的原因。

　　国内城市形态的研究始于20世纪30年代一些留学归国学者对于成都、重庆、北京、无锡、南京等城市的个案研究。但直至改革开放之后，随着城市的快速发展，城市形态的研究才引起众多学者的关注。20世纪90年代之后，相关研究广泛开展，主要内容包括：（1）关于城市形态演变的影响因素研究。包括历史发展、地理环境、交通运输条件、经济发展与技术进步、社会文化因素、政策与规划控制以及城市职能、城市规模和城市结构。（2）关于城市形态演变的驱动力和演变机制研究。包括功能—形态互适机制；影响城市空间形态变化的"政策力"、"经济力"、"社会力"三者共同作用的动力机制。（3）关于城市形态的构成要素的研究。城市形态构成要素的分类建立在广义城市形态概念的基础上，包括物质形态要素与非物质形态要素。（4）关于城市形态分析方法的探讨，包括城市空间分析方法、数理统计中的特尔菲法和层次分析法、几何学中的分形理论方法、文献分析法、系统动力学方法。（5）关于城市形态的计量方法研究[2]。从研究的总体进展来看，国内城市形态研究内容的深度与广度都出现了不断提高的趋势。越来越多的学者认识到城市形态研究对于城市可持续发展的重要性。在研究实践中不断借鉴国外学者以及其他学科研

11

---

[1] Knox. P. L. The restless urban landscape: economic and socio-culture change and the transformation of metropolitan Washington, D. C. [J]. Annals of the association of American Geographers, 1991(81): 181-209.

[2] 郑莘，林琳. 1990年以来国内城市形态研究述评[J]. 城市规划，2002（7）：59-64.

究的经验和方法，拓宽了城市形态研究的思路。在历经了引进、学习西方理论与方法的过程后，也有越来越多的学者认识到西方理论在中国的局限性与不适应性。于是，如何在学习借鉴的基础上，发展适合中国实际的城市形态分析理论，正成为许多国内学者积极努力的方向。其中，学习借鉴历史地理方向的城市形态理论（主要为康泽恩学派）和意大利建筑类型学研究（主要为卡尼吉亚学派），发展适合中国城市条件的城市形态分析理论，并将之应用于城市历史保护规划受到一些学者的关注，并取得了一定成果。2001年谷凯首次将康泽恩学派的理论介绍到国内，并开始与该流派当代最重要的学者之一，怀特汉德教授（J.W.R. Whitehand）① 合作进行中国城市形态的分析研究。2005年，华南理工大学田银生教授也开始加入共同研究。在"英国经济与社会科学研究理事会（ESRC）"的资助下，这个研究团队完成了"城市形态理论的跨文化应用研究（Urban Morphology: a Cross-cultural Application of Theory）"，其工作就是应用康泽恩和卡吉尼亚理论对中国城市形态做一系列研究。在对平遥古城的研究中，应用新的城市测绘图中的地块几何特征和城市形态形成概念推断了城市历史发展过程并总结了城市结构形态规律[1]。在对近代广州居住建筑的研究中，总结出了广州传统居住建筑的类型过程，所提炼的历史建筑与规划元素可以成为新的建筑与城市设计的参考[2]。这些研究都显示出对当前中国城市形态研究及城市历史保护的价值，对本文的写作也有一定的启发。

（三）近代武汉与武昌城市史的研究

从行政区划来看，武汉是一座民国中期才建立的城市。在1927年由武昌、汉口、汉阳三镇合一建立了统一的武汉市之后，又经历了多次的分合，最终直至1949年新中国成立后，武汉才成为一座有稳定行政区划的城市。因而，对于武汉城市的研究，以现当代为主，古代与近代成果较少。

1993年武汉社会科学院的皮明庥所著的《近代武汉城市史》是第一部对近代武汉城市发展历史作全面梳理的著作，对于中国近代城市史研究来说具有重要意义。该书以近代城市文明的变化和现代化的发展为主线，将武汉近代城市发展分为三个阶段，并对每一阶段影响城市现代化的主要方面的内容分类进行研究，从而既纵贯了武汉城市的现代化历程，又强调了城市发展各阶段的特点。另外，对于一些专题性或理论性较强的内容，如

① 怀特汉德（J.W.R. Whitehand），英国伯明翰大学地理系教授，伯明翰大学城市形态研究中心主任，国际城市形态研究会（ISUF）主席，国际学术期刊《Urban Morphology》主编。主要研究方向为：城市物质空间形态演变、城市住宅的革新、发展与演变、城市中心区的再开发及城市历史遗产保护。

[1] Whitehand. J.W.R, 谷凯. Extending the Compass of Plan Analysis: a Chinese Exploration [J]. Urban Morphology, 2007(2) : 91-109.

[2] 谷凯，田银生，Whitehand. J.W.R, et al. Residential Building Types as an Evolutionary Process: the Guangzhou Area, China [J]. Urban Morphology, 2008(2) : 97-115.

武汉在华中区域及长江流域中的地位及其演变、城市文化特点、城市人口与职业、城市社会结构、社会风俗，以及城市的总体特点等则列专题进行研究。这种分阶段研究和专题研究相结合的方法与当时其他单体近代城市史的研究方法有较大区别，是一种有益的尝试。其后，皮明庥又发表了一系列从历史社会学角度对近代武汉城市发展历史进行研究的文章与著作，包括《一位总督·一座城市·一场革命——张之洞与武汉》、《武汉近百年史（1840—1949）》、《武昌起义与武汉城市的毁兴》等。他的研究工作为本文对近代武昌城市发展的研究提供了较为全面的背景资料与指引。21世纪初，对于近代武汉城市的研究由整体全面的研究向单点、纵深方向发展。2002年冯天瑜、陈锋主编的《武汉现代化进程研究》收录了20余篇中外学者的论文，分别从社会、经济、对外开放、文化生活、交通现代化等方面对武汉的早期现代化作了深入的剖析。陈锋、张笃勤主编的《张之洞与武汉早期现代化》收入相关学术论文40余篇，内容涉及湖北新政、洋务运动、晚清宪政、芦汉铁路、粤汉铁路建设等，认为1889年张之洞督鄂是武汉城市现代化的一个重要界标[1]。另外，武汉大学曾艳红博士论文《鸦片战争以来武汉城市社会经济发展与地理环境》从地理环境与人类社会发展关系的角度，实证分析了武汉城市在近代化的发展变化。严昌洪在一系列论文中讨论了近代武汉社会风俗及商事习惯的变迁问题[2]。刘盛佳、曾令甫则对武汉城市建制沿革进行了考察，认为民国时期是武汉发展的重要时期[3]。徐实也对民国时期的武汉建制作有专论，认为在民国中期武汉建制的变化中汉口始终是主轴[4]。2006年，煌煌400余万字的《武汉通史》面世，共7卷10册，内容上至先秦时期下至2004年，力求揽武汉历史之要，展武汉成长全景，成为武汉城市史研究的一个新突破。但总体而言，以上的这些研究多是针对近代武汉城市整体而为，且在研究内容上更为青睐三镇中商品经济相对发达的汉口，对武昌与汉阳的论述相对缺乏。2007年，四川大学龙胜春在何一民指导下完成的硕士论文《清代武昌城市发展研究》[5]是第一个以武昌城市为专门对象进行的综合研究。由于专业所限，这篇论文对城市建设等方面较少涉及，主要是采用历史学的方法对清代武昌城市的政治、经济、文化三方面进行了综述与分析。

在建筑学与城市规划学科领域，对于武汉城市的研究，主要在武汉本地的两所高校——华中科技大学与武汉理工大学中开展。李百浩很早开

13

[1] 陈锋，张笃勤. 张之洞与武汉早期现代化[M]. 北京：中国社会科学出版社，2003.

[2] 严昌洪. 近代武汉社会风俗的嬗变及其特点[J]. 江汉论坛，1990（5）；近代武汉商事习惯的变迁[J]. 东方，1994（6）.

[3] 刘盛佳，曾令甫. 武汉城市沿革漫谈[J]. 湖北大学学报（哲学社会科学版），1985（3）：90-91.

[4] 徐实. 民国时期武汉建制沿革[J]. 武汉春秋，1984（1）.

[5] 龙胜春. 清代武昌城市研究[D]. 成都：四川大学硕士学位论文，2007，未刊.

始了对近代武汉城市的研究，并对汉口近代建筑进行了一些测绘工作，为汉口保留了重要的旧建筑资料[1]。在近代建筑研究方面，汉口的租界建筑与里分住宅成为研究的重点。赵彬、谌彤基于对历史文献的分析与实地调研，从位置分布、平面功能、造型风格等方面对武汉近代领事馆建筑作了总结[2]。李保峰结合欧洲旧城区域划为保护区的经验，对武汉近代租界建筑的保护与更新提出了五点建议[3]。黄绢则通过调查里分住宅堂屋空间形态与构成要素的流变，认为堂屋空间集中体现了中西居住观念以及建造技术的交融与融合，是了解近代武汉社会作为西方与上海"他者之他者"的一个有效窗口[4]。在近代武汉城市空间形态研究方面，李军以汉口、汉阳、武昌为三个平行的研究对象，对城市空间扩张、城市公共空间、城市肌理、城市建筑等方面进行了研究，分别总结了三镇城市形态特征，并对今后城市建设值得研究的问题提出了展望。谭刚毅紧扣近代武汉城市形态演变的一条线索——"江"展开研究，通过文献与图片资料分析了水患、水运、堤防与城市的形态、扩张方式等方面的关联与影响，指出"水运和堤防在近代直接影响和决定着城市发展的方式以及城市的边界"[5]。吴雪飞探讨了武汉近现代城市空间演变的轨迹，总结出城市空间演变的结构、功能与经济特征，并结合目前武汉的土地利用状况，预测了城市空间将来发展的方向[6]。以上种种研究成果，重心依然集中在汉口地区，对武昌的涉及较少。近年来，随着对武汉城市研究的逐渐深入与细化，也有一些学者注意到研究的多样性与复杂性，开始将目光投向武昌。尤其2011年是辛亥革命百年纪念，武昌作为"首义之城"重回学人研究视野。《新建筑》2011年第5期作了《辛亥百年·城市建筑》的专版，刊登了多篇论文，内容涉及到武汉城市的转型、武昌首义公园、武昌昙华林街区与建筑等，从多个层次对近代武昌城市空间进行了描述与分析，这些研究工作对本文的写作有一定启发。

　　从总体上看，近年来对于武昌的研究有一定进展，也产生了一些优秀成果，但是作为华中地区政治、经济、文化中心的武汉三镇之一，研究

[1] 论文主要包括：李百浩，王西波，薛春莹. 武汉近代城市规划小史[J]. 规划师，2002（5）：20-25；李百浩，薛春莹，王西波，赵彬. 图析武汉市近代城市规划（1861-1949）[J]. 城市规划汇刊，2002（6）：23-28；李百浩，郭明. 朱皆平与中国近代首次区域规划实践. 城市规划学刊，2010（3）：105-111；李百浩，徐宇甦，吴凌. 武汉近代里分住宅研究[J]. 华中建筑，2000（3）：116-117.

[2] 赵彬，谌彤. 武汉近代领事馆建筑[J]. 华中建筑，2007（8）：215-217.

[3] 李保峰，张卫宁. 武汉近代租界建筑的保护与更新[A]. 中国近代建筑史国际研讨会论文集[C]，北京：清华大学出版社，1998：273-275.

[4] 黄绢. 武汉里分住宅堂屋空间流变与分析[J]. 华中建筑，2007（1）：169-175.

[5] 谭刚毅. "江"之于江城——近代武汉城市形态演变的一条线索[J]. 城市规划学刊，2009（4）：93-99.

[6] 吴雪飞. 武汉城市空间扩展的轨迹及特征[J]. 华中建筑，2004（2）：77-79.

的深度与广度不要说与上海、天津、重庆等中心城市的比较存在相当差距，与汉口蔚为大观的研究成果相比都是相形见绌，与其城市的自身影响力很不匹配。迄今为止，除了一篇硕士论文，还没有系统的专著出现。现有的研究要么以武汉为整体研究对象，其中部分涉及一些武昌的内容，这样的研究难免无法深入与详细；要么多从革命史角度出发探讨武昌首义的历史意义，以及从社会经济学角度出发，探讨武昌首义对于武汉城市的影响。关于武昌城市的近代化发展、武昌城市空间形态的演变的系统研究目前还是空白。应注意到，作为历史悠久的政治文化中心，武昌在武汉三镇的城市体系中具有自己的特性，并且在近代时期，武昌、汉口、汉阳之间的融合相对有限，因而不能简单地糅合在武汉城市的整体研究中，而是应该彰显自身独特的历史魅力，将武昌放在国际国内城市的大环境中进行专项研究是非常必要的。当然，由于城市并不是孤立存在的，总是在相应的体系中有自身的位置，并与这个体系中其他的城市产生关联，因而将对武昌的研究放入武汉三镇的体系大背景下，强调三镇之间的关联与比对也是非常有必要的。本文的研究立足于近代武昌城市的发展，并将之置于三镇统一的大背景下探讨近代时期三镇关系的变化以及随之城市发展的变化与特质，以期获得对于武昌城市深入且精细的认识，填补在对武汉进行研究中，侧重武汉整体和汉口，而对武昌研究不足的情况。同时，系统地研究近代城市空间形态的演变，探求今日城市形态形成之历史根源，对于丰富武汉历史文化名城的内涵、加强城市历史保护也具有重要的现实指导意义。

第二节　研究界定

一、研究对象的界定

武昌是一座"依山傍水，开势明远"的古城。自三国时期孙权建城始，历史上曾有夏口、郢城、鄂州、江夏、武昌等称谓，历为省、州、府、县治所，区域政治文化中心与军事战略要地。1926年，国民革命军攻克武昌城后建立了武昌市，1927年后与汉口、汉阳共同组成了国民政府京兆区、武汉特别市和武汉市，经过多次分合之后，终于在1949年新中国成立后，与汉口、汉阳稳定地结成统一的武汉市。因此，要研究近代的武昌城市，就必须将研究对象作一个清晰的界定，理清几个容易相互混淆的地名称谓。

（一）研究对象：武昌

"武昌"作为地名，最早见诸于三国鼎立时期。魏黄初二年（221年），孙权将东吴政权统治中心迁至湖北鄂县，取"因武而昌"之意，改

"鄂"县名为"武昌"。其统治范围实为今湖北鄂州市,并非今武汉三镇之一的武昌城区[1]。元十八年(1281年),鄂州江夏(今武昌)成为湖广行省治所,元成宗大德五年(1301年),改鄂州路为武昌路,至此,武汉三镇的长江以南部分才正式有了"武昌"之名,沿用至今。本文的研究对象"武昌"系指今湖北省会武汉市的江南部分,历史上曾称"夏口"、"郢州"、"鄂州"与"武昌"等,今称"武昌"。

（二）武昌与夏口

说到"夏口",自然使人联系起今日之汉口,因汉口在晚清时期曾设夏口厅、夏口县。作为古地名的"夏口"以及后起之夏口厅、夏口县,与今汉口确有相沿袭之关系,然而,"夏口"在历史上却并非专指今汉口,而是与武汉三镇之江北、江南均有关联。

"夏口"作为地名,东汉时期已有。《三国志》记载,东汉建安十三年(208年),黄祖据守夏口,孙权以水陆两军同时进击,冲垮其防线攻占了夏口。这说明,至迟于东汉末已有"夏口"这一地区。《资治通鉴》卷65胡三省注引东汉应劭说:"盖指夏水入江之地为夏口",又引庾仲雍说:"夏口,一曰沔口,或曰鲁口"。胡三省认为:"然则曰夏口,以夏水得名;曰沔口,以沔水得名;曰鲁口,以鲁山得名,实一处也,其地在江北。"沔水是今汉水的古称,鲁山指的是今武汉三镇江北汉阳的龟山,而夏水则是汉水下游的旧名。因而,夏口作为地名,指代的是夏水(汉水)入江口两岸地区,即今武汉长江以北的汉口和汉阳地区。古时,今汉口之地与汉阳同为一体,由此说来,当时的"夏口"所指更多为今汉阳地区。

"夏口"作为城邑之名,最早来自三国吴黄武二年(223年),孙权在长江以南江夏山(今武昌蛇山)北侧构筑的军事城堡,因对岸即夏水入江之口,故定城名为"夏口城"。这是"夏口"作为古城名的开始。该城背靠蛇山、面向长江与沙湖,是一座"欲牢不欲广,易守难攻"的土石结构的军事城堡。但作为城名,"夏口"也并非专称。东汉末、三国时期,各派势力割据武汉地区,所任江夏太守习惯上都将其屯兵之城称为"夏口",比如江北汉阳之却月城和鲁山城就曾先后被称为"夏口"城。只是这些城名存在时间都不长,影响有限,所以夏口城名所指一般还是今武昌蛇山孙权所筑之城,即今武昌历史上出现的第一座古城。伴随着夏口城的建立,标志着武昌城邑地位的确立,也为以后城市的发展奠定了初基。

---

[1] 吴薇. 武昌古城之环境营构发展特征[J]. 广州大学学报（社会科学版）, 2009（7）: 94-96.

（三）武昌、江夏与鄂州

在漫长封建社会中，作为地名的"武昌"、"江夏"与"鄂州"并存，常常引起混淆，如郭政城《武昌府志新序》云："今之江夏非古之江夏。古之江夏名郡，几掩全楚之半。而今仅以名邑。古之武昌与黄州对峙。而今治仅其一州。又武昌与江夏时析时合……考订为难矣"[1]。

历史上，有两座武昌城：一是本文的研究对象——武昌（府）城，三国时名夏口城，自隋起又有"江夏"之称，唐宋时名鄂州城，明清时为湖广会城武昌城，今则湖北省会武昌；一是武昌县城，三国时吴的都城，今湖北鄂州市市区。民间习惯称府城为"上武昌或武昌"，武昌县则为"下武昌"。上、下武昌，异地同名，一领一属。

先说吴都武昌。原名鄂县，因魏黄初二年（221年），孙权将东吴政权统治中心迁至湖北鄂县，取"因武而昌"之意，改"鄂"县名为"武昌"。吴灭亡之后，武昌逐渐由繁荣的顶峰走向低谷，至南朝陈时，武昌城几近荒废。隋开皇九年（589年），本着"存要去闲，并小为大"的原则，将州、郡、县三级制改为州、县二级制。废武昌郡，将所辖的3县合并，称武昌县，范围包括今湖北鄂州市、黄石市与大冶县。其后至清末，一直称为"武昌县"。民国后，1913年，改名"鄂城"，1983年，鄂城升为省辖市，改名"鄂州"。

再说本文研究对象武昌。三国东吴黄武二年（223年），孙权在江夏山（蛇山）筑城，称为夏口城，隶于江夏郡沙羡县。南北朝时期，南朝宋设置郢州，治所设于夏口，因而又有"郢城"之称。隋开皇九年（589年）改郢州为鄂州，大业三年（607年）又将鄂州改为江夏郡，又将侨置在郢城的汝南县改为江夏县，从此江夏专指今武昌地区，一直延伸至清代。唐武德四年（621年）改江夏郡为鄂州，州治江夏县，史称"鄂州城"[2]。唐元和元年（806年），置武昌军节度使，机构设于鄂州江夏县，从此兼有"武昌"之称。元成宗大德五年（1301年），将"鄂州"改名为武昌路。从此，"武昌"这一名称西移，武昌路（府）固定设在江夏县治，江夏的城郭即武昌府城，民间习称"武昌"或"上武昌"。

辛亥革命武昌首义后，民国元年（1912年）中华民国军政府废武昌府，改江夏县为武昌县。1926年后又改武昌县为武昌市，设武昌市政府。1927年1月，由广州迁武汉的国民政府划汉口、武昌、汉阳为京兆区，定名"武汉"，但三镇市政机构仍分三块，武昌设有市政厅，仍称武昌市。自此，"武昌"与"鄂州"之名，来了一个有趣的历史重复与反转。

17

---

[1] 潘新藻. 湖北建制沿革[M]. 武汉：湖北人民出版社，1992：150-160.
[2] 刘玉堂. 武汉通史（秦汉至隋唐卷）[M]. 武汉：武汉出版社，2006：229-252.

（四）武昌与武汉三镇

所谓武汉三镇，是武昌、汉阳、汉口的合称。三座城市分布于长江与汉水交汇处的两岸，在历史上形成的时序是江北先于江南，汉阳先于武昌。但名称的出现则有些特别，最先出现的是"武昌"，其次是"汉口"，最后是"汉阳"，但最早出现的武昌、汉口、汉阳都不是今天的三镇所指。"武昌"一词如前所言，约在东汉末年出现，东吴孙权在今天湖北鄂州建立都城，取名"武昌"。而今日武昌正名之始则要后推至唐中期了。汉阳古地同武昌一样古老，建城时间稍早于武昌，但"汉阳"之名则出现较晚。隋大业二年（606年），改江津县为汉阳县，汉阳之名才正式出现，并一直沿用至今。汉口在明代以前，不过是毗连汉阳的一个水曲荒洲，其历史比武昌、汉阳晚得多。隋、唐以后，江南江北双城——武昌与汉阳发展相当迅速。现在的汉口，是明成化年间（约1465—1487年）由于汉水该道，由龟山南改为龟山北入长江，汉口便由汉阳城区自然剥离出来。"汉口"乃汉水入长江之口，作为地名"汉口"一词的出现要比它的实际城区出现早得多。《梁书·武帝纪》中记载：梁武帝进军夏口，在龟山西北5千米处"筑汉口城以守鲁山"，这是"汉口"一词的最早由来，而今天的汉口城区实际上只有500余年的历史。

武汉是武昌、汉阳、汉口三镇的合称，但"武汉"一词，比武昌、汉口、汉阳三地名出现都晚。据考证，最早出现"武汉"一名的是明朝。明代万历年间姚洪谟在《重修晴川阁》中，有"武汉之胜迹，莫得恣其观游"之句；明末阮汉闻著有《武汉纪游》。"武汉"一词是武昌、汉阳两城各取一字组合成双城的代称。因汉口在很长一段时间里隶属于汉阳县，故早期的"武汉"概念仍是武昌、汉阳的合称。清咸丰年间湖北巡抚胡林翼在其奏章、函牍中常用"武汉"二字，如"武汉为荆楚咽喉"、"若使武汉克复"、"武汉两城对峙"等，都是指武昌与汉阳两地的。汉口获得独立地位是在清光绪二十五年（1899年），此后，"武汉"一词才成为武昌、汉口与汉阳的合称。1927年，国民政府将汉口市（辖汉阳县）与湖北省会武昌合并，划为京兆区，作为首都，并建立统一的武汉市政府，"武汉"才取得了作为政区、市区的称谓。此后，武昌、汉口、汉阳时分时合，但"武汉"一词的指代一直沿袭。

二、研究空间与时间范围的界定

（一）研究对象的空间范畴

本文研究对象涉及的空间范畴是以1947年武昌市行政区划的8个区，即中正区、邻湖区、长春区、雄楚区、首义区、武胜区、武泰区、挹江区外加珞珈山麓国立武汉大学区域为主要研究范围，北起任家路、八大家，南至鲇鱼套外围，西临长江，东至沙湖滨及粤汉铁路沿线，面积约为12.5

平方千米。大致相当于今湖北省武汉市武昌区的管辖范围。

（二）研究对象的时间跨度

在已有的关于武汉城市史研究著作中，多是根据政治革命史的界限，对城市的发展时段进行界定，多将1840年鸦片战争的爆发作为区分古代史与近代史的分水岭。这种以政治史划定历史阶段的研究方法，在面对具体的研究对象时有一定的局限性，忽略了研究对象自身的内在演变规律。

陈钧、任放在研究晚清湖北经济时就指出："不是1840年而是1861年对武汉地区产生了直接的、广泛的、深刻的影响。这影响首先在经济层面落下了身影，然后波及到军事、政治、文化诸层面。1861年标志着湖北地区通过汉口辟为商埠而开始接受近代文明，这种方式既充满屈辱，同时又激发出一股鲜明的崛起欲求。1861年，既是陷阱，又是阶梯"[1]。具体考察武昌城市的发展变化，亦是如此。1840年后，由于外力侵入，中国社会发生了急剧、深刻的变化。五口通商首先使东南沿海城市被纳入世界资本主义生产与流通体系。武昌位于长江中游，相对沿海而言为内陆腹地，因而五口通商对于这个传统的华中城市而言影响甚微，既没有直接遭受到外力的冲击，也缺乏内部变革的条件。沿海城市所带来的些微影响并没有给武昌的传统社会结构带来影响。同中国许多内陆城市一样，武昌只是在近代化的道路上徘徊，在传统行政中心城市的坐标上自然运行。直至1861年，汉口开埠，外国资本势力纷至沓来。在西方资本主义进行经济渗透的同时，西方文化也对地区的传统文化进行分解。虽然作为湖广总督驻地的武昌官府并不希望外国势力更多地打扰固有的统治秩序，总是竭尽所能地想把外国人的活动范围缩小，影响力减少。但由于与汉口隔江相对的地理位置，注定其不可能逃脱西方势力的觊觎而独善其身。作为帝国主义的"文化租界"，随着西方教会势力的入侵，城市开始了近代化的转型。另外，也有学者认为张之洞督鄂之年（1889年），才是湖北从传统走向现代化的起点[2]。但由于本文的主要研究对象城市空间形态，其变化是始于汉口开埠，至新中国成立则基本结束了武昌作为单独一个城市发展的历程，城市空间也已基本完成由封闭向开放的现代城市空间的转型。因此，本文研究的时间跨度仍然定为1861年汉口开埠至1949年新中国成立的这88年时间。

三、城市形态的概念

形态学（Morphology）一词，来源于希腊语Morphe（形）和Logos（逻辑），意指形式的构成逻辑。作为西方社会与自然科学思想的重要

19

---

[1] 陈钧，任放. 世纪末的兴衰——张之洞与晚清湖北经济[M]. 北京：中国文史出版社，1991：9.

[2] 苏云峰. 中国现代化的区域研究1860—1916·湖北省[M]. 台湾近代史研究专刊，1981.

组成部分，这个始于生物研究方法中的形态概念，广泛地应用于传统历史学、人类学等学科的研究中。用形态的方法分析与研究城市的社会与物质形态等问题可以称为城市形态学[1]。

1980年，意大利地理学家法瑞内（F. Farinell）认为"城市形态"这个术语存在三种不同层次的解释：第一层次，城市形态作为城市现象的纯粹视觉外貌；第二层次，城市形态也作为城市视觉外貌，但在这里，将外貌看作是现象形成过程的物质产品；第三层次，城市形态"从城市主体和城市客体之间的历史关系中产生"，即城市形态作为"观察者和被观察对象之间关系历史的全部结果"[2]。既然城市形态具有三个层次，那么对城市形态的研究就应相应地在这三个层面进行：第一层次，就是对城市实体所表现出来的具体物质空间形态的研究。它主要属于描述性研究，因而城市形态学又可以定义为对城市物质空间形态的描述；第二层次，就是对城市形态形成过程方面的研究。它主要属于成因性研究，因而，城市形态学也可以定义为根据城市的自然环境、历史、政治、经济、技术、社会、文化等因素，对城市空间形态成因的探究；第三层次，就是对城市物质形态和非物质形态的关联研究。它主要属于关联性研究，主要包括城市各有形要素的空间布置方式、城市社会精神面貌和城市文化特色、社会分层现象、社区地理分布特征以及居民对城市环境外界部分现实的个人心理反应和对城市的认知。这实际上也是国内学者常说的，城市形态的概念有广义与狭义之分。狭义的城市形态是指城市实体所表现出来的具体的物质空间形态。广义的城市形态则由物质形态和非物质形态两部分组成，是"在特定的地理环境和一定的社会经济发展阶段中，人类各种活动与自然因素相互作用的综合结果；是人们通过各种方式去认识、感知并反映城市整体的意象总体"[3]。"城市形态可以被定义为一门关于在各种城市活动（其中包括政治、社会、经济和规划过程）作用力下的城市物质环境演变的学科"[4]；"我们认为空间形态是城市空间的深层结构和发展规律的显相特征"[5]。由此，可知在城市形态的概念中包含着两点思路：一是从局部到整体的分析过程。复杂的整体被认为是由特定的简单元素构成，从局部元素到整体的分析方法是适合的，并可以达到最终的客观结论。二是强调客观事物的演变过程。事物的存在有其时间意义上的关系，历史的方法可以帮助理解研究对象包括过去、现在和未来在内的完整序列关系。根

[1] 段进，邱国潮. 国外城市形态学概论[M]. 南京：东南大学出版社，2009：4.

[2] 转引自：段进，邱国潮. 国外城市形态学概论[M]. 南京：东南大学出版社，2009：8.

[3] 武进. 中国城市形态：结构、特征及其演变[M]. 南京：江苏科学技术出版社，1990：5.

[4] 谷凯. 城市形态的理论与方法：探索全面与理性的研究框架[J]. 城市规划，2001
  （12）：36-41.

[5] 段进. 城市空间发展论[M]. 南京：江苏科学技术出版社，1999.

据这两个思路，城市形态的构成要素研究、城市形态演变过程的研究，以及影响城市形态演变的政治、经济、环境、文化等因素的研究构成城市形态研究的主要内容。本文的研究，采用城市形态的狭义概念，以建筑学和城市规划学一般所关注的物质空间形态为主要研究对象，但是，非物质空间形态要素对物质空间形态的影响也在研究范畴之中。

第三节　研究内容、方法与创新点

一、研究内容

本文试图从武昌城市发展以及武汉三镇关系的变迁为基础，研究近代武昌城市空间形态的演变过程，分析与归纳近代城市空间形态的综合特征，并从影响城市空间形态的多因素综合分析出发，探究城市形态演变的内在机制。主要研究包括五方面内容：

（一）古代城市发展历程与形态基础

从地理区位、交通条件以及自然环境三方面分析古代武昌城市选址特点。梳理古代武昌城市发展的历史过程，重点分析城市发展过程中主导功能与城市地位的变化。对形成近代城市空间形态基础的明清时期的武昌城市空间形态从城池规模、城郭形态、空间布局、城市中心以及景观体系等方面进行分析与解读，归纳古代城市形态的综合特征。由于武昌作为武汉三镇之一，与汉口、汉阳联系紧密，并且在近代的发展过程中日益融合为一个整体，因而对于古代三镇关系的解读也非常重要。本文从地理环境、经济发展、行政建制三方面对古代三镇进行考察，为研究金代三镇发展与变迁提供基础研究资料。

（二）区域视野中的武昌城市近代化发展

从政治、经济、文化教育以及交通四大城市职能方面，分析近代武昌城市的发展变迁，揭示城市职能变化背后的城市内在发展机制。从近代武汉三镇行政建制的发展与变迁、近代经济发展与三镇城市功能分异以及近代交通发展与社会生活联系三方面对近代三镇关系进行考察，以期能从纷繁复杂的诸多因素中理出一些头绪，得以初窥近代以来三镇发展的趋势。

（三）近代武昌城市空间形态演变的历史过程

城市空间形态是城市政治、经济、技术等综合作用的结果，城市社会机制的转变最终导致城市空间形态的演变。着力于运用近代武昌的文献资料以及历史地图、规划图的分析对武昌城市形态由传统向现代的演变过程作纵向梳理。由于近代武昌城市空间形态的演变是通过一系列的"突变"以及"渐变"的历史过程，完成从传统相对封闭形态向现代开放形态的转变，因而，根据对影响城市空间形态的重大历史事件，将近代武昌城市空间形态的演变划分为四个历史阶段进行纵向研究：近代城市空间形态演变的第一阶段（1861—1911），标志性历史事件是汉口开埠以及张之洞督鄂；第二阶段（1912—1926），标志性历史事件是辛亥首义爆发以及粤汉铁路的修筑；第三阶段（1927—1937），标志性历史事件是城墙的拆除以及武汉三镇统一建市；第四阶段（1938—1949），标志性历史事件是城市的沦陷以及抗日战争的胜利。

（四）近代武昌城市空间形态的综合分析

在对近代武昌城市空间形态的演变的历史过程作纵向梳理研究的基础之上，对空间形态特征进行综合分析与归纳。借鉴西方形态类型学方法，将近代武昌城市形态的研究划分为从宏观到微观的三个层级系统：城市、街区与建筑。三个层级系统之下对应7个形态要素：城市总平面、城市天际线、街道网络、街区、公共空间、公共建筑与住宅。这7个要素的单体在同一尺度下的相互关系和与上一层级要素单体之间的包含关系组成了城市的复杂系统。通过对这7大形态要素的分析，总结城市空间形态分别在三个层次反映的综合特征。

（五）近代武昌城市空间形态演变的影响因素

武昌是一个地理环境特征非常鲜明的城市。在千年历史发展过程中，这种"囊山傍水"、"湖泊密布"的地理环境是影响城市空间发展的重要因素。另外，作为传统行政中心城市，其发展也始终受到政治因素的直接制约。近代以来，城市的政治体制几经变更，中西文化在此碰撞与交融，交通方式也发生巨大变化，频繁的战争更是在一段时间内直接改变城市空间秩序的划分。城市发展的复杂性，使得无法用单一影响因素来解读近代城市空间形态所发生的各种重大变化。本文采用多影响因素分析法，从政治政策与军事、经济技术、环境与防灾以及社会文化四个方面对近代武昌城市空间形态演变的影响进行综合分析。由于城市自身是一个具有时间和空间复杂性的研究对象，各影响因素也并非单独作用于城市空间形态的演变，而是共同作用于城市之整体。各部分之和并不简单地等于整体。因而对各影响因素如何综合作用于城市空间形态的内部机制的初步探索也在研究内容之中。

二、研究方法

（一）城市史学的方法

城市史研究主要以单体、区域或整体城市为研究对象，以城市政治、经济、社会、文化等为切入点，从宏观或微观角度探讨城市发展规律和路径。历史学的基本任务是揭示历史的本来面目，城市史学作为其分支，自然在揭示与复原城市历史面貌方面，尤其是城市历史的综合性研究以及历史时期城市的微观复原研究方面有着独有的优势。作为历史研究，第一手历史文献资料的整理与分析是基础，并通过实地调研，结合地方专家访谈等来弥补历史文献的不足，以求得在坚实的基础之上，对历史提出适当解释。

武昌由于是军事要地，历史上多次战争都对城市造成极大的破坏。尤其是近代战争频繁，武昌城市发展和建设的许多成果都毁于战争。1951年为修建武汉长江大桥，一些代表性的近代建筑与空间也被移除。20世纪末21世纪初的旧城改造运动又使一大批老的民居建筑消失，目前武昌仅存少量古迹和一些民国时期的建筑与街区。因此，对于近代武昌城市史的研究，主要以历史文献资料、老照片与历史地图等为基础。

近代武昌的历史资料来源有两类。一类是集中于湖北省档案馆和武汉市档案馆的各种近代档案，包括一些民国时期的建设计划图纸以及部分民国时期的报纸与刊物等。一类是集中于湖北图书馆、武汉图书馆以及武汉市地方志编撰办公室的各种近代资料及地方志书，包括《武昌要览》、《武昌市政工程全部具体计划书》、《湖北省会市政建设计划纲要》、《武汉区域规划实施纲要》、《武汉三镇土地使用与交通系统计划纲要》等。以上的资料为本文的研究提供了较好的第一手资料。另外，武汉市档案馆编撰的《武汉旧影》、《大武汉旧影》以及武昌区档案馆编撰的《今昔武昌城》等刊出了众多近代时期武昌城市影像，涵盖了城市建设、市民生活、政治活动等多方面内容，为本文的研究增加了历史佐证。

（二）城市形态学为主的多学科交叉方法

城市形态是城市整体的物质形态和文化内涵双方面特征和过程的综合表现。只有将城市形态放在不断发展中的城市政治、经济、社会、文化中加以考察，才能深入地理解。对城市形态研究作出了重要的基础性贡献的索尔（Sauer）在"景观的形态"一文中指出："形态的方法是一个综合的过程，包括归纳和描述形态的结构元素，并在动态发展的过程中恰当地安排新的结构元素"[1]。本文对城市空间形态的研究立足于构成城市空间的各个物质要素以及城市空间形态演变的历史过程，同时在研究中考虑各方面相关因素的影响，以深入考察城市形态的综合特征。

康泽恩通过对英国许多小城镇城市肌理发展演变的研究，建立了形态分析从小到大的层级系统，包括对建筑基底平面、地块、街道网络和城市规划平面的分析。意大利建筑类型学派也提出了建筑构件、建筑有机体、城市片断组织、城市有机体和区域有机体的城市形态组成规律。近年来，这两个学派的交流促成了新的形态类型学的产生。对于中国学者而言，如

[1] 转引自谷凯. 城市形态的理论与方法：探索全面与理性的研究框架[J]. 城市规划，2001（12）：36.

何综合利用形态类型学方法准确地阅读、理解和分析城市的物质形态和历史发展也是目前城市形态研究的重点课题。本文的研究尝试引用形态类型学方法进行城市形态的综合分析，建立从城市—街区—建筑的层级系统，通过对不同层次空间的解析以达到对城市空间形态整体且深入的认识。

在城市形态学理论中，比起用地和建筑形态分析，城市总平面分析是最有成效的研究方法[1]，对理解城市形态的生成和演变十分有效。同样，意大利类型学派也是基于区域或建筑地图对形态进行分析研究。因而，地图分析可以作为研究城市形态的重要工具。湖北省档案馆、湖北省图书馆、武汉市档案馆等单位保存有大量绘制于晚清及民国时期的武昌及武汉三镇城市地图与规划图，历史信息丰富而且相对准确，已接近现代地图。1998年中国地图出版社出版的《武汉历史地图集》更是收集了自明清以来的武汉三镇不同历史时期的地图60余幅，成为研究近代武汉三镇城市发展的丰富的历史资源库。本文的研究，充分利用这些重要且珍贵的史料，将历史文献记载与不同历史时期的地图结合起来进行关联与比对分析，对于城市空间的扩展、城市空间结构的演变等进行探讨，以期获得城市发展历史规律性的认识。

三、创新点

（一）武昌城市近代化发展的典型性与特殊性

从区域视角审视、分析近代武昌城市政治、经济、文化教育以及交通四大职能的发展与变迁，指出1861年后，武昌城市发展经历了从封闭走向开放、从传统农业社会型向近代工业社会型的转变，具有一定的典型性。但也正是在区域城市体系中城市主要职能的变化，导致了近代武昌从独立发展的城市向协同发展的现代城区的转换，形成近代武昌城市转型的特殊性。

（二）"突变"与"渐变"相交织的近代武昌城市空间形态演变过程

重大历史事件通过刺激城市相关结构性的形态要素发生变化，从而造成城市空间形态的"突变"。在这些重大历史事件之间，城市局部空间形态要素发生缓慢的变化，形成城市空间形态"渐变"过程。近代武昌城市空间形态的演变通过一系列"突变"以及"渐变"的历史过程，完成从传统相对封闭形态向现代开放形态的演变。根据对影响城市空间形态的重大历史事件，将近代武昌城市空间形态的演变分为四个历史阶段，并通过对这些重大历史事件的探析，真实且清晰地还原了形态演变的历史过程，揭示了城市的发展规律。

[1] Whitehand. J.W.R, 谷凯. Extending the Compass of Plan Analysis: a Chinese Exploration [J]. Urban Morphology, 2007(2) : 91-109.

（三）近代武昌城市空间形态的综合分析

将近代武昌城市空间形态分析划分为从宏观到微观的三个层级系统：城市、街区与建筑。三个层级系统之下对应7个形态要素：城市总平面、城市天际线、街道网络、街区、公共空间、公共建筑与住宅。这7个要素的单体在同一尺度下的相互关系和与上一层级要素单体之间的包含关系组成了城市的复杂系统。这个研究框架是对借鉴西方类型形态学理论发展适合中国城市研究和对城市设计有指导作用的城市形态分析方法的初步探索，具有一定的理论意义。通过对这7个要素的分析，可知近代武昌城市空间形态在3个层面都表现出与自然山水环境相契合的独特的形态特征。

第二章　近代之前武昌城市发展与形态基础

第一节　宏观视野下的城市地理环境与选址

城市选址是综合性的课题，涉及政治、经济、军事、文化及科学技术的各个领域，不仅要运用城市规划和建筑学的知识，而且要熟知天文学、地理学、文化学、宗教学、地质学、气象学、水文学、水利学、生物学、生态学、军事学、灾害学等多学科的知识。

我国古代的城邑分为都城、府城、州城、县城等多种等级；城市又有商业都会、军事重镇、手工业城市等多种类型，因此选址时考虑的因素各不相同，标准也各别。吴庆洲先生基于对大量中国古代城市的研究，总结了古城选址的主要的三种思想学说，分别是：择中说、象天说和地利说[1]。

"择中说"是古代都城选址的指导思想，属于体现礼制的思想体系。周公卜洛，其依据的原则是"此天下之中，四方入贡道里均。"《吕氏春秋·慎势》提出："古之王者，择天下之中而立国，择国之中而立宫，择宫之中而立庙"。从地理因素上看，国都作为政治、文化、军事的中心，为加强对全国的统治，位于地理中心是最为适宜和便利的。象天说属于追求天、地、人三者和谐合一的哲学思想体系，这一按天体宇宙模式来建造城邑的传统至少已有5000年的历史。地利说属于注重环境求实用的思想体系，选择城址着重考虑自然环境与地理因素，讲求在利于生活、生产、生存的地理条件之地建城。《管子》乃地利说之集大成者，在建城选址的水用、交通、军事防御、地质、气候、防灾等方面均有详细而科学的论述，内容丰富，涉及面较广，影响了我国大多数古城的选址与建设，武昌古城即是其中之一。

自三国时期东吴孙权在今武昌地区建"夏口城"以来，历经唐宋鄂州城，明清武昌城，城市规模不断扩大。城池历代虽有兴废，但城址却少有变迁，显示其选址的科学性。《管子·乘马》云："凡立国都，非于大山之下，必于广川之上，高毋近旱而水用足，下毋近水而沟防省"，高度概括了城址选择的几个要点：依山傍水；有交通水运之便，且利于防卫；城址高低适宜，既有用水之便，又利于防洪。武昌古城的选址充分体现了对这些要点的综合考虑。

---

[1] 吴庆洲.中国古城选址与建设的历史经验与借鉴[J].城市规划，2004（24）：31-36.

从地理区位来看，武昌城址位于国家版图的腹心之处，地濒江汉众流之汇，前枕长江，北带汉水，"扼束江湖，襟带吴楚，控接湘川"[1]，因其显要的地理位置成为军事战略要地，"东南得之而存，失之则亡"[2]；从交通条件来看，武昌位于江汉平原东部边缘，长江与汉水在此交汇，水运交通条件极佳；从城市本体及周边自然环境来看，城址依山傍江，山水相连，具备优越的山川形势，是中国古代人居环境建设的理想之地。

一、地理区位：显著的军事要地

武昌建城，始自三国时期。东汉末年，群雄并起，竞相角逐，中国进入了一个战乱频仍、割据分裂、朝代更替频繁、统治中心多元化的时期。建安十三年（208年），曹操的军队与孙、刘联军进行了著名的赤壁之战。赤壁战后，三国鼎立格局形成。曹操企图统一全国的尝试宣告失败，但其势力仍然占据着以襄阳为中心的湖北北部大片区域；刘备向孙权借得荆州，占据着湖北的中、西部地区并以之为根本向四川发展；孙权则占据着以武昌（今湖北鄂州）为中心的湖北东南部地区。魏、蜀、吴三方各据一地，且各自占据湖北的一个部分，而三方鼎立的临界点正是地处长江中游的江汉交汇处的军事战略要地——夏口（今武昌）[3]（图2-1-1）。孙权对夏口的重要性有着极其深刻的认识。据清顾祖禹《读史方舆纪要》"湖广方舆纪要序"载："孙权破黄祖于沙羡，而霸基始之。孙权知东南形胜必在上流也，于是城夏口都武昌。"可见，夏口城最主要的职能是军事防御，因而显要的战略位置成为选址的首要因素。

27

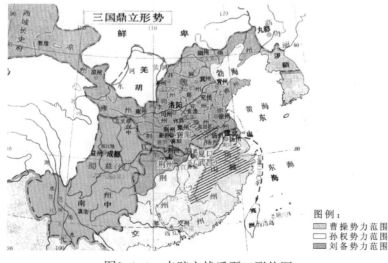

图2-1-1　赤壁之战后夏口形势图

[1]　（宋）《舆地纪胜》卷六十六 鄂州上.
[2]　（清）顾祖禹《读史方舆纪要》"湖广方舆纪要序"[M]. 北京：中华书局，2005.
[3] 刘玉堂. 武汉通史·秦汉至隋唐卷[M]. 武汉：武汉出版社，2006：104-109.

在中国整个的南方地区，主要的联系纽带是长江。武昌扼守长江中游，上可通巴蜀，下可达东南，在上下游之间处于枢纽性地位。清代顾祖禹在论述湖广形势时说："湖广之形胜，在武昌乎？在襄阳乎？抑荆州乎？曰：以天下言之，则重在襄阳；以东南言之，则重在武昌；以湖广言之，则重在荆州"，由此指出了湖广地区的三个战略要地：襄阳、荆州和武昌（图2-1-2）。就立足于东南地区的孙权政权而言，武昌最为关键。

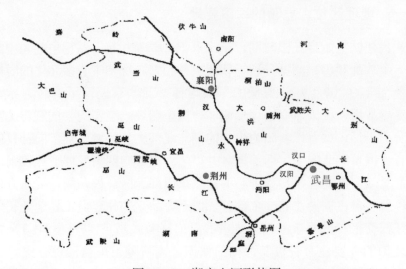

图2-1-2　湖广山河形势图

（资料来源：饶胜文. 布局天下——中国古代军事地理大势[M]. 北京：解放军出版社，2001：245）

由于长江两侧地形地势的缘故，长江上下游之间，除长江一水可通外，并无其他畅通大道。长江出湖北之后，江面渐宽，无险可扼。这种客观的自然情况使上下游之间形成一种微妙的关系：东南政权必须倚荆襄上游为屏障，荆襄地区对东南却具有一种天然的离心力。在东南政权内部，荆襄地区每每成为一个隐患，给下游方面构成很大的压力。东晋南朝时期，据荆襄上游称兵反建康方面者比比皆是[1]。这种双重特性决定了立足东南的政权在对荆襄地区的政策上体现出双重的意图：既要使其发挥可靠的屏障作用，又要将其威胁下游的消极意义降至最低。在这一意图上，以武昌为中心的湖北东部地区作为长江中、下游之间的枢纽，无疑成为了最重要的战略要地。自东吴建都武昌（今湖北鄂州）以来，夏口城就成为东吴政治中心上游极其重要的军事重镇。"孙氏都武昌，非不知其危险，仅持一水之限也。以江夏迫临江汉，形势险露，特设重镇（夏口城）以为外据，而武昌退处于后，可以从容而图应援耳，名为都武昌，实以保江夏

_____

[1] 饶胜文. 布局天下——中国古代军事地理大势[M]. 北京：解放军出版社，2001：145.

也，未有江夏破而武昌可无事者"[1]。刘宋建孝年间，分割上游的荆、湘、江、豫诸州，另置郢州，置夏口，屯重兵戍守，确保对上游的监控，更凸显夏口（今湖北武昌）极其重要的战略地位。唐史称武昌"当荆吴江汉之冲要，卫藩镇固护之雄制。……所防二千余里，洞庭彭蠡在其间，水舟陆车，山薮坞野，皆我长城之内。"可见，武昌扼两江汇合之口，东视吴越，南连洞庭，称得上江汉锁钥。南宋时，吕祉着眼于宋金对峙的形势，上《东南防守便利书》，在"江流上下论"中建议"立都建康以为兴王之基，屯兵武昌以固上下之势"，其经营规划可谓充分认识到武昌在长江中上游的战略地位。

二、交通条件：江汉汇流之地

中国历代古都名城皆位于水陆交通便利之地。只有交通便利，才能保证城市中居民的粮食和消费品供应，才能具备商业贸易的重要条件，充分发挥其在区域中的政治、经济职能[2]。《盐铁论·力耕》载："诸殷富大都，无非街衢五通，商贾之所臻，万物之所殖者。"春秋时期，范蠡进谏越王勾践，云"今大王欲立国树都，并敌国之境，不处平易之都，据四达之地，将焉立霸王之业。"《管子·乘马》提出"凡立国都，非于大山之下，必于广川之上"，即建都于依山傍水之地，这种城址即兼有水陆交通便利。其中，水运在古代，因具有方便、廉价和运量大的优点，且对自然环境破坏最小，因而成为重要的交通形式，对城址的选择影响很大。一般，河流的交汇点因其水运交通的便利，成为选址的优越地点，武昌即是如此。武昌的地理区位具有三大特点：一，扼长江中游；二，居长江、汉水交汇之处；三，江汉平原东部边缘。这三大特点使武昌不仅拥有丰富的水资源，而且确定了它在古代作为水路交通中心的地位（图2-1-3）。

首先，长江航道古来有之。春秋时期，吴楚之间就已有航道沟通[3]。武昌居长江中游，上可溯巴蜀，下可达吴越。

其次，由长江入汉水，可达关中盆地与黄河平原。古代中国之疆域，以黄河、长江流域为主体，而中隔秦岭、伏牛、桐柏、大别诸山脉，使南北交通局限于东中西三线。其中，中线行于秦岭、伏牛诸山脉间之广阔缺口中，南行则有长江最大支流汉水为之灌输，称为"南路"，是沟通关中平原与江汉平原，乃至整个东南地区经济联系的主要交通干线[4]。武昌为其中重要的水陆关津。取南路入关中，由武昌出发，北溯汉沔，后经汉水支流丹水，最后循灞水可至京师长安。唐安史之乱后，运河受阻，南路运

29

---

[1]　（清）顾祖禹.读史方舆纪要·湖广方舆纪要序.

[2]　吴庆洲.中国古城选址与建设的历史经验与借鉴[J].城市规划，2004（24）：31-36.

[3]　黄惠贤,李文澜.古代长江中游的经济开发[M].武汉：武汉出版社，1988：371.

[4]　黄惠贤,李文澜.古代长江中游的经济开发[M].武汉：武汉出版社，1988：331-338.

输非常活跃，一度成为沟通南北联系的唯一纽带，江淮物质的供应多"取道汉水，由鄂至襄"。鄂州（今武昌）不仅是江汉漕运的起发点，也是东南贡赋的贮存地，从而成为"四方商贾所集"，"淮楚荆湖一都会"[1]。

图2-1-3 宋、元时期江汉平原水系及城镇分布图

（资料来源：杨果. 宋辽金史论稿[M]. 北京：商务印书馆，2010：213）

最后，依托江汉平原之江汉水系的大背景，武昌成为区域水运交通的中心。江汉平原是由长江及其主要支流之一的汉水长期冲积而成的一块广阔的由河湖相沉积物构成的平原湖沼区。其南部缘以长江，跨越大江可抵洞庭湖平原；西部以巫山为限，穿过三峡可上溯至四川盆地；北部以荆山、大洪山为界，以随枣、襄宜走廊与南阳盆地相通；东部有幕阜山、大别山夹峙南北，顺江东下可达长江下游地区，地理区位优越。平原内河流纵横，主要包括长江、汉水干流以及夏水、油水、漳水、富水、涓水、环水等众多的分支河流，湖泊更是密布，仅武昌城址周边就有沙湖、东湖、郭郑湖、洪湖、南湖、梁子湖、汤逊湖等，均具舟楫之利（图2-1-4）。

平原中重要的州县都依江傍湖，构成一个天然、便捷的水路交通网。据谭其骧所释"鄂君启节"铭文，战国时期的人们便开始利用本地区的水网穿越平原，通达他路：一是由长江入汉水，溯汉水而上至白河进入南阳盆地；二是沿江下至"彭蠡"，由此入庐江；三是从长江进入油河或洞

---

[1] 杨果. 宋辽金史论稿[M]. 北京：商务印书馆，2010：199.

庭湖流域的沅、资、澧三水；四是由长江经洞庭湖溯湘水可达南岭北麓等[1]。就武昌而言，自孙权建夏口城始，夏口与东吴政权中心武昌（今湖北鄂州）之间就有樊川、梁子湖等内河水系相通，自樊口通江，由此通达长江上、下游。刘宋时期"分荆置郢"，大臣何尚之议曰："夏口在荆江之中，正对沔口，通接雍、梁，实为津要……今分取江夏、武陵、天门、竟陵、随五郡为一州，镇在夏口……诸郡至夏口皆从流，并为便利"[2]，由此可见夏口城交通之便利。夏口城成为交通津要，不仅在于伫立江汉之滨，还在于有大型港口，"浦大容舫"，"浦"即港口。《南齐书·张冲传》中有"夏口浦"，同传及《梁书·武帝纪》中有"石桥浦"，《水经注·江水》中则有"江南（指今武昌）有船官浦，其下复有黄军浦，昔吴将黄盖军师所屯，故浦得其名，亦商舟之会矣"的记载。入宋之后，江汉平原的交通重心由过去南北向的荆襄一线向东西向的江陵——鄂州一线转移，东西向的水路交通成为区域内交通主导，鄂州也由此成为"贾船客舫不可胜计，衔尾不绝者数里"的水运交通中心[3]。

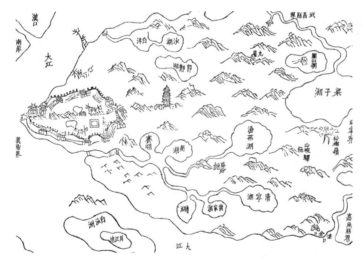

图2-1-4 武昌城周边水系图

（资料来源：武汉历史地图集编纂委员会.武汉历史地图集[M].北京：中国地图出版社，1998：10）

三、自然环境：优越的山川形势

纵观城市发展的历史，我国古代建城选址青睐"形胜"之地。所谓形胜，简而言之，山川形势足以胜人。《辞源》解释为"地势优越便利，风景优美"。《荀子·疆国》云："其固塞险，形势便，山林川谷美，天材

---

[1] 谭其骧.鄂君启节铭文释地[M].北京：中华书局，1962：171-174.
[2] 《宋书》卷六六.
[3] 杨果.宋辽金史论稿[M].北京：商务印书馆，2010：209-220.

之利多，是形胜也。"可见，它包含两方面的涵义：一是从居住的安全与舒适出发，强调自然环境优美；二是从军事防御角度出发，强调城市周围要有天然险阻作为屏障。

早在石器时代，先民们就选择依山傍水之地作为聚落基址。《诗经·公刘》载"逝彼百泉，瞻比铸原"，"既景乃冈，相其阴阳"，说的就是先民在负阴抱阳、依山傍水的舆地勘查地形和营建家园的情景。《逸周书·度邑篇》记载武王对周公谈及洛邑周围山水形势："自洛汭延于伊汭，居易毋固，其有夏之居。我南望三涂，北望岳鄙，顾瞻有河，粤瞻伊洛，毋远天室"，以为适宜建都，这便是中国风水思想中理想的"风水宝地"，对它的追求贯穿于中国古代人居环境建设的始终[1]。《吴越春秋》载："筑城以卫君，造郭以守民，此城郭之始也"。中国古代的城邑一开始就带有明显的防卫色彩。城市防卫既要由城郭濠池构成城防体系，又要利用天然险阻构成屏障。《周礼·夏官》云"若有山川，则因之"，王昭禹注曰："因之以为险固也，夫为高必因丘陵，为下必因川泽，因其高下自然之势以为之险固，则用力不劳，而为备也易矣。"

武昌古城址位于长江和黄鹄山[①]之间的开阔地带，北面沙湖，西临长江，自然环境相当优美。城北山丘起伏，林木茂盛，城南湖泊密布，水体清澈，风光明媚，城市内部处处显扬山水特色。区境内地形特征大致中部高，南北逐渐降低，西向长江而东向湖区缓斜。以丘陵和平原相间的波状起伏地形为主。中部由两列东西走向、南北平行的残丘孤山构成。南列为蛇山、洪山、珞珈山；北列为紫金山、凤凰山、小龟山、狮子山，两列山系均头枕长江向东延伸。另有花园山、胭脂山、梅亭山、萧山、双峰山等镶嵌在蛇山山脉的前后，共同构成武昌的"脊背"。城南则散布着大小湖泊9个。东部有东湖；北部有沙湖、郭郑湖；南部有南湖、赛湖等。据清《江夏县志》，武昌共有湖泊16个，仅城内蛇山两侧就散布着大小湖泊9个，因此民间有"九湖十三山"[2]之说。使武昌呈现河湖交错、山水相间的地貌特征（图2-1-5），符合中国古代城市理想的外部环境模式。

《水经注·江水》载："船官浦东即黄鹄山，林涧甚美……山下谓之黄鹄岸，岸下有湾，因之为黄鹄湾。黄鹄山东北对夏口城，魏黄初二年，孙权所筑也，依山傍江，开势明远"。北宋《鄂州白云阁记》也称："南郡之有武昌，山水之聚，舟车之会者也。"南北朝时南齐王琅琊王简栖在《头陀寺碑记》中更是盛赞武昌的胜景风貌："南则大川浩瀚，云霞之所沃荡；北则层峰削成，日月之所迥薄；西眺城邑，百雉纡金；东望平皋，千里超忽，信楚都之胜地。"

[1] 田银生.自然环境——中国古代城市选址的首重因素[J].城市规划汇刊，1999（4）：13.
① 明万历《湖广通志》载："黄鹄山，县西南，山形蜿蜒，俗呼蛇山。"
[2] 徐建华.武昌史话[M].武汉：武汉出版社，2003：58-60.

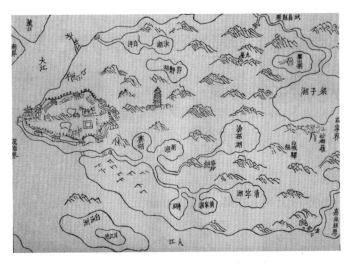

图2-1-5　武昌城及其周边山水环境图

（资料来源：武汉历史地图集编纂委员会. 武汉历史地图集[M].北京：中国地图出版社，1998：14）

诸山之中，以蛇山对武昌城影响最大。蛇山由泥盆系志留系石英砂岩与砂页岩组成，纵贯武昌城中部，东西走向，海拔高度85.1米。山系7峰绵亘相连，自西向东次第为黄鹄山、殷家山、黄龙山、高观山、大观山、棋盘山、西山。山北麓高低起伏，山南麓陡而险峻。一方面，因林木茂盛，风景优美，蛇山成为插入城市中一条绿色景观轴，参与营建了城市优美的生产与生活空间；另一方面，城池据山而筑，易守难攻。武昌城西临长江，南有群山，地理环境利于防御。城池修筑也充分利用地形，城西以长江为护城壕，城南以蛇山山脉为城墙，依山负隅，事半而功倍。北朝郦道元谓之"凭墉藉阻，高观枕流"；成书于宋文帝时的《荆州图记》也称："夏口城，其西南角因矶为墉，形势险要"。

第二节　近代之前城市发展的历程

一、魏晋南北朝时期的军事城堡：夏口城

武昌建城历史，始自三国吴黄武二年（223年），孙权在长江以南黄鹄山（今武昌蛇山）北侧构筑的军事城堡，因对岸即夏水入江之口，故定城名为"夏口城"[1]。该城南倚黄鹄山、北面沙湖、西临长江，形势险要，历为战守要地。"三国争衡，为吴之要害，吴常以重兵镇之"[2]。

---

[1] 据《水经注·江水》："对岸则入沔津，故城以夏口为名".
[2] 《元和郡县志》卷二七 江南道鄂州条.

自东吴建都武昌（今湖北鄂州）以来，夏口城就成为东吴政治中心上游极其重要的军事重镇。

晋迄宋初，夏口城一直属荆州江夏郡。宋孝武帝孝建元年（454年），为分荆楚之势，"分荆州之江夏、竟陵、武陵、随、天门，湘洲之巴陵，江洲之武昌，豫州之西阳，又以南郡之州陵、监利二县属巴陵，立郢州"。因夏口城"实为津要，由来旧镇，根基不易。……镇在夏口，既有见城，浦大容舫。……诸郡至夏口皆从流，并为便利"[1]，从而成为郢州州治，以及江夏郡郡治，城市的政治职能有所加强。继宋之后，齐、梁、陈各朝郢州治所均位于夏口，故夏口城又有"郢城"之称。

城市政治地位上升的同时，经济亦有所发展。夏口地区因处江汉之滨，东吴又长于水师，故而孙权建城之时在黄鹄山附近修建了"船官浦"、"黄军浦"等军港。大型港口的具备，促进了造船业的发展。宋沈攸之在夏口时，曾"缮治船舸"[2]；北齐慕容俨在夏口时，也曾"造船舰"[3]；陈孙锡在夏口时，曾"合十余船为大舫，于中立亭池，植荷芰，每良辰美景，宾僚并集，泛长江而置酒"[4]。这些不仅说明当时造船业的发达，而且反映出手工技艺的高超。

《水经注·江水》谓夏口"黄军浦，亦商舟之会矣"，说明大型港口的具备以及造船业的兴盛促进了夏口商业贸易的发展。南朝时期，夏口的商业发展在沿江城市中令人瞩目。《梁书》卷九《曹景宗传》载："景宗为郢州刺史"，"鬻货聚敛。于城南起宅，长堤以东，夏口以北，开街列门，东西数里"。景宗所起之"宅"，据前"鬻货聚敛"四字，应为商业店铺。景宗此举，是看到夏口商业兴盛，想与民争利。《隋书·食货志》载："梁初，唯京师及三吴、荆、郢、江、湘、梁、益用钱，其余州郡，则杂以谷帛交易。"郢州用钱交易，也是商业兴盛的一种表现[5]。

关于孙权所筑夏口城池的规模，据《舆地纪胜》卷六六《鄂州·景物》"夏口城"条："（夏口城）依山附险，周回不过三二里，乃知古人筑城，欲牢不欲广也。"《古今图书集成》卷一一一八《武昌府部》也有记载："（孙吴）夏口，塘山堑江，周二三里"。《湖广图经志书》卷一《本司志·城池》则有较详细的记载："周围一十二里，高二丈一尺"。"因州治后山增筑左右，为重城，设二门，东曰鄂州门，西曰碧澜门，宋、齐、梁、陈皆因之"，表明夏口城在成为郢州州治后，城垣进行了扩

[1]《宋书》卷六六.
[2]《宋书》本传.
[3]《北齐书》本传.
[4]《陈书》本传.
[5]黄惠贤，李文澜.古代长江中游的经济开发[M].武汉：武汉出版社，1988：38.

建，分为内城和外城①，符合古人"筑城以卫君，造郭以守民"之制。据宋《荆州图经》记载，当时的黄鹄矶中建有"高墉"。稍后《南齐书·州郡志下》郢州条载："夏口城，据黄鹄矶，边江峻险、楼橹高危，瞰临沔汉，应接司部。"陈循的《寰宇通志》对郢州城也有记载："在黄鹄山顶，亦古城也，西连子城，下瞰外廓。"上述这些记载表明了郢州城的修缮非常坚固，并在原夏口城的基础上扩建了高大城墙、子城和瞭望楼。今武昌蛇山顶黄鹤楼至蛇山中峰山脊上有一段硬土埂，就是郢城的城墙遗迹[1]。但总体而言，夏口城城池规模仍然甚小，故《南齐书》中有"郢城弱小"的记载[2]。城市规模长期得不到发展，与战争频繁破坏有关。仅南朝时期，围绕夏口进行的战争就不下十起[3]。城市遭到破坏的记载至少有两条：一条见于《北齐书》卷二〇《慕容俨传》。当时北齐占领了夏口，梁军攻之，"焚烧城郭，产业皆尽"，这是外城被战争破坏。另一条见于《陈书》卷二五《孙锡传》。陈初，孙锡为郢州刺史，北周来攻，"锡助张世贵举外城以应之"，北周以火攻城，"烧其内城南面五十余楼"，这是内城被战争破坏。当时，频繁战乱，修复尚恐不易，扩建自然更难实现。

通过以上记述，可知夏口城由三国孙权筑城时的军事堡垒上升至南北朝时期郢州州治，城市的政治、经济职能都有所加强，但它的基本性质还是一座军事城堡，并没有成为一个区域的经济中心。终魏晋南北朝三百余年，其经济发展水平远不及长江上游的江陵，甚至也不及其下游的武昌（今湖北鄂州）。江陵秉承先秦楚郢都而来，早在秦汉之时，就因"西通巫巴，东有云梦之饶"[4]而成为长江中游江汉地区的首位城市。两晋南朝时，江陵为荆州治所，与扬州、成都并列为长江流域三大城市，史称"江左大镇，莫过荆（江陵）扬（扬州）"[5]。正是由于荆州"北据汉沔、利尽南海，东连吴会，西通巴蜀"占据军事要地，经济上也是富庶之区，因而刘宋时期为消解荆州对政权内部的压力，实行"分荆置郢"政策，夏口城成为郢州治所，才迎来发展的契机[6]。而孙吴两次在长江中游定都，都是选择武昌，而非夏口，可见其时夏口的经济发展水平自是不高。作为都城，不仅要有好的战略位置，还必须要有好的经济基础。

据《宋书·州郡志》统计："郢州户近三万，人口十五万余，西不足

---

① 《梁书》卷一三《范云传》云："父抗，为郢府参军，云随父在府。……俄而沈攸之举兵围郢城，抗时为府长流，入城固守，留家属居外"。范抗"入城"是入内城，家属"居外"是居外城。

[1] 刘玉堂.武汉通史·秦汉至隋唐卷[M].武汉：武汉出版社，2006：175-191.

[2] 《南齐书》卷二四《柳志隆传》.

[3] 黄惠贤,李文澜.古代长江中游的经济开发[M].武汉：武汉出版社，1988：43.

[4] 《史记·货殖列传》.

[5] 《南齐书·州郡志》.

[6] 李怀军.武汉通史·宋元明清卷[M].武汉：武汉出版社，2006：2.

荆州三分之一；东、南不及江州、湘州二分之一"。古代人口密度可以真实地反映经济发展水平。据陈正祥"古代中国人口密度图"（图2-2-1），可见，唐代之前，夏口地区比诸相近地区，人口密度一直处于一个较低的水平。作为军事要塞的夏口城，魏晋南北朝时期一直只是在军事上发挥它的地理优势，甚至商业活动也只是附会军事活动而已，江汉水道对当时的夏口经济还未能发挥大的作用。

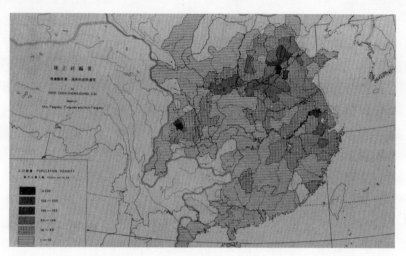

图2-2-1　古代中国人口密度图

（资料来源：陈正祥. 中国文化地理[M]. 北京：三联书店，1983：352）

二、唐宋时期的"东南巨镇"：鄂州城

隋朝统一全国后，对地区行政建制进行改革，改地方州、郡、县三级为州、县二级，后又改州为郡，实行郡、县两级制。开皇九年（589年）改郢州为鄂州，大业三年（607年）又将鄂州改为江夏郡，又将侨置在郢城的汝南县改为江夏县，从此江夏专指今武昌地区，一直延伸至清代。唐武德四年（621年）改江夏郡为鄂州，州治江夏县，史称鄂州城。太宗贞观元年（627年）划分全国为十道，江夏属江南道。开元21年（733年）增至15道，江夏划归江南西道。唐中期后，中央集权削弱，地方势力加强，全国政区由15道演变为47藩镇。其中，鄂岳镇统辖江汉以东诸州，治鄂州。唐元和元年（806年），升鄂岳观察史为武昌军节度使，管辖鄂、岳、蕲、黄、安、中等州，治所仍位于鄂州。从此，鄂州兼有"武昌"之称。

安史之乱后，淮河阻兵，盐铁租赋皆溯汉水而上，鄂州城成为江汉漕运的重要枢纽，也是唐防止叛军南下的军事重镇，得到长足发展。凡汴河运输阻塞，东南贡赋便在此集中，再转汉水西运，鄂州所固有的"实荆襄之肘腋，吴蜀之腰膂，淮南江西，为其腹背，四通五达，古来用武之地"[1]的区位重要性得以发挥，号为东南巨镇。

入宋以后，随着统治中心的南迁东移，鄂州的地位进一步上升。鄂州城不仅是鄂州与江夏县的治所，也成为一级政区——路级机构的所在。绍兴年间，荆湖北路的转运司从北宋的江陵移治鄂州；绍兴五年（1135年），在鄂州设立都统制司；绍兴六年（1136年），新设立的湖广总领所也驻鄂州。三大机构皆置司于鄂州城内，所辖赋饷统筹范围，南达两广，北至襄阳，西到荆南，东抵江西，远超出一路的管辖区域，在货币发行，粮食和籴、茶盐钞引的专卖等方面都具有朝廷认可的职权。

自唐代始，鄂州城市的经济职能大为加强，城中人口稠密，商业繁荣，"居商杂徒偏富庶"[2]。尤其安史之乱后，鄂州因位于交通要道成为江汉漕运的起运点以及东南贡赋的贮存地，起着联系外埠、转运物质的重要作用，从而带来了商业贸易的繁荣。《全唐文》卷六八九《土洑镇保宁记》称鄂州一线"大江浩浩，横注其下，其余控荆衡，走扬越，气雄势杰。……至于士民工商，连檐如云，必将沿于斯，溯于斯，……输其缗钱、鱼、盐、丹漆、羽毛。"另从《旧唐书·代宗本纪》载："鄂州大风，火发江中，焚舟三千艘，焚居人庐舍二千家"，亦可见当时商业贸易的繁荣。除了商业贸易之外，鄂岳还是唐朝重要的贡赋区之一，鄂州涉及到的商品就包括紵布、资布、麻资布、银、碌等[3]。贡赋物品的丰富，除反映本地区优越的自然资源外，也显示出生产的兴旺与经济的繁荣。

两宋时期，鄂州作为川陕、云贵及两湖地区与长江下游进行政治与经济联系的必经之地，商品集散的地理优势得到更为充分的发挥，沿江港口和航运业较之唐代发展更快。尤其南宋时期，地近宋金前线的鄂州驻扎了大量军队，沿江港口成为全国重要的水师基地，又是荆湖北路转运使司、湖广总领所驻地，总领湖南、湖北、广东、广西、江西、京西六路财赋，应办鄂州、江陵、襄阳、江州驻扎大军四处及十九州县分屯兵，号称"六道财记之所总，七萃营屯之所聚"[4]。毫不夸张地说，它控扼着长江中游乃至更大地域范围内的军权与财权。经常性、大规模的钱粮运输，为鄂州沿江港口与航运业带来"风樯云帆、数里不绝"的兴旺景象，被称为"今之巨镇"[5]。

唐宋时期，鄂州经济的发展还表现在作为贸易中心的"市"的兴起，其中以城外"南草市"最为繁荣。南市是在南北朝时"南浦"的基础上发展起来的，其地外通长江，内连诸湖（汤逊湖、梁子湖等），正当里河

---

[1]　（宋）罗愿.《鄂州小集》卷五《鄂州到任五事札子》，丛书集成初编本.

[2]　（唐）韩偓.《过汉口》.

[3]　黄惠贤,李文澜.古代长江中游的经济开发[M].武汉：武汉出版社, 1988: 143-157.

[4]　（宋）罗愿.《鄂州小集》卷五《鄂州到任五事札子》，丛书集成初编本.

[5]　（宋）叶适撰，刘公纯，等点校.《叶适集·水心文集》卷九《汉阳军新修学记》[M].
　　北京：中华书局, 1983: 141.

（巡司河）入江口处，和古鹦鹉洲临近，水势舒缓，便于船只泊靠，在唐宋时期成为商旅往来的避风良港，与此相适应的商市也开始形成并得到发展，因地处鄂州城南得名"南市"。南宋时期，南市盛极一时。范成大《吴船录》卷下载："南市在城外，沿江数万家，廛闬甚盛，列肆如栉。酒垆楼栏尤壮丽，外郡未见其比。盖川、广、荆、襄、淮、浙贸迁之会。货物之至者无不售，且不问多少，一日可尽。其盛壮如此。"陆游《入蜀记》第四亦云："至鄂州，泊税务亭。贾船客舫，不可胜计，衔尾不绝者数里。自京口以西，皆不及……市邑雄富，列肆繁错，城外南市亦数里，虽钱塘、建康不能过，隐然一大都会也。"以上记述足以说明，南市是当时重要的商贸港口，民居稠密，河运发达，商船云集。它拱卫着鄂州，对这个政治与军事并重的大城市，起着经济上的辅助作用，使南宋时鄂州的商业联系开始突破地区限制，影响范围东及江浙，西达巴蜀，南至两广，北抵黄淮，开始面向全国。

唐宋时期，鄂州城的发展也表现在城市建设上。敬宗宝历元年（825年）牛僧孺出任鄂州刺史，兼鄂岳观察史和武昌军节度使，镇江夏。因"鄂州城风土散恶，难立垣墉，每年加板筑，赋青茆以覆之。吏缘为奸，蠹弊绵岁"，"僧孺至，计茆苦板筑之费，岁十余万，即赋之以砖，以当苦筑之价。凡五年，墉皆甃葺，蠹弊永除"[1]。此次筑城，以陶砖结构代替夯土结构，提高了城墙质量，是否扩大城池规模则无详细记载。但据北宋张舜民在《彬行录》中记载：鄂州城"因山附险，止开二门，周环不过三二里"[2]，则应是牛僧孺筑城只是提高了城墙质量，城池的规模则没有大的变化。

有史据支撑的是北宋皇祐三年（1051年），鄂州城得到较大规模的扩建。《湖广图经志书》卷一《本司志·城池》载："知州李尧俞重为增修旧城"，"周围二十里，高二丈一尺，门有三，东曰清远，南曰望泽，西曰平湖，元因之"。限于地形，城池的扩建主要在东向与南向展开。城池北临沙湖；西至蛇山最西端，依傍长江；南面跨越蛇山直抵紫阳湖，东至曹公城（今武昌小东门北侧附近），城市规模较之前大为增加[3]，原夏口城变为城内西面的子城。宋代，子城的城垣已缺坏，但名称一直保留下来。南宋时因宋金战争形势需要，在蛇山最高峰还修建了"万人敌城"，属军事堡垒性质。《舆地纪胜》卷六六《鄂州·景物》"万人敌"条载："在城东黄鹄山顶，亦古城也，西连子城，下瞰外郭。建炎草窃犯城，郡守命其上以强弩射之，寇退因得起名。"此城至明代仍有。《大明一统志》卷五九《湖广布政司·山川》载："黄鹄山，在府城西南，一名黄鹤

---

[1] 《旧唐书》卷一七二《牛僧孺传》[M]. 北京：中华书局，1975：4470.

[2] 《画墁集》卷八.

[3] 李怀军. 武汉通史·宋元明清卷[M]. 武汉：武汉出版社，2006：14.

山，旧因山为城，即今万人敌及子城也。"

由以上记述可知，唐宋时期，鄂州由于地处交通要津，以水上转运为特色的商业经济发展较快，取代了前魏晋南北朝时期的武昌（今湖北鄂州）成为鄂东地区的政治与经济中心。唐玄宗天宝十四年（755年冬），是唐朝由盛到衰的转折点，给全国包括长江中游、江汉地区的政治经济产生了深刻影响。鄂州在安史之乱期间，未遭受战争创伤，社会安定，经济在前代积累的基础上持续发展，而且吸引了大量北方流民前来定居，由此奠定了江汉流域荆（江陵）、襄（阳）、鄂三足鼎立的基本格局。

荆、襄、鄂是江汉流域三个主要的城市。襄阳居江汉北，江陵居江汉西，鄂州居江汉东，三城各鼎视一面，中间是富庶的江汉平原。同时，三城都地处唐土腹心，是四方走集要道，连接着全国各地的交通线路。安史之乱后，荆、襄、鄂成为江汉漕运的枢纽，同时也是长江中游的三大军事重镇。

唐代按州（郡）县所在地位轻重、户口多少、经济盛衰，划分不同的州县等级，州郡由高到低依次为辅、雄、望、紧、上、中、下等。江陵府江陵郡为辅，襄州襄阳郡为望，鄂州江夏郡为紧，可见，三州中以江陵为最高品级，襄阳次之，鄂州居末。但据唐舒元舆《鄂政记》称："鄂……号为东南巨镇，与陵会府相侔"，可见，鄂州在唐末大致可与江陵相提并论。入宋之后，朝廷以汴河为漕运主航道，汉水失去了昔日漕运的功能。在陆路交通方面，北宋建都开封，与南方的联系，取道荆襄迂远，乃开辟了经信阳、广水、孝感、武昌前往华南之路。以后，元、明、清因建都北京，此路相沿不改。北宋时的江陵、襄阳虽仍不失为北方往西南的大道之一，但已不能与前相比。在这种交通背景下，荆、襄、鄂经济发展与人口聚集发生很大变化，据《宋史·地理志》所载（表2-2-1），鄂州人口已经超过江陵与襄阳。

三府等级与户口表　　　　　　表2-2-1

名　称	行政等级	崇宁户	崇宁口
江陵	辅（次）	85801	223284
襄阳	望	87307	192605
鄂州	紧	96769	240767

（资料来源：武汉市档案馆）

当时，从行政级别看，鄂州居末，但从人口总量来看，鄂州已位列榜首。此时，江陵与襄阳在等级上高于鄂州，与二者分别是荆湖北路和京西南路的治所有关，并非意味着所领州县在经济上高于鄂州。

南宋时，宋、金边界推进到淮河及豫鄂交界。金兵南侵造成鄂北地区人口数量锐减，大片农田荒废。特别是在遭受蒙元围攻中，襄阳城破。江陵也因宋、金战争而人口锐减。而此时的鄂州，因"王师所屯"以及接受北方流民，人口源源增长。军事地位的上升、交通区位的优势以及社会的安定，经济的发展，使当时的鄂州"盖南而潭、衡、永、邵，西而鼎、澧、荆、安、复、襄，数路客旅商贩，无不所以当辐辏鄂渚"[1]。

唐代长江中游江汉地区的经济中心是江陵、襄阳与鄂州所构成的三角区，政治重心则在江陵，鄂州屈居末位。宋代襄阳虽为京西南路治所，但经济地位已呈衰退之势。江汉地区的政治重心开始在江陵与鄂州之间徘徊。江陵虽仍然是荆湖北路的治所，但绍兴年间，荆湖北路的转运司从江陵移治鄂州；后又在鄂州设立都统制司和湖广总领所，所辖范围，超出一路的管辖区域。可见，宋末政治重心已向鄂州倾斜。

三、明清时期的"湖广会城"：武昌城

至元十六年（1279年），元世祖忽必烈对地方行政体制进行重大改革，实行行省制。其中湖广行省的治所设于鄂州。元成宗大德五年（1301年），将鄂州改名为武昌路。从此，"武昌"这一名称西移。在元代，武昌既是武昌路录事司所在，又是湖广行省的治所，取代了江陵与潭州成为荆湖南北至岭南一带的政治中心（图2-2-2）。

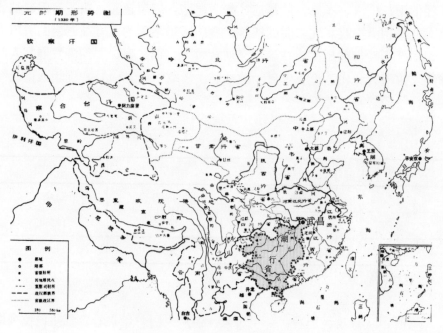

图2-2-2　元代湖广行省政区图

---

[1]　（南宋）王炎《双溪集》.

明洪武九年（1376年），明太祖废除元代的行中书省，在全国分块设置13个承宣布政使司。湖广承宣布政使司是湖广行政机关，治所位于武昌，辖两湖十三个府，府以下设州、县。明朝改元朝的武昌路为武昌府，下辖一州九县。除布政司外，明代另又设两个与布政司之间互不隶属的"省级"监察机构与军事机构，称提刑按察使司和都指挥使司，分别简称为布政司、按察司和都司，合称"三司"。湖广的三司衙门都设在武昌。英宗正统三年（1438年），设置湖广巡抚。明中晚期设置总督湖广等省军务，简称总督。又用勋臣为方面总兵官，简称总兵。巡抚、总督和总兵也多驻武昌。一时间，武昌城衙门丛集，既有高于省级的总督衙门，又有省级的三司衙门，还有武昌府级、江夏县级衙门，被称为"湖广会城"。清前期，武昌城仍是一个省级的区域政治中心。在地方行政建制上，清承明制而略有增损。由于湖广幅员广阔，区内政情复杂，清康熙三年（1664年）将明代设置的湖广布政司分为湖南布政司与湖北布政司，形成两个省级行政区。又各设巡抚管理军事、行政大权，两巡抚之上再设湖广总督，初步奠定了近世湖南、湖北两行省省区的规模。其中，湖北布政司治所仍在武昌。清代的武昌城仍是各级衙门荟萃之地，计有湖广总督、湖北巡抚、湖北布政使司、湖北按察使司、湖北学政、武昌府、江夏县衙门，共43个之多。

明清时期，武昌也是湖广大区域的文化中心。在元代，武昌已确立为湖广行省的行政中心，形成对中国中南地区的制衡机制，但文化教育的影响力还不够。至明代，武昌在湖广地区的文化教育中心地位才逐步形成。在湖广范围内改变了湖南盛于湖北，湖北省内荆州、黄冈重于武昌的格局。明清时期，武昌的官学包括武昌府学和江夏县学。因是湖广布政司会城，成为湖广境域内生员进行乡试之地，设有贡院。明代武昌还是宗藩坐镇之地，楚王宗室子弟皆入宗学。另外，私学与官学制度并存，在前代基础上发展迅速。明清时期教育主要采用书院形式。明清两朝，武昌共创建12所书院（表2-2-2），无论是数量还是质量在湖广都居于首位，周围地区的学子也都汇集武昌求学。

明清时期武昌的书院　　　　　　　　　表2-2-2

书院名称	创办时间	创办地点	备　　注
江汉书院	明洪武二年（1369年）	文昌门内	清顺治年（1644年）迁至忠孝门内
东山书院	明成化年间	黄鹄山东	一说嘉靖年间创办
芹香书院	明成化年间		
濂溪书院	明正德年间	文昌门内	嘉靖二十四年（1545年）改建，崇祯六年（1633年）迁至明月桥

续表

书院名称	创办时间	创办地点	备　注
寿昌书院	明崇祯年间	武昌城东	
紫荆书院	—	忠孝门外	
清风书院	—	蛇山南，清风桥西	
勺庭书院	清康熙三十九年（1700年）	忠孝门胭脂山朱家巷	1903年改为武昌府中学堂
大观书院	清同治初年	蛇山南	光绪三十二年改为江夏初等商业小学堂
高观书院	光绪十年（1884年）	宾阳门高观山麓	1906年改为江夏高等小学堂
两湖书院	清光绪十六年（1890年）	营坊口左，并经心书院旧址	
经心书院	清同治八年（1869年）	三道街文昌阁	

（资料来源：根据相关资料整理）

其中，两湖书院是张之洞任湖广总督时主持兴建。虽然，当时汉口早已开埠，中国进入近代也达半个世纪，但是，书院课程的设置完全以传播封建传统文化为主，因而将其归入传统教育的行列更为适宜。两湖书院与广州广雅书院并称清末全国两大书院[1]。

在商业经济发展方面，由于长江水流变化，河道变迁，古鹦鹉洲渐沦于江，宋末元初南浦与南市相伴的繁荣景象不再。其他港埠虽仍在发挥作用，但也不如曾有过的辉煌。元末明初，金沙洲、陈公套和塘角相继兴起，才再次成为"四民辐辏"、"百货云集"的东南都会。元末明初，武昌城南靠近鹦鹉洲江岸，相继淤起两个沙洲。东边近岸的为金沙洲、西边临江为白沙洲，江水由南向北从两洲间穿过。金沙洲由于有白沙洲外护，成为良好的天然避风港（图2-2-3）。

图2-2-3　金沙洲、白沙洲与武昌城位置图

（资料来源：武汉历史地图集编纂委员会. 武汉历史地图集[M].北京：中国地图出版社，1998：14）

[1] 李怀军.武汉通史·宋元明清卷[M].武汉：武汉出版社，2006：474-477.

同治《江夏县志》载："省城（武昌）当七省之冲，江夏附郭，水陆交通，百货云集。元暨明初，汇于金沙洲。"明代武昌商市有数处，而以"金沙洲最盛"，"百货云集，商舟辏泊"，"有街八道，号称几十万户"。万历十一年（1583年），又开始成为湖广漕粮的交兑口岸，当时湖广漕粮的年额达46.5万石，金沙洲一度漕船云集，蔚为大观。崇祯十五年（1642年），由于左良玉十万大军的进驻骚扰，金沙洲民居拆毁几尽，河街被焚烧一空。直至康熙十二年（1673年），地方官徐惺在洲上新辟市肆，设油、盐二埠以招揽商贾，金沙洲才逐渐恢复生气，一度又成为油船、盐船和回空漕船的聚泊地。乾隆初（1736年）金沙洲因江流冲击，日渐崩塌。乾隆九年（1744年）时任湖广总督鄂弥达于金沙洲内湾筑大堤，又陆续修葺石岸和泄水闸，才使金沙洲免遭沦没，但其商船贸易终未能恢复旧观。

武昌南市自南宋后日趋衰落，其座落里河一带的航道也因无人疏浚日渐淤浅，后改名为管家套。明弘治十年（1497年），知府陈晦以小船拖带铁器搅动泥沙疏浚出一片深水港域，方便了商船停泊，再次带动武昌商业经济繁荣，管家套也改名为陈家套。所谓"水绕城南，都邑增胜，风藏浪避，商舟稳泊"[1]，正是当时人们对陈公套的形象描绘。万历十一年（1583年），陈公套与金沙洲一起被辟为漕粮巡检司、漕粮交兑口岸，并建有水次仓，以存贮各洲署交兑的漕粮。但清中叶后，因里河航道日渐淤浅，陈公套只能作为回空漕船和小型船舶的泊地，往昔兴盛的商船贸易走向衰落。

清初，武胜门外之塘角前淤起一片沙洲，凭借其外护作用，塘角的商船停泊大量增加。同时，为扩大商船靠泊量，以塘角为起点，向北直抵古月亮湾南端，开挖了一条长约10里的弧形河道，专门用于停船，称为新河。新河的开凿使塘角未及数年便发展成为商船云屯、百货萃集的新兴商埠。直至道光二十八年（1848年），陈溥还以赞赏的笔墨勾画出"塘角对汉口，百产绾精华，连樯上灯火，混若蒸朝霞"的绚丽画面[2]。然而，道光二十九年（1849年），因一盐丁吸食鸦片引发大火，由于千船连接，江路阻塞，800多艘船舶和数万商民船户焚毁一空[3]。此次浩劫，共损失淮南盐商的钱粮银本500余万，于是"群商请退"[4]。清廷因此规定：凡运往两湖地区的淮盐，不准于塘角停泊。从此，塘角迅速走向衰落，新河也因废弃而日渐淤塞。晚清时期，武昌的经济地位被汉口超越。

在传统社会，行政等级高低对城市的发展规模具有决定性意义。元代，一级行政区为省。全国共12个省级政区，长江中游江汉地区分属湖广

[1] 明万历《湖广总志》卷二《方舆志·武昌府》.
[2] 黎少岑. 武汉今昔谈[M]. 武汉：湖北人民出版社，1957.
[3] 周日庵.《思益堂诗抄·哀塘角行》.
[4] 《清史稿》卷三《食货四·盐法》.

行省（治武昌）和河南江北行省（治开封），武昌是江汉地区唯一的一级行政中心城。明代，全国共有15个省级政区，江汉地区为湖广布政司辖地，武昌仍是江汉地区内唯一的一级行政中心城。清代一级政区仍为省，清初全国共18省，清末增至23省。江汉地区自康熙三年（1644年）湖广布政司分为湖北、湖南两省后隶属湖北省辖区，武昌仍是此地区唯一的一级行政中心城。

在元代以前，江陵经襄阳北上的水陆交通是沟通黄河流域与长江中游及岭南地区的主要纽带，江陵因而成为长江中游重镇。而元代以后，北京经武昌、长沙至广州的驿道成为全国交通网的纵向中轴；长江也由于西南地区的开发以致水运交通作用加强而成为全国交通网的横向中轴。武昌因位于这两条交通中轴的交汇处，城市地位进一步提升，所以元代将湖广省会设在武昌，江陵则降为二级行政中心城。从此，武昌取代江陵地位成为长江中游江汉地区的首位城市。

作为湖广会城的武昌，在明代初年即有了较大规模的拓展与建设，为后期城市的发展奠定了基础。明初周德兴修筑的武昌城，在宋、元时鄂州旧城的基础上，向蛇山（黄鹄山）南侧展开，城区范围东起双峰山、长春观；西至黄鹄矶头；南起鲇鱼套口；北至塘角下新河岸。城内官府林立，冠盖如云。明清时期，武昌城居人口主要是湖广三司、府、县官吏，及大量为他们服役的人员，还有若干府、县学生员。从这种人口构成可清楚看出武昌城的性质是封建大区域政治文化中心。

第三节　近代之前城市空间形态基础

吴庆洲先生通过对我国大量古代城市的研究，在其著作《建筑哲理、意匠与文化》一书中提出了影响中国古城规划的三种思想体系，分别是体现礼制的思想体系、以《管子》为代表的注重环境求实用的思想体系、追求天地人和谐合一的哲学思想体系[1]。《周礼·考工记》在《匠人》"营国制度"中规定了王城的形制。它将城邑分为三级：王城、诸侯城及作为宗室、卿大夫采邑的"都"，并对各自的规模、规划形制、城邑数量、布局等都作了严格的规定。《管子》由战国、秦汉时期汇编而成，体现了与礼制不同的规划思想。"因天材、就地利，故城郭不必中规矩，道路不必中准绳"因地制宜的规划建设，是其规划思想的具体体现。中国古代哲学包括太极一元论、阴阳二元论、阴阳五行说和天人合一说等，都对古代城市规划产生了深刻的影响。

[1] 吴庆洲.建筑哲理、意匠与文化[M].北京：中国建筑工业出版社，2005：343-356.

　　作为武汉三镇之一的武昌古城，西临大江，黄鹄山横亘其中，是具有千年以上历史的文化名城。自三国鼎立时期孙权建城以来，历代虽有兴废，但城址却少有变迁，城市规模呈现出逐级扩大的态势，城市形态的演变也揭示出受到中国传统礼制"营国制度"和以管子为代表的重环境求实用思想体系的双重影响。从夏口到武昌，在千年的变迁中，长江与黄鹄山，以及建于黄鹄山上的楼阁始终是构成城市的主要元素与城市文化的表征，使武昌成为一座山、水、楼交相辉映、颇具特点的城市[1]。

　　明清时期，作为湖广会城的武昌在明代初年即有了较大规模的拓展与建设，形成了今日武昌城区雏形，为后期城市的空间形态奠定了基础。对它的城池规模、城郭形态、城市中心、景观体系等的研究相当于抓住了古城建设的关键性节点，有助于整体把握与解读武昌古城的形态发展特征，为近代城市发展研究提供基础资料。

一、城池规模与城郭形态

（一）城池规模

　　明初周德兴修筑的武昌城，在宋、元时鄂州旧城的基础上，向蛇山（黄鹄山）南侧展开，城区范围大为扩增。据1512年明《湖广图经志》卷一·本司志载："洪武四年江夏侯周德兴因旧城筑之，城周围三千九十八丈，城垣东南高一丈阔二丈五尺，西北高三丈九尺阔九尺。濠堑周围三千三百四十三丈，深一丈九尺，阔二丈六尺，垛眼四千一百六十八箇，城铺九十三座，城楼一十三座。门曰大东，小东，新南，平湖，汉阳，望山，保安，竹簰，草埠共九门。"按现代方法计量，武昌城垣周长达10千米，城内径东西2.5千米，南北3千米，城内面积约6.122平方千米。沿城墙辟有水门、水闸，以排泄城内汇水。于草埠门至小东门有水门2座，汉阳门、平湖门、草埠门附近设水闸若干。东、南、北面城墙外有一道水面深阔的护城河，河围长达11千米，河面宽约9米，深约7米。城西濒临长江。护城河与大江共同组成了武昌城的城池防御体系。武昌城在明清时期曾多次维修，但城池规模在明初洪武年间已基本定型。

　　明嘉靖十四年（1535年）由御史顾璘对明初的武昌城进行了一次较大的修缮，改大东门为宾阳门，小东门为忠孝门，新南门为中和门，草埠门为武胜门，竹簰门为文昌门，并对武昌城各城门加建了瓮城[2]。清代，武昌城进行了七次维修，但城池规模基本沿袭明代无变。

[1] 吴薇. 武昌古城之环境营构发展特征[J]. 广州大学学报（社会科学版），2009（7）：94-96.

[2] 武汉市文物考古研究所.武昌起义门前的城墙发掘与整理[J]. 武汉文博，1990（4）：32-35.

（二）城郭形态

在城郭形态方面，"崇方"的设计理念在明代城市建设中仍然备受重视。方形平面的城制早在西周时期的"营国制度"中已确定下来，但基于大量中国古代城市的研究，完全符合《匠人》"营国制度"的例子至今仍未发现[1]。而以《管子》为代表的注重环境求实用的思想体系则在中国许多城市的规划中得以具体实践。"因天材、就地利，故城郭不必中规矩，道路不必中准绳"，是其规划思想的具体体现。据1512年《湖广图经志》司志总图（图2-3-1），明代武昌城市规划采用了中国古代传统城市空间结构的基本模式："入城直街、城外延厢，以形寓意，礼乐和谐"，城墙向矩形靠近的趋势比较明显，城市形态呈现出不规则的近似四方形。从图面分析来看，明显受到周边地形地貌变化的影响。城市西面濒临长江，城墙随水岸线随形就势展开。城市北面形态受到沙湖、汤逊湖等天然湖泊影响呈现不规则曲线形态。城市东南面受到蛇山等山脉的影响也呈现出不规则形态。由此可见，明代武昌城的规划虽然立足于传统礼制规则形制，但又不拘泥于礼制，城池的营建会结合周边地理环境进行，体现出《管子》重环境求实用思想的影响。

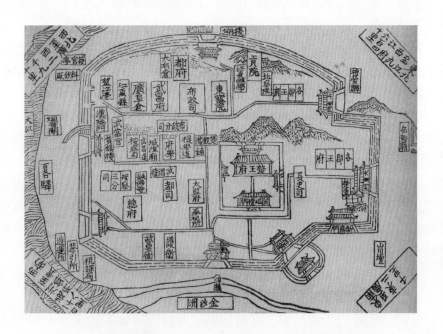

图2-3-1　1512年《湖广图经志》司志总图（武昌城图）

（资料来源：武汉历史地图集编纂委员会.武汉历史地图集[M].北京：中国地图出版社，1998：2）

---

[1] 吴庆洲.建筑哲理、意匠与文化[M].北京：中国建筑工业出版社，2005：343.

二、城市空间布局

（一）城墙之内

明代的武昌城既是明太祖六子楚王朱桢的就藩封地，也是明13个承宣布政使司之一——湖广承宣布政使司的治所，还是武昌府治、江夏县治所在地，兼有王城、会城、府城、县城四重角色。在明代200多年的时间里，武昌城内建立起了以楚王府为核心，众多府邸和多层级官署林立的内部格局，营造出了封建等级制度下的王城氛围。从司志总图来看，明代武昌城墙内的空间布局，以黄鹄山为界分为南北两部分。南部空间宏大，以楚王府为中心，"楚宗藩奠厥中，镇抚总巡屏翰，诸司环布厥左右"，在其左右环置各郡王府及三司衙门。例如按察司署、武昌道、提学道等在平湖门内楚王府西侧；都司署、总兵府、武昌卫等在楚王府南侧；一部分郡王府、长史司署在楚王府东侧。府署建筑外，城南还分布有城隍庙、铁佛寺、武当宫等宗教建筑。城北地区空间相对狭小，主要分布有布政司署、武昌府署及江夏县署。由于背倚蛇山，风景秀美，也成为城内贵族的聚居地。除此之外，在武昌城内，还汇聚了府学、县学、贡院、文庙、书院一类的文化机构，凸显其长江中游地区政治文化中心地位。

清代的武昌城，沿袭明代旧制，没有大的拓建。虽然王府湮灭，但武昌作为长江中游地区的政治、军事和文化中心，城内依然署衙庙宇林立。城市仍然以黄鹄山为界分为南北两部分，由于城市人口增多，城市空间扩张，原明楚王府所在的城南地区居民区逐渐增加，城北地区建筑密度也日渐稠密。北部多为官府与司道衙署，许多主要的街道均以衙署命名，如抚院街、都抚堤、察院坡、巡道岭、粮道街、三道街、候补街、司门口等至今沿用旧名。城南多为市民居住区与兵营。因官署的衣食住行及公务需要，城内出现了商贸活动频繁的"街市"，多分布于城南，最盛者为"长街"，十里青石铺路，两旁店铺云集，银楼、金号、服装、绸布、百货等行业都集中此地，成为商业兴旺的闹市。但如同中国多数传统城市一样，城市大量的商业活动仍然集聚在城墙之外的城郊地区。

（二）城墙之外

明清武昌城市不仅在城墙内发展，同时向城墙之外自发生长。由于显著的战略地位，武昌自三国建城始，即成为水军基地。明清时期，水军、舰队常驻江夏，武昌沿长江设有造船基地。同时，长江的运输功能使得武昌城外长江岸边及洲地成为商业交换繁盛场地，金沙洲、陈公套和塘角相继兴起。在司志总图中，城外靠近江边处有税课局、递运所，可见此地码头商业活动频繁。在1733年的清《湖广通志》黄鹤楼图中（图2-3-2）也呈现出城墙外沿江岸边建筑林立的壮观景象，沿江建筑形式以吊脚楼居多。

图2-3-2　1733年清《湖广通志》中黄鹤楼图

（资料来源：武汉历史地图集编纂委员会.武汉历史地图集[M].北京：中国地图出版社，1998：8）

三、城市中心——楚王府的营建

（一）楚王府形制与规模

明初实行以宗亲分镇诸国、藩屏王室的分封制度。分封皇子的王府设立于各地重镇名邑，形成"外卫边陲，内资夹辅"之势。洪武三年（1370年），明太祖六子朱桢受封楚王，楚王府在武昌灵竹寺旧基上兴建，至洪武十二年（1379年）基本完工，历时九载。

从司志总图来看，楚王府位于武昌城蛇山南麓中心位置，坐北朝南，周围环置各郡王府、三司、府、县衙门，充分体现了"择中立宫"的礼制规划思想。其具体位置，在藩司衙门东南，王公府第以砖城绕一周，号"王城"。王城呈方形，设东南西北四门，城门形制为城楼制。王城外为城池环绕，城池之外再有红色萧墙围绕，中为宫殿。主殿为承运殿，前有承运门，后为圜殿、存心殿、宝善堂，宝善堂之后为宫门、寝宫。楚王府砖城正南门为端礼门，再往南是彰孝坊，为萧墙南门（图2-3-3）。楚王府宫城南面，砖墙与萧墙之间，有楚府宗庙、旗纛庙等建筑。

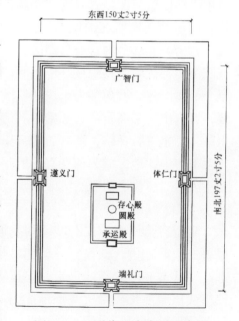

图2-3-3　明代王府布局示意图

（资料来源：王贵祥，等.中国古代城市与建筑基址规模研究[M].北京：中国建筑工业出版社，2008：96）

（二）楚王府对城市空间的影响

除了王府建筑，明代武昌城内的许多空间都因楚王活动而形成。一方面，各等级王府府邸建筑几乎占据了大半个武昌城。明代楚王一系共传九王，郡王十五府，均留居于武昌城内。其中永安郡王府、通山、崇阳、岳阳、景陵郡王府的府址在藩司衙门东北一里；通城、江夏、东安、大冶郡王府在藩司衙门东南三里；缙云郡王府在大东门内；寿昌、长乐郡王府在藩司衙门南半里，镇国将军府、辅国将军府、奉国将军府随各自所属郡王府建立。这些林林总总的府邸建筑为武昌城营造出了封建等级制度下的王城氛围。另一方面，楚王在武昌城内和城郊的各种活动成就了城内和城郊的各类空间，例如宗教空间、军事空间、游乐空间、生产空间等。楚王府前有歌笛湖，是为楚王种芦取膜为笛簧的地区。黄鹤楼旁所建武当宫，是楚王祭祀祈福之所。山川、社稷坛供楚王祭祀之用。东湖附近的"放鹰台"为楚王出城游乐之地。出城东行有地名"广阜屯"，乃楚府护卫军屯田之所。出城东南行至灵泉山，乃历任楚王的陵墓群。凡此种种，说明在明代，整座武昌城和近城设施都是以楚王的生活起居为中心。

1643年，农民起义军张献忠的队伍攻破武昌城，将楚王府付之一炬。在公元1733年的清《湖广通志》的武昌府城图中（图2-3-4），楚王府已不见踪影，曾经的辉煌已是过眼烟云，只余"王府口"、"九龙井"、"后宰门"等地名，透出昔日王府的历史痕迹。

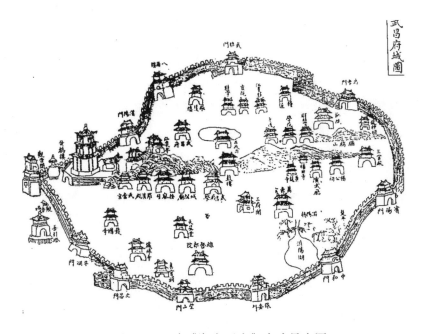

图2-3-4　清《湖广通志》中武昌府图

（资料来源：武汉历史地图集编纂委员会. 武汉历史地图集[M].北京：中国地图出版社，1998：9）

四、城市景观体系

武昌城居长江之南，在江南有江汉水系的大背景，城西与长江相衔接，受江汉水系和长江的影响，城内水系相当发达，城南湖泊众多。城北背倚蛇山，面向沙湖，城内还有胭脂、凤凰、梅亭三座山体，自然景观优美，是一座典型的山水城市。

（一）城市景观空间布局

从明清武昌城市空间布局的整体看，十分注重对山水自然景观的分析与利用，以山形水势和地形地貌的丰富变化来组织城市的建设，城市与山、水形成相互契合的关系。城市不再局限于以自然山体为城市空间边界，而是"因山就势"，将黄鹄山（蛇山）整个包入城中，成为插入城市空间中的一个绿色景观带（图2-3-5）。

图2-3-5 清《黄鹄山志》中的黄鹄山图

（资料来源：（清）胡丹凤. 黄鹄山志. 现藏于武汉市地方志编纂办公室）

明《湖广图经志》将武昌的著名景致归纳为"武昌八景"，其中的鹄岭栖霞、黄鹤怀仙等都是黄鹄山上的著名景观。明中后期与清代，黄鹄山中更有大量山居别业的兴建，力图将山水胜境物化到日常生活环境中，使人置身其中，可以"不下堂筵，坐穷泉壑"。如康熙年间兴建的"东山小隐"，建筑依山势隐现于山林……磴折幽邃，花树葺茂，不知屋内有园[1]。

城区北部的主要建筑和街道多围绕着胭脂、凤凰、梅亭三座山体而形成。南部城区则有歌笛湖、紫阳湖、明月湖等天然湖泊，湖区水体清澈、风光明媚。众多的湖塘与环绕周边的景观建筑共同构成滨湖游憩区。清代前中期，城南湖泊附近居民区逐渐增多，同时围绕这些湖泊开始出现了寺庙、桥、亭等建筑，如宁湖寺、文昌宫、紫阳桥、封建亭等[2]。这里与黄鹄诸山相对，湖水盈盈，荷香阵阵，梵语寺院，散布其间，人工景观与湖泊风光相互辉映。伴随着这些山水园林、山居别业、湖泊胜景等的蔓生，城市内部处处显扬自然山水特色，山水营建的思想自个体景观的塑造融入整体城市环境中[3]。

[1] 徐建华. 武昌史话[M]. 武汉：武汉出版社，2003：287.
[2] 徐建华. 武昌史话[M]. 武汉：武汉出版社，2003：58-60.
[3] 吴薇. 武昌古城之环境营构发展特征[J]. 广州大学学报（社会科学版），2009（7）：94-96.

（二）城市标志性景观——黄鹤楼

自三国时期孙权屯兵江夏，"因矶为楼"以来，黄鹤楼就与武昌城相依相伴。最初只是孙权所筑夏口城的一座军事哨所和具备指挥瞭望功能的岗楼。唐李吉甫《元和郡县志》载："吴黄武二年城江夏，以安戍地也。城西临大江，西南角因矶名楼黄鹤楼。"

唐宋时期，黄鹤楼开始由"军事楼"向"观赏楼"转化。唐代阎伯理《黄鹤楼记》载："州城西南隅有黄鹤楼者……观其耸构巍峨、上倚河汉，下临江流；重檐翼舒，四闼霞敞……"。可见此时的黄鹤楼规模已比前朝扩大，一改瞭望守戍的军事哨楼形制，建成雄奇壮美的游览楼阁，成为官商行旅、文人墨客登高眺远，观赏大江东去、抒发离情别绪而"游必于是，宴必于是"的绝佳去处[1]（图2-3-6）。

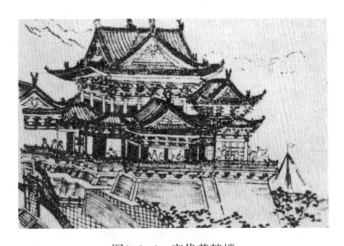

图2-3-6　宋代黄鹤楼

（资料来源：武汉市档案馆. 大武汉旧影[M]. 武汉：湖北人民出版社，1999：352）

明清时期，原建于黄鹄山最西端临江处黄鹄矶上的黄鹤古楼在南宋与金国征战时损毁，明初在进行大规模的城市建设活动中进行了重建。具体的营建时间史籍未载。但据洪武名臣方孝孺所作《书黄鹤楼卷后》载："夫黄鹤楼以壮丽称江、湘间……及乎真人既一海内，建亲王镇楚，以其地为国都，旌头属车往来乎其上者，四时不绝。盛世之美，殆将稍稍复睹……"等字句推测，黄鹤楼应重建于武昌筑城至朱桢就藩武昌之间[2]。据现存史料统计，明代黄鹤楼被毁3次，重修3次，修葺2次。清代黄鹤楼的建毁修葺，沧桑变故则可用"火经三发，工届八兴"来概括。"火经三发"系指黄鹤楼在清代遭受三次使楼体受到严重损毁的火灾；"工届八

---

[1] 冯天瑜. 黄鹤楼志[M]. 武汉：武汉大学出版社，1999：14-15.

[2] 冯天瑜. 黄鹤楼志[M]. 武汉：武汉大学出版社，1999：28.

兴"则指清代对黄鹤楼进行了八次主要修葺（含重建）活动。黄鹤楼的规模形制，各次兴工不尽相同，总趋势是越建越高，越建越大。总体而言，明清黄鹤楼在前朝观赏楼的基础上强化了景观创造与游览功能，成为了城市标志性的景观。一方面，黄鹤楼凭借独特的选址与造型艺术，成为长江中游武汉段一景。选址于临江处黄鹄山最西端，楼半出于江上，大江往来之客船未及城下便可先见鹤楼，成为武昌城的象征。明末何瑾在《古今游名山记》中较详细记载了明鹤楼的建筑形制："省城黄鹄山楼，制方而补四隅为圆，二顶三层，高约五六丈。每隅合九角，每方四溜为柱，中外三起，外二起四面各二十柱，中一起四"……，外形"下隆而上锐，望之如笋立"，"如莲瓣垂垂，洲渚掩映"。黄鹤楼的结构层叠、外观华丽和气势不同凡响由此可见（图2-3-7）。另一方面，明黄鹤楼在前朝观赏楼的基础上，强化了旅游功能。作为独立的观景建筑，黄鹤楼已与城垣分离，成为人们登高望远的好去处。据清代丁宁存《重建武昌黄鹤楼碑记》载：登鹤楼而望，见"大别西横，晴川对峙，广汉控三巴之峡，横江万擢之舟，俯而瞰焉，则烟火万家，鳞次如画，雉堞参差，风陵起伏，熙来攘往者，蚁聚蜂屯，燕支、凤凰诸峰环列左右……。"同时，主楼周边辅以亭台楼榭，栽花置树，在城市内部构筑起以黄鹤楼为中心的景观区域格局。在城市外部，它与长江对岸汉阳之晴川阁隔江相望，互为对景，构成了江汉朝宗的盛景（图2-3-8）。

图2-3-7　明代黄鹤楼
（资料来源：武汉市档案馆. 大武汉旧影[M]. 武汉：湖北人民出版社，1999：353）

图2-3-8　江汉朝宗图
（资料来源：武汉历史地图集编纂委员会. 武汉历史地图集[M]. 北京：中国地图出版社，1998：12）

总而言之，黄鹤楼凭借独特的形式和功能，位于山顶、面向大江的选址，层叠高耸的楼阁造型艺术，成为武昌城市的重要标志，在各个层面上均具有令人满意的可识别性特征，同时实现了象征性和视觉重要性的统一。

第四节　近代之前武汉三镇关系的历史考察

翻开武汉市地图或登上武昌蛇山之巅的黄鹤楼，就会很清楚地看到：长江南来，汉水西下，交汇成丁字形。武昌雄踞长江与汉水交汇的长江南岸，汉口与汉阳居长江北岸汉水两侧成鼎足之势。研究武昌，就不得不提及汉口与汉阳。古往今来，多少文人墨客留下众多诗句莫不是武昌、汉阳并提、黄鹤与晴川相望，而所谓武汉三镇的提法更是将三者紧密联合在一起。武汉三镇，是武昌、汉阳、汉口的合称，三座城市分布于长江与汉水交汇处的两岸，曾经各自为镇，独立发展，却又彼此相连，共同书写着武汉的历史。

一、地理环境关系

（一）地理位置关系：从"双城夹江"到"三镇鼎立"

从古代武汉地名称谓的变迁来看，武汉的城市文明发展源于长江与汉水。从历史地理学考察，武汉古时有"夏水"、"夏汭"、"夏口"、"夏州"、"江夏"之称，经历了漫长的城邑演变历史。《汉书·地理志》记载："夏水出江流于江陵县西南，又过华容县南，又东至云杜县，入于沔"。这里的"夏水"泛指包括武汉在内的江汉下游的湖北地段；古"夏汭"、"夏口"作为地名，都是指汉水流入长江之口以及西侧和对岸的地区。此地区在东汉末年，就已形成众多军事城堡隔江对峙的局面。在长江以南，有夏口城与曹公城。其中，夏口城是今武昌历史上的第一座城堡；长江以北汉水之滨则有却月城、鲁山城、汉口城、马骑城等，其中鲁山城位于今汉阳龟山南麓，应为今汉阳地区建城之始。其时，鲁山城与夏口城已经形成了"双城夹江"之态势（图2-4-1）。

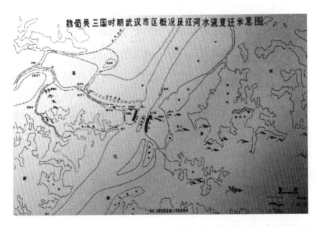

图2-4-1　三国时期鲁山城、夏口城位置关系及江河水流变迁示意图

（资料来源：吴之凌，胡忆东，汪勰，等.百年武汉：规划图记[M].北京：中国建筑工业出版社，2009：235）

　　唐武德四年置汉阳县并选址于"东临长江、北倚凤凰、西濒汉水"之地营建了汉阳城，与长江对岸之鄂州城（武昌）分别雄踞于龟、蛇二山之上，"双城夹江"之地理特征更是表露无遗（图2-4-2）。这种地理特征在以后被充分反映到军事争斗中，形成武昌、汉阳互为唇齿的军事关系，在历次国内战争南北对峙中都表现得非常明显。早期如《梁书·武帝纪》记载武帝萧衍由襄阳顺沔（即汉水）而下，直逼夏口，房僧寄以重兵固守鲁山，为郢城（即夏口城）犄角"，（武帝）乃"筑汉口城以守鲁山，命水军主张惠绍、朱思远等游遏江中，绝郢、鲁二城信使"，陷鲁山。鲁山陷后二日，郢城不得已守降。由此说明，鲁山为夏口犄角，鲁山不守，夏口便不攻自破[1]。宋代开禧北伐之时，时任汉阳知军黄榦更是以亲身经历为其间的关系作了生动说明："丙寅（1206年）、丁卯（1207年）之事榦适在武昌，亲见其事，武昌官民日夜望汉阳之烽火以为安否。"由此，黄榦认为："汉阳为郡虽小国寡民，然实吴蜀往来之冲，武昌唇齿之国，无汉阳则武昌亦不能自立矣[2]"。

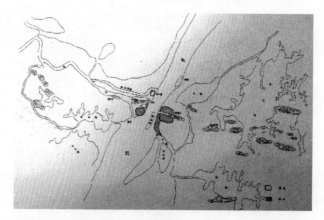

图2-4-2　唐、宋、元时期鄂州、汉阳城位置关系图

（资料来源：吴之凌，胡忆东，汪勰，等. 百年武汉：规划图记[M]. 北京：中国建筑工业出版社，2009：235）

　　武昌与汉阳双城夹江对峙的局面一直持续至明朝。明宪宗时期（约1465—1487年），汉水下游年年大水，堤防多次溃口，终于在西排沙口郭师口之间决而东下，发生了一次大的河道改变，从不稳定的多口入江，归一为从龟山之北入江，从地缘上导致了汉阳与汉口的分离。改道之前的汉阳包括今汉阳与汉口地区，改道之后，汉水犹如一把剪刀，将汉阳一分为二，形成南北两岸。南岸一侧仍称汉阳，北岸一侧则称为汉口（图2-4-3）。

---

[1] 黄惠贤，李文澜. 古代长江中游的经济开发[M]. 武汉：武汉出版社，1988：30.
[2] 黄榦.《勉斋集》卷10《与李侍郎梦闻书》.

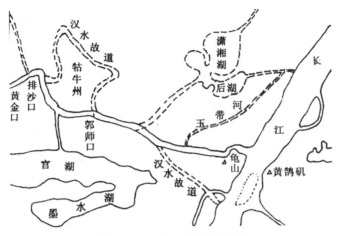

图2-4-3　汉水改道示意图

新水口形成后，由于汉口地盘开阔，港湾水域条件良好，而且新水口的形成正值中国封建社会的晚期，幼弱的资本主义经济因素已开始在封建经济的母体内孕育萌生，为新兴的汉口造就无与伦比的发展优势。嘉靖年间，汉口人口增多，已有城镇居民区"坊"的出现，汉水口南岸有崇信坊，北岸则有居仁、由义、循礼、大智四坊。汉口也在此时正式设镇，并设置有汉口巡检司对市镇进行管理。至此，两城夹江的态势因汉水改道而形成了三镇鼎立的地理格局（图2-4-4）。明代画家仇英曾经绘制了一幅《古武汉三镇图》（图2-4-5），将龟山蛇山夹江对峙、三镇鼎立的雄伟气派描绘得栩栩如生，成为后人研究武汉的珍贵图舆。

55

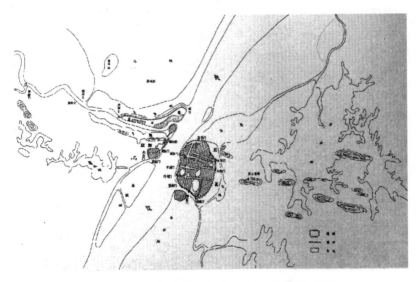

图2-4-4　明代武昌、汉阳、汉口位置关系图

（资料来源：吴之凌，胡忆东，汪勰，等. 百年武汉：规划图记[M]. 北京：中国建筑工业出版社，2009：235）

图2-4-5　明代仇英绘制的古武汉三镇图

（资料来源：皮明庥.武汉通史·图像卷[M].武汉：武汉出版社，2006：96-97）

（二）环境景观关系

被长江与汉水所"分隔"只是三镇地理环境关系的一方面，另一方面，三镇地理环境之间的联系也是显而易见的。从景观空间环境来看，三镇自古以来就有一条横穿南北、依山带水的景观轴线，汉阳的龟山与武昌的蛇山是这条轴线上的两个重要节点。武汉以龟、蛇两山为节点，向南北延伸一条跨越长江、逶迤汉水、似断非断、隐隐相连的丘陵山系。自南向北延伸的有武昌的关山、喻家山、磨山、珞珈山、洪山、双峰山、小龟山、凤凰山、蛇山等。跨长江接龟山，沿汉水向北的山系有龟山、梅子山、凤栖山、米粮山、仙女山、扁担山、银顶山、汤家山、汉南山等。在山系的两旁，有东湖、南湖、沙湖、水果湖、紫阳湖、莲花湖、月湖、墨水湖、后湖、后官湖等大小湖泊。它们山水辉映、相映成趣，形成了许多的自然风景点（图2-4-6）。

有趣的是，无论是武昌、还是汉阳，两地都将彼此相联的一些景观环境归为本地之胜景，由此反映出彼此地理环境之间的联系。如杨士奇总结"武昌十景"包括：黄鹄山（蛇山）、黄鹤楼、南楼、石镜亭、凤凰山、龟蛇夹江对峙、江汉两水合流、洪山及洪山宝塔、鹦鹉洲、南浦[1]。而明朱衣的《汉阳府志》也记载了"汉阳十景"：古刹晚翠、江汉朝宗、禹祠古柏、官湖夜月、金沙落雁、凤山秋兴、晴川夕照、鹦鹉渔歌、鹤楼晴眺、平塘古渡。在武昌的"十景"中，龟蛇夹江对峙、江汉两水合流以及鹦鹉洲都是与汉阳相关联的环境；而汉阳的"十景"中，江汉朝宗、金沙落雁、鹦鹉渔歌、鹤楼晴眺也都是与长江对岸武昌"共享"的胜景。

---

[1]（清）胡凤丹.《黄鹄山志》，卷五.

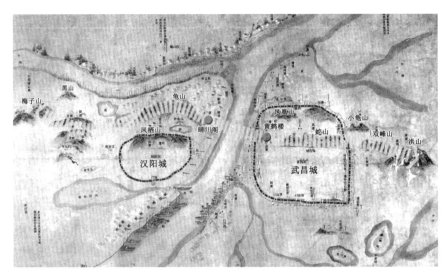

图2-4-6　武汉三镇环境景观关系图

也许，再没有比黄鹤楼与晴川阁彼此相对相望更能代表两地之间的地缘联系。黄鹤楼，是武昌的城市标志性建筑，晴川阁则是汉阳的标志性建筑，两楼分别位于龟、蛇二山之顶，隔岸相峙，交相辉映（图2-4-7）。这种楼阁夹江的格局，在6300千米的长江干流绝无仅有。而古今中外多少文人墨客的诗句中更是黄鹤与晴川并题，强化了彼此之间的联系，如清宋镱和裘行恕写晴川阁："川源揽全省，看不尽鄂渚烟光，汉阳树色，楼台如画里，卧吹玉笛，还随明月过江来。隔岸眺仙踪，问楼头黄鹤，天际白云，可被大江留住？"两人状物写景、用典书情，将"对江楼阁两参天"的黄鹤与晴川书写成一幅丹青长卷。

图2-4-7　隔江而望的黄鹤楼与晴川阁

（资料来源：武汉市档案馆）

（三）长江武汉段沙洲的地理变迁

长江武汉段上起金口下迄新洲，全长61千米左右，武昌、汉阳的蛇山与龟山是这一段河道的中间节点。在龟山与蛇山之间，长江两岸最窄为1060米，南面的鲇鱼套江面宽1300米，到了白沙洲头，江面宽约1700米，宽度增加了60%；从蛇山而下江面又逐渐加宽，徐家棚两岸江面约为1200米，到了青山港附近宽达3880米[1]。长江市区段江面狭窄，水流急，冲

[1] 张修桂. 汉口河口段历史演变及其对长江汉口段的影响[J]. 复旦大学学报（社会科学版），1984（3）：35-36.

刷力大，泥沙不能停积。而它的上下游，水面宽阔，水流平缓，泥沙容易堆积，日积月累形成沙洲。此中变迁较大，对城市发展影响较大的有鹦鹉洲、刘公洲、金沙洲与白沙洲等（图2-4-8）。

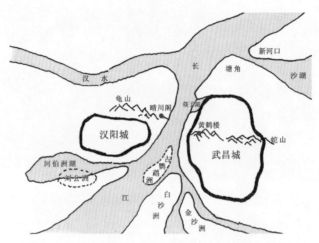

图2-4-8　武昌周边历史上出现的沙洲港埠示意图

1. 古鹦鹉洲

根据史籍记载，古鹦鹉洲在东汉末年就已出现在大江中，并且风景优美，是宴会游乐之地[①]（图2-4-9）。

图2-4-9　古鹦鹉洲图

（资料来源：皮明庥.武汉通史·图像卷[M].武汉：武汉出版社，2006：55）

[①]《后汉书》载：黄祖为江夏太守。时黄祖太子射宾客大会，有献鹦鹉于此洲，故以为　名。引自（清）胡丹凤著.杜朝晖点注.大别山志鹦鹉洲小志[M].武汉：湖北教育出版　社，2002：229-230.

关于其具体位置，《太平寰宇记》云："鹦鹉洲在大江东、江夏县西南二里。西过此洲，从北头七十步，大江中流与汉阳县分界"。《舆地纪胜》中也有"鹦鹉洲旧自城南，跨城西大江中，尾直黄鹄矶"的记载。另据《湖北通志》、《明一统志》、《方舆纪要》、《水经注》等的记载，都指出古鹦鹉洲属于武昌，洲的南端位于巡司河入江口鲇鱼套，北端在黄鹄矶前。根据"西渚可屯兵，南堂可校射"、"远望如小山"等记载，鹦鹉洲在唐、宋时面积相当大，是长江中一个著名的江心洲，繁华热闹，盛极一时，在武昌的经济发展中起着重要作用。鹦鹉洲消沉的时间，据清胡丹凤《鹦鹉洲小志》记载："明天启、崇祯后，渐沦于江"。这是由于1621年以后，长江河势改变，主泓道从汉阳岸边偏向武昌岸边，鹦鹉洲被江水冲刷日益缩小，至清康熙末（约1720年），鹦鹉洲全部消失。

2．刘公洲

宋元佑八年（1093年），汉阳城南纪门外江中涌出一洲。时任汉阳知军刘谊为阻遏江浪冲击江岸，派人在洲上种植芦荻，秋后供百姓采用，民感其德，因名"刘公洲"[1]。洲自三里坡直抵南纪门，荻苇繁茂，不久即成为枯水季节的商舟客舫的主要停泊地。明中叶，洲上还辟有鱼市、柴市等集贸市场。据康熙《汉阳府志》载："弘正间，汉阳南纪门外，原有南坛，自江岸至城计五百余丈。江中有大洲，洲上多芦荻。中有大河套，客舟蚁集，两岸贸易，居民相聚为市，民乐其利。"明嘉靖年间，因江、汉间大水频繁，刘公洲渐被江水冲没，其在江中大约存在了400余年。

3．金沙洲与白沙洲

从元代开始，武昌城南靠近古鹦鹉洲江岸，相继淤起两个沙洲，至明代趋于相对稳定。金沙洲东边近岸，白沙洲西边临江，江水由南向北从两洲间穿过。据清同治《江夏县志》：金沙洲在（武昌）城外额公桥西南，头枕江口，与白沙洲对。明中叶，随着白沙洲的稳定，金沙洲凭借其外护作用，成为商船停泊地。明崇祯十五年（1642年），由于左良玉十万大军进驻，河街与港埠被焚毁一空。至清康熙十二年（1673年），地方官在洲上新设市肆，招揽商贾，才逐渐恢复生机。雍正年间，白沙洲沉没，失去屏障的金沙洲受到江浪冲击，八道长街被冲毁四道。从乾隆九年（1744年）起先后修砌石岸、堤坝和泄水闸等，才使金沙洲免遭沉没。嘉庆以后，金沙洲与武昌之间的水道逐渐淤平，金沙洲与后来重新淤出的白沙洲与陆地连成一片，形成了武昌的白沙洲地区。

4．新鹦鹉洲

据《汉阳县志》记载：乾隆三十四年（1769年），武昌白沙洲沉没，又正值汉阳附近淤出新洲。武昌民请以新洲补偿白沙洲，称为补课洲。汉

---

[1]　（清）嘉靖《汉阳府志·方域志》"刘公洲"条.

阳县民不服，认为新洲靠近汉阳南纪门外，不应远隶大江对岸的武昌，遂争讼于官府，最后判定，新洲隶属汉阳县。嘉庆二十年（1815年），经汉阳知县裴行恕再三申请，新洲定名鹦鹉洲[①]。新鹦鹉洲原是一个江心洲。在《大清一统志》中的汉阳府图（1743—1782年）中，它是一个靠近汉阳一岸的江心洲。在同治十年（1871年）的《长江图说》中，鹦鹉洲已靠近汉阳岸边，并与汉阳并岸，形成了汉阳的鹦鹉洲片区。

二、行政隶属关系

古代武汉三镇虽然在很长的一段时间内相互分属不同的行政区域，但由于存在着一个明确的行政等级关系，因而在行政隶属上产生了一定的关联。三镇之中，以汉阳筑城最早，武昌次之，然作为州、县治所则武昌领先汉阳。晋太康元年（280年），夏口（今武昌）就已成为县级行政中心——沙羡县治。南北朝时期，南朝宋设置郢州，隶属江夏郡。郡、州、县治所同设于夏口（今武昌）。隋开皇九年（589年）改郢州为鄂州，州治江夏（今武昌），从此，江夏之名专指今武昌，沿用至清末。同年，隋在长江以北设沔州，下置汉津县（次年改汉津县为汉阳县），汉阳始成县治，汉阳之名沿用至今。

唐朝初年，对武汉地区的行政建制在隋朝基础上进行了一次调整。据《旧唐书》卷40《地理三》记载：武德四年（621年），唐改江夏郡为鄂州，州治江夏，下领江夏、武昌（今湖北鄂州市）、永兴、蒲圻、唐年五县。又在长江以北分沔阳郡设沔州，下辖汉阳、汉川两县，州治汉阳。至此，武昌与汉阳都成为州治单位，只是武昌所要管辖的范围与所领户数都大大超过汉阳。元和元年（806年）唐又于鄂州设立武昌军节度使，领有鄂、岳、蒲、黄、安等州，于是，武昌的行政地位已凌驾于州治之上。值得注意的是，唐文宗大和二年（828年），唐取消了沔州的建制，将沔州所属的汉阳、汉川两县划归到鄂州的统一管辖之下，这是历史上首次将大江两岸的武昌、汉阳统一于同一个行政建制之下来进行管理的尝试。这种格局持续了一段时间，直至后周显德五年（958年），世宗柴荣平定淮南后，才重新设置了不隶属于鄂州的独立的汉阳军，下领汉阳、汉川两县。

宋代，汉阳的行政建制屡次变动。初年沿袭后周设置独立的汉阳军，熙宁四年（1071年），废入鄂州，元祐初复置军，绍兴五年（1135年）又废，七年（1137年）复置。屡次省废，主要原因是辖区太小，与鄂州又仅隔江相望，距离很近。反观鄂州，行政地位渐次上升，州治设于江夏（今

---

① （清）胡丹凤《鹦鹉洲小志》引《汉阳志》云：鹦鹉洲没于江者三百年，乾隆三十四年，复淤成洲。时武昌民吴秀卿以江东岸白沙洲为水所没，请以新淤补课，遂易其名补课洲。邑人士以鹦鹉洲近在南纪门外，不应远隶武昌。嘉庆间具控上官，前令裴行恕履勘覆丈，仍归隶汉阳。

武昌）也未曾改变。建炎二年（1128年），南宋在鄂州设置鄂岳制置使，统管荆湖南、北路诸州、军的兵力调配，使汉阳与鄂州之间出现了一种军事隶属关系，绍兴三十年叶义问在其奏对中就表明了这种关系："鄂渚田师中，则安、复、信阳、汉阳之所隶也"[1]。从绍兴四年起，岳飞长期驻屯鄂州，并以荆襄潭州制置使等身份总管各诸兵马，更加强了鄂州与汉阳之间的行政联系。黄榦在《与綦总郎奎书》中述及汉阳军城内情形时说："盖汉阳郡城自绍兴之初残破之后，并无居民。岳侯屯兵武昌，遂占郡城荒地为水军寨，所占之地居郡城三分之一也。"

元朝，鄂州改称武昌路，下辖七县，附廓江夏县（武昌）既是武昌路治又是湖广行省大区域的行政中心。宋汉阳军降元后，一度改隶河南行省，至元十四年（1277年）由军升为府，下辖汉阳、汉川两县，府治汉阳县，仍归湖广行省管辖。

明朝改元朝的武昌路为武昌府，下辖一州九县，附廓江夏县（武昌）既是武昌府治又是湖广布政使司驻地。汉阳在明初一度改为州，隶属武昌府，洪武十三年（1380年）复改为府，仍辖汉阳、汉川两县，后增加孝感、黄陂、沔阳三县，并划归湖南布政司，洪武二十四年，仍复隶湖广布政司。清代沿袭明制，变动不大。武昌府、汉阳府设置后，人们开始将两府联称为"武汉"。明成化年间（约1465—1487年）由于汉水改道，由龟山南改为龟山北入长江，汉口从汉阳城区自然剥离出来并崛起为商镇，起初并无独立建制和行政管理机构。明代晚期，才由汉阳县设置巡检司对市镇进行管理，最初设置在汉水南岸的崇信坊，康熙年间始由南岸移至北岸。雍正五年（1727年），随着市镇规模的扩大，又将汉口巡检司分为仁义、礼智二司。这些巡检司均为汉阳县的派出机构。直至雍正十年（1732年），由于汉口市镇经济的发展，由隔江相望的汉阳县机关管理实在鞭长莫及，于是，清政府又将汉阳府同知设于汉口，但汉口仍无独立建制，直至晚清光绪二十五年（1899年）前仍为汉阳县的属地。

以上记述表明，早在唐代中晚期，武昌与汉阳之间就已存在一定的行政关联，虽然当时汉阳只是在一段时间内隶属鄂州，并保持与武昌的平级关系（同为县治），但由于当时武昌不仅为县治，同时还为鄂州州治所在地，因而在具体的行政运作中对汉阳而言应该保持有一定的优势。这种情况，在宋代表现得更为分明。从当时的一些文献纪录来看，宋代的汉阳军在具体的行政运作中，与武昌并不能保持一种分庭抗礼的平级关系，因两个单位的行政力量太为悬殊。在《勉斋集》卷24《汉阳军奏便民五事》就记载，当时的汉阳知军黄榦就觉得汉阳军"兵籍单弱"，兼之"财赋窘乏"，这个州级单位"反不若江南之一小县"。具体情形，黄榦在一封

---

[1] （宋）叶义问.《中兴小记》卷39，《建炎以来系年要录》卷185.

公文似的信件中作了形象的说明："其为郡最小，事权最轻。郡无城郭，郭内之民仅千家；有兵两百人，人月给米五斗，多者一石，朝来暮去，若客旅之视传舍。郭外沿江之民几二千家，皆浮居草屋，视水之进退以为去住，夏则迁于城之南，冬则移于城之北，若鸿雁之去来。每岁二税所入不及中州大邑之一都，官吏请俸仅及中州三分一。驺从不备，往往徒行，以是仕者惮来，阙员殆半。如此何以为国？"从中可知当时汉阳军从民政到军政、财政乃至政府组织方面的大致情形。黄榦在列举这些方面后给出结论："由是武昌视之若属邑然"[1]。

这一局面的形成显然非朝夕可以为功。因为行政运作是由行政法规、具体情形再加上行政惯例等诸多复杂因素折中权衡的结果，具有非常强大的惯性。正是基于这一考虑，在说明汉阳军的行政状况时可以仅仅援引黄榦的文献。由此，已可概见汉阳在武昌实力扩张过程中大致不差的经常性的状态。"若属邑然"，这是汉阳向武昌靠拢、两个城市向共同组成一个更大城市发展的先兆。明清之后，汉口长期隶属于汉阳，汉阳相对稳定地隶属于湖广布政司，武昌则一直是湖广布政使司驻地，由此三者之间的行政关系更加清晰了然，三地向共同组成一个更大城市发展的可能性也愈加增大。

三、经济发展关系

在以水运为主要运输方式的古代，武汉凭借独特的地理区位和环境形成了"城港一体化"的经济形式，对长江流域的物流交往发挥重要作用。历史上武汉一带的江面上先后兴起多个沙洲，这些沙洲的形成、消解与港市的形成密切相关，洲出则市兴、洲消则市迁，牵扯着三镇的商业兴衰。由于对长江水道与沙洲环境的依赖乃至于对环境资源的争夺，形成了三镇之间以竞争为主体的经济关系。

古代三镇经济，以武昌发育最早。得益于江心鹦鹉洲的存在，武昌在两晋南北朝时就已发展成为武汉地区的商业中心。古代长江上交通工具主要是帆船，长江水面宽，深度大，遇有大风大浪常有翻船的危险。东汉末年，鹦鹉洲出现后，不仅可以避风浪，而且便于抛锚停泊，且距离武昌城区较近，货物销售方便，很快成为商船停泊的集中地①。

唐宋时期，由于鹦鹉洲前南市的发展，使武昌成为当时全国内河最大的航运中心，时称"东南巨镇"。然而淳熙四年（1177年）与淳熙十二年（1185年）的两场大火，再加上水道淤浅等原因，使得南市在南宋年间

---

[1]　（宋）黄榦.《勉斋集》卷10《与李侍郎梦闻书》.

①　按《水经注》云："直鹦鹉洲之下尾，江水溠曰洑浦，是曰'黄军浦'。昔吴将军黄盖军师所屯，故浦得其名。亦商舟之所会矣。"船官浦设有船官征收船钞，并管理船只靠泊事宜。

由盛而衰。几乎同时期，长江北岸汉阳城南纪门外江中涌出刘公洲（约1093年），洲上多芦荻，中有大河套，适于商船停泊，因而原停泊于武昌南市的船只转而停泊汉阳江边。武昌这边，为改变南市衰落后巡司河入江口管家套（又名鲇鱼套）淤塞而导致商船转泊汉阳的不利局面，明弘治十年（1497年），知府陈晦趁涨水季节令以小船百只拖动铁器在河流中疾驰以搅动泥沙来疏浚河道，管家套由此更名"陈公套"①。由于套中水深浪平，停泊条件大为改善，重又吸引了大批商船停泊套中。万历十一年（1583年）武昌陈公套与金沙洲被辟作湖广漕粮交兑口岸，加速了陈公套的繁荣。金沙洲位于武昌城西南方向，洲头北临巡司河入江口陈公套，洲尾斜对古鹦鹉洲头，约在元末新淤出，明初尚为荒洲。明中叶，凭借外围新淤洲白沙洲的外护作用，开始成为商船停泊地。正德年间（1506—1521年），发展成为商民聚集、万船辐辏的"东南都会"。雍正年间，雍正年间，白沙洲沉没，失去屏障的金沙洲受到江浪冲击，八道长街被冲毁四道，为此，官府多次进行疏浚与治理。从乾隆九年（1744年）起先后修砌石岸、堤坝和泄水闸等，才使金沙洲免遭沉没。嘉庆以后，金沙洲与武昌之间的水道逐渐淤塞，市场也随之转移。"据清初方志，金沙洲在府城西南，百货云集，商贾凑至。兵燹后，移镇汉口"[1]。武昌方面，由于1621年以后，长江河势改变，主泓道从汉阳岸边偏向武昌岸边，致使靠近武昌这边原有的沙洲逐一淤塞或崩塌不复存在，为与汉口争夺航运市场，武昌官府在城北武胜门外以塘角为起点开挖了一条长约10里的弧形河道，专门用于停船，称为新河。新河的开凿使塘角未及数年便发展成为商船云屯、百货萃集的新兴商埠。然而，塘角的繁荣时间很短，道光二十九年（1849年）的一场大火使所有的繁华如过眼云烟，港湾也逐渐淤塞，商船从此移泊汉口。

纵观古代武汉地区的港市变迁，市场总是固定在三镇之间的区域内，此中原因并不复杂。三镇所拥有的位于全国腹心的区位优势以及江汉之滨水运交通的便利条件就是这里市场繁衍的决定性因素。而在三镇之间，由于长江、汉水河道河势的变迁决定了港口的形成与航运市场的发展，于是对于长江水道与沙洲环境的依赖乃至于对环境资源的争夺，决定了古代三镇之间的经济关系的主体是竞争，而非互补。

早期所具有的地理优势，使武昌在东汉末即已成为武汉地区的经济中心，至南宋，到达繁荣的巅峰。宋元之后，由于地理环境的改变，武汉地区的经济发展重心有向长江北岸发展的趋势，但武昌官府采用了一些技术

---

① 清嘉靖《汉阳府志·方域志》"刘公洲"条：弘治辛酉，武昌知府莆田陈公晦有巧思，于所属管家套以小舟数百载铁器沉水中，并渡急棹犯其高沙随水去，一夕套口遂深阔。乃号令汉阳商人，使移舟套中，更其名曰"陈公套"。

[1] 王葆心.续汉口丛谈再续汉口丛谈[M].武汉：湖北教育出版社，2002：197.

手段（如疏通河道、开挖人工河等），以及行政手段（如改漕粮汉口交兑于金沙洲交兑等）延缓了这种趋势，形成明清之际江北与江南共同繁荣的景象。但应注意到，当时虽然三镇沿岸都是商船辐辏，但是这些来自于全国各地的运输船，并不承担三镇之间经济交换的职能。三镇之间虽然存在一些渡船，这是三镇之间往来的唯一联系手段，但大规模的商贸往来显然无法维系于这些载客量不大、数量也不多的渡船上，因此，古代三镇之间大规模的经济互补并没有真正发生过。

而武昌的商业经济为何在清中叶之后发展缓慢，同样也是因为市场的集聚效应。明代的汉口镇尚不足与武昌匹敌，殆至清代，它一跃成为超级市镇，经济辐射力的强大在一定程度上抑制了武昌与汉阳的发展，成为三镇经济的中心。汉口的后来居上，固然是因其地理上所具备的的优势[①]，也是明清之际全国范围内普遍发生的商业革命的反映。明清时期，中国传统的商业中心出现了由府州县城向市镇一级中心地的转移。明清商业革命的最具革命性的意义即在于，中国自古以来的政治中心与商业中心合一的格局被打破，出现了政治中心与商业中心剥离的现象，市镇取代传统政治中心——府州县城成为商品经济的中心舞台。府州县城仍然保持着政治中心与商业中心链接的态势，但其商业机能却因贴近政治中心而大为逊色。反观广大市镇，因处于边缘社会之地位，实际上处于一种权力的半真空状态，这种没有效率的社会控制局面极大地促进了市镇经济的发展。明代及清前期是长江中游地区市镇获得商业独立地位后不断扩展的时期，尤其是随着明清易代的硝烟散尽，市镇的经济地位迅速上升，少数大型市镇甚至超越府州县城成为区域经济中心[1]，汉口与武昌之间的关系即是如此。

---

① 清乾隆《汉阳府志》卷12：汉口一镇耳，而九州之货备至焉，其何故哉？盖以其所处之地势使然耳。武汉当九州之腹心，四方之孔道，贸迁有无者，皆于此相对代焉。故明盛于江夏之金沙洲，河徙而建移于汉阳之汉口，至本朝而尽徙之。今之盛甲天下矣。夫汉镇非都会，非郡邑，而火烟数十里，行户数千家，典铺数十座，船舶数千万，九州诸大名镇皆让焉。非镇之有能也，势则使然耳。

[1] 任放.明清长江中游市镇经济研究[M].武汉：武汉大学出版社，2003：140-150.

第三章 区域视野中的武昌城市近代化发展

武昌，作为传统行政中心城市，在其历史发展过程中始终受到政治因素的直接制约，即使在向近代化迈进的过程中，都不是商品经济发展的结果，政治因素在其中扮演主角。1861年，汉口开埠，在地理位置上与其隔江相对的省城武昌虽不可能独善其身——作为帝国主义的"文化租界"，随着西方教会势力的入侵，城市开始缓慢的转型，但城市大踏步的近代化发展还是得益于19世纪80年代以张之洞为首的政府力量的倡导。在1889—1907年间，张以武昌为经邦济世、推行"新政"的舞台，开拓进取、励精图治，开工厂、兴商业、修铁路，在近代化建设方面，取得了相当的实绩，使武昌城市的发展进入到一个新的阶段，并确定了今后城市发展的重点。

辛亥革命以及其后的一系列军事、政治事件的发生与发展，使武昌与汉口、汉阳被日益紧密地结合成一个整体。作为传统的区域政治中心以及首义之城，武昌的政治职能得以强化，产生了中国历史上第一个资产阶级革命政权，还一度代行中央政府职能。而自清中叶时起即已萎缩让位于汉口的城市经济在晚清张之洞的布局之下形成与汉口、汉阳的互补关系。民国之后，随着联系的紧密，三镇协同发展的趋势越加明确，并在此基础之上形成了三镇城市功能的分异：武昌为政治文化中心；汉口为工商业中心；汉阳为重工业基地，并由此带来了行政建制上的突破——1927年4月设立的武汉特别市将大江两岸的三镇完整地组合成一个统一的城市，由古代三个独立发展的区域中心变为一个全国瞩目的近代大都市。而武昌在其中，始终承担着政治文化中心的职能。虽然三镇统一的局面只维持了至多两年，但在其后近代化的发展过程中，武昌城市的性质与定位一直是区域政治与文化中心。

第一节 近代武昌城市政治地位与政治影响力的上升

武昌自元代起就已确立了其区域政治中心的地位，那时它取代江陵（今湖北荆州）与潭州（今湖南长沙）成为湖广行省的治所，管辖的范围相当广阔，包括30路、13州、3府、15安抚司及其属州17、属县150等，相当于今湖北省的中部和南部、湖南、广西、海南省的全境以及广东、贵州省的一部分。明代，武昌是湖广布政使司的治所，辖两湖十三府，相当于今湖南、湖北两省。清沿明制，只是湖广布政使司分为两个部分：湖北与湖南，初步奠定了近世湖北与湖南两行省省区的规模。其中湖北布政使司治所仍位于武昌，且由于湖广总督仍驻武昌，因而武昌作为湖广区域政治中心的地位并无改变。只是与元明相较，区域的范围逐渐缩小。这种状态维持至晚清1889年，由于主政者的改变，武昌城市的政治地位与影响力发生了一些变化，其对湖北、华中乃至全国的政治影响也日益扩大。最终，辛亥首义的爆发，将武昌直接推到了中国政治舞台的中心。

一、晚清张之洞督鄂与辛亥武昌首义

张之洞（1837—1909年），字孝达，又字香涛，晚年自号抱冰老人。直隶南皮人，同治二年（1863年）进士，授翰林院修编，在京任职多年。同治五年（1866年）8月任湖北学政，后任四川学政、山西巡抚、两广总督。光绪十五年（1889年）7月12日，调补湖广总督。11月25日，他抵达武昌，次日接篆视事。自此时起，直至1907年9月赴京任体仁阁大学士、军机大臣，18年间，除1894年、1902年两度暂署两江外，张之洞一直总督湖广，驻节武昌，为武昌城带来近代化发展的契机。在其督鄂的18年内，主持了耸动中外视听的"湖北新政"，大体包括了三方面的内容：一，兴办近代军事与民用工业；二，建立近代文教设施；三，改革军事组建新军。其中，除了近代军事工业设置在汉阳外，其余皆以省城武昌为施政基地，因此，台湾学者苏云峰所谓"张氏抵鄂之年，应为湖北从传统走向现代化的起点"[1]，虽是就湖北而言，实则依武昌立论。

在此期间，从全国范围来看，由于甲午战争的沉重打击，以李鸿章为首的北洋势力赫赫势焰大见低落，因而，张之洞在湖北所施行的"新政"的方方面面更为举国朝野瞩目。而近20年之功，也终于使武昌以一隅之地，成为与李鸿章、袁世凯控制的北洋系统相并列的又一个政治中心，张之洞的势力亦"由武昌以达扬子江流域，靡不遍及"[2]。

据统计，张之洞督鄂期间，设置各类新机构36个，其中25%是按清政府的指示而设，75%是出于工作需要而创设。有些机构的设置，在全国都具有示范性，如1902年为推广新学制而设立的"学务处"，比清政府的有关规定早了一年多。而他在1903年拟定的《奖励游学毕业生章程》等有关留学的奏议，被清政府采纳为国策。这些新机构与新政策的产生，既是张之洞推行"新政"的重要手段，同时由于其示范性与推广性，在全国范围内增加了武昌的政治影响力。作为"湖北新政"的一项重要内容，从1896年起，张之洞开始编练新军，招募对象为能识字且略通文理的青壮年。为促进新军近代化，张与其继任者还先后创办了一批军事学堂。由于知识层

[1] 苏云峰.中国现代化的区域研究1860-1916·湖北省[M].台湾近代史研究专刊，1981.
[2] 《文襄公大事记》"张文襄在鄂行政"，转引自贺觉非、冯天瑜《辛亥武昌首义史》，武汉：湖北人民出版社，1985.

次高，加之治军严谨，湖北新军成为仅次于北洋六镇的强兵劲旅。1905年2月，清练兵大臣铁良检阅全国军队，湖北新军成绩名列前茅，堪称中国军队近代化的成功案例。至清光绪三十三年（1907年），湖北新军的兵力共计16104名，其中军官999名，士兵15114名。事实证明，正是这支原本用于捍卫旧体制的近代化军队，成为宣判旧体制死亡的行刑者。可以说，新军的成长，为近代中国在政治变革层面准备了锋利的工具。张之洞逝后两年，在他"久任疆寄"的武昌，爆发了震惊中外的辛亥首义，中国近代历史从此掀开新的篇章。人们探讨"辛亥革命曷为成功于武昌乎"？答案正与张之洞督鄂有关："抑知武汉所以成为重镇，实公（张之洞）二十年缔造之力也。其时工厂林立，江汉殷赈，一隅之地，足以耸动中外之视听。有官钱局、铸币厂，控制全省之金融，则起事不虞军用之缺乏。有枪炮厂可供战事之源源供给。成立新军，多富于知识思想，能了解革命之旨趣，而领导革命者，又多素所培植之学生也。精神上，物质上，皆比较彼时他省为优。以是之故，能成大功"[1]。

辛亥革命之前，中国资产阶级革命的中心在广州，基地在华南。但是，当时革命的领导者已经开始认识到武昌重要的政治条件与战略地位。孙中山曾说："北京、武汉、南京、广州等地，或为政治中心，或为经济中心，或为交通枢纽，各有特点，而皆为战略所必争"[2]。他还具体分析了武汉的地理优势："武汉馆毂南北，控制长江中下游，如能攻占，也可以号召全国，不难次第扫荡逆氛。"组织过多次武装暴动的黄兴更是对武昌给予厚望。广州黄花岗起义失败后，黄兴已经考虑将起义地点从沿海移至华中腹地。他在武昌起义前五日致书冯自由说："以武昌为中枢，湘、粤为后劲，宁、皖、陕、蜀亦同时响应以牵制之，大事不难一举而定也"[3]。

67

辛亥首义的成功，更是直接将武昌推上了一个更大的舞台，受到世界与中国的共同瞩目。英国《环球》画报即以"中国革命中心"为题刊登了一张武汉三镇图（图3-1-1）。该图描述如下："长江南岸（图右方）为武昌，长江北岸（图左下）为汉阳，与汉阳隔江相望的是汉口。武昌是湖北政治中心；汉口有火车站、高尔夫球场、租界；而汉阳则拥有兵工厂与钢铁厂。这三个镇人口密集，三镇人口加起来125万。"

上海《申报》也即惊呼："武昌为中国枢纽，武昌一失，则中国之枢纽断……其余邻省安有不受燃而火发者"[4]。中国同盟会中部总会的机关报《民立报》也认定"今天下之形势，重在武昌"[5]。

[1] 张春霆.张文襄公治鄂记[M]. 武昌：湖北通志馆，民国36年（1947）.

[2] 中国社科院近代史所.孙中山全集[M]. 北京：中华书局，1981.

[3] 黄兴.黄兴集[M].中国近代人物文集丛书. 北京：中华书局，1981：66.

[4] 武昌革命一，申报，1911-10-13.

[5] 湖北革命形势地理说一，民立报，1911-11-15.

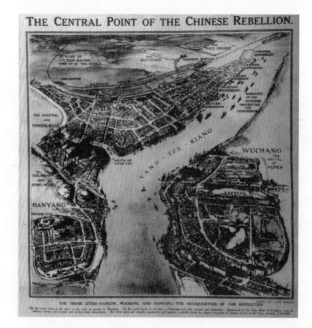

图3-1-1　英国环球画报中的"中国革命中心——武汉三镇图1911"

（资料来源：武汉市博物馆）

二、民国时期武昌建都的主张与两次短暂尝试

"都城者，木之根本，而人之头目也"[1]，它是一个国家政治权力的中心，国家生存与运转的基础，因而都城的建置是一个国家成立所需要面对的最重要的问题之一，孙中山就曾经说过"与存亡利害最有关系的就是首都问题"[2]。

（一）民国时期的武昌建都主张

关于中华民国的首都设于何处，早在1902年，在《与章太炎的谈话中》，孙中山就阐述了武昌建都的主张："建都者，南方诚莫武昌若。尚滨海之建都者，必邈远武昌。夫武昌扬灵于大江，东趋宝山，四日而极，足以转输矣……夫北望襄樊以镇抚河雒，铁道既布，而行理及于长城，其斥候至穷朔者，金陵之绌，武昌之赢也"[3]。

1912年4月12日，孙中山在《在武昌同盟会支部欢迎会的演说》一文中，出于反对袁世凯定都北京，控制中央大权的考虑，力主迁都南下，并就武昌与南京两城作出比较："就南方而论，又有南京、武昌之争。两地相较，咋看起来，好像没有什么区别。然而枢轴总揽水陆交通，西连巴蜀、滇、黔、北控秦晋伊洛，武昌真是天下的根本重地。……还有人说，

[1] 孙中山. 在武昌同盟会支部欢迎会的演说[M]. 郝盛潮. 孙中山集外集补编. 上海：上海人民出版社，1994：75.

[2] 陈旭麓，郝盛潮. 孙中山集外集[M]. 上海：上海人民出版社，1990：52.

[3] 孙中山. 孙中山全集第1卷[M]. 北京：中华书局，1981：215.

国家文明发达，要看海岸线长短。武昌僻居腹地，南京尤感偏枯。欲求消息灵通，跟上世界脉搏，就该建都于辐辏繁华的上海。殊不知孤峙海隅，租界环立，四面受敌，很不可靠。一旦强邻压境，必趋危殆。……居中驭外的还要推武昌为天府。至于士气民心，素称振奋，武昌起义之功，就是最好的表现"。孙中山之所以对"两相比较，本无轩轾"的武昌、南京作出取武昌而舍南京的主张，是基于安全方面的考虑；"就现状观察，其十分安全者，厥推武昌。"

不仅孙中山本人对武昌建都情有独钟，当时社会各界也曾有武昌建都主张。如康有为在1898年9月在《请设新京折》中就指出："武昌扼江汉之汇流，为全国之中地，人民辐辏，远近适均，出海而争，保险而守，进退皆宜，比于北方长安、河洛之塞，南方金陵、临安之偏，较为胜地，今营新都，武昌似可"[1]。钱穆也认为：（都武昌）"内可以挟洛、粤、湘、蜀以自重，外可以临制燕庭，此正得中国本部南北两自然区域势力消长之交点，而求得平衡"[2]。1911年辛亥武昌首义后不久，马君武就在《民立报》上发表文章称："将来之新国都必设于武昌，因其居中国之中点，且陆路、水路俱交通便利也。且此次大革命起点于武昌，尤宜于此设新国都以为永久之纪念"[3]。几天后，章太炎在临时中央政府之争中，也发表了支持武昌的宣言："近见谋报以武昌危急，欲于武昌设临时政府，鄙人决不赞成。……今日仍宜认武昌为临时政府，虽认金陵且不可，况上海边隅之地"[4]。

从这些主张中，可看出作为国都，武昌具有的优势包括：地点适中，平衡南北，交通便利；离外海较远，受列强威胁较小；有功于辛亥革命，封建顽固势力弱。但遗憾的是，由于利益纷争，以及与历史古都北京、南京等相比历史底蕴的相形薄弱，以至于在两次的短暂尝试后，武昌只能与都城的名分擦肩而过。

有一点需要说明的是，武昌政治地位在近代的崛起与近代汉阳、汉口在经济上的崛起是分不开的。其实自晚清以来，武昌与汉口、汉阳虽然行政建制上未曾统一，但在社会生活中无论是政治还是经济等方面，"武汉"三镇早已形成一个整体，正是有汉口商业发展的繁盛以及汉阳重工业的保障，经济地位的上升才有了武昌政治地位的提高。宋教仁在《湖北形势地理说》中写道："吾则谓湖北今日之形势，以天下言之，重在武昌。……自海通以来，长江门户洞开，航路畅行，又京汉铁路纵贯中国，而为水陆交通之中心者，厥为汉口。夫汉口非武昌附属之大商业地

[1] 汤志钧.康有为政论文选上册[M].北京：中华书局，1981：336.
[2] 钱穆.论首都[J].东方杂志，第41卷第16期.
[3] 马君武.论新共和国当速建设国会，民立报，1911-11-12.
[4] 汤志钧.章太炎政论选集下册[M].北京：中华书局，1977：528.

乎？左有龟山之险，又有鹦渚之胜，前枕大江，北带汉水，可以扼襄汉之肘腋，可以为荆郢之藩垣者，厥为汉阳，夫汉阳非武昌附属之大军事地乎？"[1]这一段话已经非常明确地指出了以武昌为政治主体、汉口汉阳为附属的三镇一体的客观存在。而在社会生活中越来越频繁使用的"武汉"一词以及"武汉"、"武昌"、"汉口"等词混淆使用的情况，更能说明这个问题。比如在1926年的国民政府迁都之争中，《汉声周报》的报道就是"武汉"与"武昌"并用："武汉居中国地理的中心，当长江流域以及京汉粤汉之枢纽，在政治上，坐守武昌可以镇服南方控制北方；在经济上，武汉是中国仅有的三大工商业区域之一；在军事上，北可以取道京汉而反进攻北京；东可以顺流东下，直趋皖浙而进抵上海，且汉阳有产额最大的兵工厂。总之，武昌在全国的地位，不论就政治、经济、军事，都是非常之重要的。"[2]

（二）1911年临时中央政府之争

20世纪初叶，晚清政府提出"预备立宪"，主要省份均开设咨议局。湖北省于宣统元年（1909年）于武昌阅马场建造了湖北省咨议局大楼。1911年10月11日，取得武昌起义胜利的湖北革命党人，依托湖北咨议局旧址建立了鄂军都督府（湖北军政府）（图3-1-2），推举黎元洪为都督，宣布脱离清王朝的封建统治，号召各省响应武昌起义。

图3-1-2　依托湖北省咨议局大楼成立的鄂军都督府

（资料来源：葛文凯. 今昔武昌城[G]. 武汉：武汉市武昌区档案局出版，2001：23）

鄂军都督府是中国历史上第一个资产阶级革命政权，在中国历史上具有划时代的意义。武昌首义，各省易帜，筹建全国性中央政府成为当务之急。武昌和上海同时发出建议成立临时中央政府的通电。11月9日，湖

---

[1] 转引自贺觉非. 辛亥武昌首义人物传[M]. 北京：中华书局，1982：84.
[2] 汉声周报，第11期.

北致电各省代表赴武昌成立中央政府，而以陈英士、程德全、张謇为代表的江浙集团则提出在上海成立各省联合机构。由于武昌为首义之城，黄兴等著名革命领袖正在一江之隔的汉阳与清军喋血鏖战，正是中外瞩目之地。因此，张謇等自忖此时的上海尚不足与武昌抗衡，于是在决议"各省代表赴鄂，宜各有一人留沪"的基础上同意各省代表赴武昌开会，并"请求各省都督府公认武昌为中华民国新政府"。11月20日，又决议"承认武昌为民国中央军政府，以鄂军都督执行中央政务"。实际主张是"政府设鄂，议院设沪"。11月30日，各省代表召开第一次会议，追述上海会议提出的认湖北军政府为中央军政府的议案，请黎元洪以大都督名义执行中央政务。然而，由于会议期间，江浙联军12月2日光复南京，而此时武昌方面，汉口、汉阳相继失守，武昌城本身也正在遭到清军炮火猛烈袭击，因此，待机而动的江浙集团立即做出反应，召开各省留沪代表会议，同意以南京为临时政府所在地。12月29日，各省代表在南京举行临时大总统选举会议，孙中山当选。1912年2月13日，孙中山被迫辞职，让位于袁世凯，由此又引发了"南京、北京的定都之争"。在此过程中，湖北提出了"建都武昌"的折衷方案。2月24日，湖北省议会正式通过"请以武昌为国都"的决议，后因黎元洪倒向袁世凯一边，武昌建都终成泡影。

（三）1927年武汉国民政府成立与"京兆区"

1926年，武汉三镇相继被北伐军攻克，几年来局促于岭南一隅的广州国民政府的势力席卷了长江流域。武汉三镇，这个近代以来政治与军事事件的多发地带，逐渐成为国民革命的政治中心。10月初，国民党在广州召开了中央与各省党部联席会议，迁都武汉的提议是会上一项重要的议程。主张迁都者认为："湘鄂赣三省已克，革命势力已由珠江流域发展到长江流域，武汉必将成为革命的主要中心点，革命的首都应放在中心位置；迁都武汉，不仅可以就近指挥军政，而且可以安定湘鄂赣人心，且不影响广东根据地根基"。反对迁都者则认为："武汉克复伊始，人心未定，不适宜即行迁都；武汉地势易受敌包围，不适于建都；广东革命基地并不巩固，中央北迁再可考虑"[1]。由此两派争执不下，联席会议做出了暂不迁都的决议。

然而，随着北伐战争的不断推进，主张迁都者越来越多。同时，在选择中央党部和国民政府应定都在何处的问题上，社会各界也展开了一场声势浩大的讨论。在武汉、南京、南昌三者比较中，当时的广州民国日报、汉声周报、向导周报等都发表了主张武昌建都的社论。11月16日，孙科等一行60余人（包括孙科、宋庆龄、宋子文、鲍罗廷等）从广州出发到武汉，经过调查认为武汉适宜建都，即电请广州迅速迁都。国民党中央政

---

[1] 涂文学. 武汉通史·中华民国卷（上）[M]. 武汉：武汉出版社，2006：134.

治委员会据此于11月26日做出了迁都武汉的正式决议，宣布国民政府1927年1月1日在汉办公，并发布命令："确定国都，以武昌、汉口、汉阳三城为一大区域，作为'京兆区'，定名武汉"[1]。自1926年12月5日，国民政府停止在广州办公，12月7日，大批党政人员离穗赴鄂，国民革命政治中心全面转至武汉。1927年3月，国民党在汉口通过《统一革命势力决议案》，强调国共合作，建立两党联席会议制度，至此，武汉国民政府成为有共产党人参加的国共两党合作的统一战线政府，这在中国近代史上是第一次。自1927年4月18日蒋介石建立南京国民政府之前，武汉国民政府的辖区包括15个省市，而到1927年7月，武汉国民政府控制的地方所剩无几，甚至可以说"政不出武汉"了，至9月20日，宁、沪、汉合流，武汉国民政府只存在了短短的10个月。然而，武汉被定为国都，武昌、汉口、汉阳三镇首次统一成一体，成为京兆区，这在武汉三镇的城市发展史上都是具有划时代的历史意义。尤其是作为政治中心的武昌，开始由区域走向全国，这在千年城市历史中谓为首次，对以后城市的发展影响深远。

三、抗战前期全国革命与政治中心的形成

自1926年12月5日，国民政府停止在广州办公，大批党政人员离穗赴鄂，国民革命政治中心全面转至武汉后，为适应形势的发展，中共中央的首脑机关也逐步移驻武汉（多驻武昌）。彼时，共产党在武汉的干部阵容很强，远远超出其他省份的中共组织，凸显着作为全国革命中心的地位。其中，武昌作为全国农民运动的中枢在革命中发挥了重要作用。继广州全国农民运动讲习所之后，毛泽东在武昌原高级商业学校旧址创办中央农民运动讲习所（图3-1-3），成为全国农民运动的大本营。

图3-1-3　中央农民运动讲习所

[1] 涂文学. 武汉通史·中华民国卷（上）[M]. 武汉：武汉出版社，2006：136.

　　1937年7月7日，日本全面发动侵华战争。11月12日，日军占领中国最大城市上海。11月20日，国民政府发表《国民政府移驻重庆宣言》。由于政治与军事上的需要，国民政府军政机关并未立即迁往重庆，而是留驻武汉。国民政府正式启动迁都后，国民党中央党部、国民政府内政部、经济委员会、侨务委员会、建设委员会、邮政储金总局等相继移驻武汉办公。同时，中共中央代表团、中国青年党中央党部、国家社会党中央部以及全国救国联合会、中华民族解放行动委员会、中华职业教育社、乡村建设派的领导人也先后迁驻和抵达武汉。此外，苏联、美国、英国、法国等国的外交使节也来到武汉，使其成为抗战的政治中心。在此后的10个月里，一系列抗战的重大政治决策和许多重要军事部署都在武昌制定。例如，1937年12月5日国民党军事委员会移设武昌（图3-1-4），7日军事委员会委员长蒋介石抵达武昌，使武昌成为抗战军事指挥中心，并提出了"保卫大武汉"的口号。为了确立抗战的政略与战略，1938年3月29日至4月1日，国民党临时全国代表大会在武昌举行，大会制订了《抗战建国纲领》，确立了抗战与建国并举的方针。

图3-1-4　军事委员会武汉行营

（资料来源：武汉市档案馆. 大武汉旧影[M]. 武汉：湖北人民出版社，1999:60）

　　最能代表武昌在抗战时期政治中心地位的一件大事是国民党政治部三厅（图3-1-5）在昙华林的成立以及其后的一系列活动。

　　为加强政治动员、民众训练、民众宣传及政治情报工作，1938年1月17日，国民政府颁布《修正军事委员会组织大纲》，将原行营政训部与军委第三部合并组成政治部。1938年2月6日，政治部在武昌阅马

图3-1-5　国民党政治部三厅

场东厂口成立，下设秘书处、总务厅、第一厅、第二厅与第三厅。其中，第三厅主要掌管宣传工作，机关设于昙华林。在抗日救亡的感召下，一批文化名人迅速汇集在武昌，在第三厅的干部名单中，知名人物处处可见，如郭沫若、徐寿轩、洪深、鹿地亘（日本著名反战作家）、冼星海、赵丹等。人才的汇集，使得第三厅成为动员全民抗战、大力宣传和组织群众的政治舞台，在抗战时期进行了许多卓有成效的政治宣传工作与群众发动工作，振奋了民心、军心。第三厅的成立，标志着武昌文化救亡运动领导机构的确立，使得1937年"七七事变"以后从全国各地汇集到武汉的各种社会团体有了一个统一的指挥机构，有了团结和组织民众的核心力量，标志着武昌全国文化救亡中心的地位的形成。

第二节 近代武昌城市经济职能的发展与变迁

作为军事堡垒而建设的古代武昌在三国建城之始，就已初步形成"城港一体化"的经济形式，在长江流域的物流交往中发挥重要作用。宋代以来，武昌城市就奠定了长江中游大规模、长距离转运经济中心的地位。清中叶之后，与之一江之隔的汉口一跃成为超级市镇，经济辐射力的强大在一定程度上抑制了武昌的发展。1861年，汉口开埠，获得畸形发展契机，在经济上的重要性很快超过作为区域政治统治中心的武昌，成为华中地区的经济中心。丧失了区域经济中心地位的武昌，在张之洞督鄂之后，城市经济结构开始有所调整，实现由之前的以商业为主的单纯消费性城市向以工商并重、工业为主的生产型城市转变。

一、近代城市工业的曲折发展

（一）晚清时期近代工业的起步

相对于全国第一批对外开放的地区而言，湖北近代工业的起步是比较晚的。湖北地区最早接受资本主义工业文明的洗礼，是以1858年汉口开埠通商为标志的。1861年正式开埠通商后，外国资本在汉口创办了十几家外资工厂，首开湖北近代工业之先河。然而，这些外资企业为数尚少，部类残缺，生产能力也有限，并没有促成湖北近代工业格局的形成。作为湖北省会的武昌城，在汉口开埠之后很长的一段时间内都没有一家外资工厂。直至1899年，张之洞督鄂10年后才有法国商人在武昌设亨达利有限金属精炼厂，开办资本109.1万元，主要生产提炼锌、铝等有色金属。

在由中国人自己掀起的近代工业化运动中，武昌的表现更是差强人意。在1889年张之洞督鄂之前，以学习西方、富国强兵为圭臬的洋务运动已经曲折地走过了30年的历程，在全国形成了浩大的气势，取得了相当的实绩。洋务派在全国各地，包括上海、天津、福州、南京等沿海沿江城市，甚至诸如西安、兰州、长沙、太原等内地尚未开埠的城市，创办的企业达20个，武昌却没有一个，城市近代化的落伍与滞缓可见一斑。

1889年张之洞调任湖广总督。作为洋务运动的"殿军"，1889—1907年，张之洞以其在湖北的一系列建树，掀起了这一运动后期的高潮①。以至于有学者主张"张氏抵鄂之年，应为湖北从传统走向现代化的起点"。当然，不可否认，在张之洞督鄂创办近代机器工业之前，武昌民间手工业者已开始了生产过程的局部更新。文献记载："近闻武昌周天顺冶坊，仿东洋规模，造成轧花机器，尤为灵敏"[1]。较之生产原料的更新，生产工具的改进更有重要意义，增强了传统手工业在近代条件下的生命力。然而，武昌近代机器工业体系的奠定还是要依靠官方的参与。

督鄂伊始，张之洞便倾全力于近代机器工业的兴办，开启了武昌近代工业先河。1890年底，湖北织布官局在武昌文昌门外破土兴建，三年后建成，装英国布机1000张，纱锭30000枚，雇工2500人。产品投放市场，销路较好，"甚合华人之用，通行各省，购取者争先恐后，以故货不停留，利源日广"[2]。华中地区的近代纺织工业从此奠基。1894年，张之洞又在文昌门外主持兴建湖北纺纱官局，1897年建成，拥有纱锭5万枚。1893年，张之洞派人到上海学习缫丝技术，翌年在武昌望山门外购地建厂，兴建缫丝官局，1895年建成投产，"织工三百人，每日制出上等品三十斤，普通品十八九斤"，"原料用湖北产、沔阳产最多，其制品全部输于上海"[3]。除布、纱、丝局外，1897年张之洞又在武昌平湖门外建湖北制麻局，1906年建成投产，购德国织机，聘日本技师，雇工450余人，产品有葛麻布与各种型号的麻纱。它的规模虽然不大，但实"为吾国机制麻业之滥觞"[4]。湖北布、纱、丝、麻四局的建成，构成了武昌比较完整的近代纺织工业体系，并且是当时华中地区最大的纺织企业群。

其后，张之洞又主持兴建了武昌白沙洲造纸厂、湖北毡呢厂、武昌南湖制革厂、武昌模范大工厂等。1890—1911年，武昌的官办、官商合办工厂达17家，占武汉三镇同类工厂总数的50%，位居三镇之首和全国城市的前列。如造纸工业居全国之首；布、纱、丝、麻四局创办时间仅次于上海

---

① 学术界一般认为，1894年的甲午战败即为洋务运动的终结。但也有一些学者持有这样的观念：张之洞19世纪90年代至20世纪初在湖北武汉的运作，不仅仍是这一运动的延续，而且是相当精彩的篇章。参见冯天瑜、陈锋主编. 武汉现代化进程研究[M]. 武汉：武汉大学出版社. 2002:133-148.

[1] 转引自陈钧，任放. 世纪末的兴衰——张之洞与晚清湖北经济[M]. 北京：中国文史出版社，1991：37.

[2] 申报. 光绪二十年十月十三日.

[3] 陈钧，任放. 世纪末的兴衰——张之洞与晚清湖北经济[M]. 北京：中国文史出版社，1991：101.

[4] 杨大金. 现代中国实业志（上）[M]. 北京：商务印书馆，1938：200.

纺织局，创办规模则超过了上海纺织局。这些企业在全省、全国都有较大影响，奠定了武昌近代工业的基础（表3-2-1）。

1890—1911年武昌官办工业企业一览表　　　表3-2-1

开办年份	厂名	厂址	创办人	开办资本	职工数（人）
1891	湖北织布官局	文昌门	张之洞	130万两	2500
1893	银元局	三佛阁街	张之洞	4万余两	—
1894	湖北缫丝官局	望山门外	张之洞	—	470
1897	湖北官钱局	望山门外	张之洞	—	—
1898	湖北制麻官局	平湖门外	张之洞	20万两	453
1902	铜币局	三佛阁街	张之洞	—	—
1903	武昌制革厂	南湖	张之洞	5万两	164
1905	工业传习所	昙华林	张之洞	—	—
1907	铁路机车厂	武昌城郊	张之洞	—	—
1907	模范大工厂	兰陵街	张之洞	19万两	1800
1907	白沙洲造纸厂	城外白沙洲	张之洞	50万两	—
1908	湖北毡呢厂	武胜门外下新河	张之洞	官股30万两	246
1908	湖北针钉厂	—	张之洞	30万元	—
1909	湖北印刷官局	大朝街	陈夔龙	42万元	100

（资料来源：武汉市武昌区地方志编纂委员会. 武昌区志（上）[M]. 武汉：武汉出版社.2008：333）

中日甲午战争后，筹办民族工业以拯救民族危机成为一种潮流，清政府碍于形式需要也宣布允许民间办厂。在这种背景下，武昌的商办工业也随之发展。1904年，商人蒋可赞在保安门外开办耀华玻璃厂。1906年，周秉忠报请张之洞批准，召集商股278万元，在城南紫阳桥创办武昌水电公司，1915年建成投产发电。这些都是武昌较早的民族资本主义工业，其中耀华玻璃厂还是中国最早的制造平板玻璃的企业。1904—1909年间，武昌兴建各类民营工厂13家（表3-2-2）。

1904—1909年武昌民营工业企业一览表　　　表3-2-2

开办年份	厂名	厂址	创办人	开办经费（万元）	产品
1904	耀华玻璃厂	保安门外	蒋可赞	69.9	平板玻璃，器皿
1904	砖厂	武胜门外	—	—	—
1904	华升昌布厂	箍桶街	程雪门	—	—

开办年份	厂名	厂址	创办人	开办经费（万元）	产品
1905	益利织布厂	—	—	—	—
1906	武昌府初等工业学堂	昙华林	—	—	—
1906	武昌水电公司	城南紫阳桥	周秉忠	278	—
1906	湖北广艺兴公司	三道街	候补道程颂万	4	造纸、印刷、木工、漆工、石印等
1906	烟卷公司	金水闸	福华和、王仙舟	—	—
1906	求实织造公司（附设女工传习所）	—	刘继伯等	—	花布、罗布、毛巾、鞋帽、手套等
1906	鼎升恒榨油厂	鲇鱼套	张叔群	1	豆油、豆饼
1907	白沙洲伞厂	白沙洲	黄佑先	—	—
1907	广生织业公司	武昌	徐克詹	—	—
1909	五升昌机电厂	武昌	顾维笙	—	—

（资料来源：武汉市武昌区地方志编纂委员会.武昌区志（上）[M].武汉：武汉出版社.2008：334）

（二）民国抗日战争前期的短暂发展

辛亥革命后，随着清王朝封建统治的覆灭，武昌原有的官办、官督商办、官商合办企业，大都因政体改变与市场萧条等原因陷入困境。不仅产权与债务纠纷较多，而且因受到驻扎军队与战事的影响，机器设备与厂房损失严重。其间虽经当局数度整理与招商承办，但充其量能做到时开时辍，大多处于不景气状态之中。如武昌造币厂被长期封存，后改作省农具制造厂，模范大工厂被改作被服厂。而奠定武昌近代工业基础的布纱丝麻四局也在武昌起义爆发后停工，"员司星散，机件耗散甚多"。后虽经鄂督黎元洪"委费渠为监督，拨给官款，接续办理"，但因租约纠纷争执不已而开工延迟。在黎元洪"以四局为鄂省实业命脉，应由鄂人自行办理"[1]思想指导下，汉口德厚荣商号取得四局承租权，组成楚兴公司予以接办，经对厂务力加整顿，营业才稍见起色。1937年抗日战争爆发，四局西迁。自此，华中地区最大的纺织工业群就此成为历史陈迹。

而发轫于甲午战争前后的武昌民族资本主义工业，虽在武昌起义和阳夏战争中蒙受损失，但与民国初年官办企业日趋萎缩的状况相比，民营企业却因经营灵活而得到较快的恢复，在民国初年产业革命热潮的推动下，

---

[1] 中国实业录[J]. 实业杂志. 长沙：湖南实业杂志馆，1912（2）：2-3.

新厂竞相设立。1915年，汉口商人李紫云、程栋臣等筹资300多万元，在武昌下新河一带创办了武昌第一纱厂。1919年，徐荣廷与刘子敬等人各集资100万元在武昌创立裕华纱厂和震寰纱厂。然而，由于国内战乱不断、世界经济危机、1931与1935年的两次洪灾等接踵而至，1930～1935年，除裕华外，武昌其他纱厂相继被迫停产或半停产。直至1935年后，国民政府采取鼓励民族工业发展的"救济政策"，提倡"使用国货"，武昌地区工业才出现短暂繁荣。至1936年武昌已有民营工业企业58家。

（三）民国抗日战争中后期的发展与衰退

抗日战争时期，武汉会战前，日军就凭借其航空制空权对武汉三镇进行了狂轰乱炸。在敌机的多次轰炸下，武昌的工业受到严重摧毁。持续的空袭，迫使工厂常停工或停办。一些外迁工厂的物质在船运过程中也遭受敌机轰炸。据不完全统计，武昌维新百货商店的大部分物质、染织布厂的远东电机、裕华纱厂的100余台布机和原棉400余件都在船运过程中被敌机炸毁。1938年10月武汉沦陷前，武昌大部分工厂及其机器设备内迁到川、湘、陕、桂、黔等地，规模较大的工厂中，除武昌第一纱厂因英国债权洋行干涉未迁走外，其余均分别迁往西南、西北、华南等地。沦陷后的武昌几无现代工业。抗战胜利后，武昌的工业生产恢复与发展也十分缓慢。在美国"援华"物质大量侵销与官僚资本的双重打击下，民族工业大量破产。1949年武汉临近解放前，交通运输中断、城乡市场隔绝，加之一些资本家抽走资金，转移设备，致使大部分企业停工停产，陷入瘫痪。一纱、裕华、震寰和申新四家纱厂抗战前拥有纱锭20.7万，1949年时只剩14.5万，实际运转的只有2.57万，开车率仅为17.74%。

二、近代城市商业的缓慢发展

1861年，汉口开埠后，强大的经济辐射力抑制了武昌的发展，成为区域经济的中心。正如英国人菲尔德维克所言"（汉口）超过了武昌这个省会城市，成为上海的巨大对手"[1]。丧失了区域经济中心地位的武昌，虽然在张之洞督鄂期间，做出了一些改变与尝试，但城市商贸发展依然缓慢。

（一）自开商埠的不了了之

自1898年始，清政府为杜绝外人觊觎，保全主权，在人口众多、交通便利、商业繁兴的地区主动陆续开辟了一些口岸。这些口岸与按照不平等条约被迫开放的"约开商埠"相对而言，被称为"自开商埠"。中国近代自开商埠共35个，它们处于不同的地位，受不同的因素制约，也有不同的结局，武昌系其中之一。

---

[1] 转引自冯天瑜，陈锋.武汉现代化进程研究[M].武汉：武汉大学出版社，2002.

　　鉴于拟议中的粤汉铁路计划以武昌为起点站，张之洞预期其交通商务必当兴盛，为避免"外人冒购势必又蹈租界"，"侵我统辖地方之权，其流弊后患怠不可问"[1]，张援引岳州成例于光绪二十六年（1900年）奏请武昌自开口岸。他在《请武昌自开口岸折》中云："查湖北省城武胜门外，直抵青山、滨江一带地方，与汉口铁路码头相对。从前，美国人勘测粤汉铁路时，即拟定江关一带为粤汉铁路码头，将来商务必臻繁盛，等于上海。……近年洋行托名华人私买地段甚多，各国洋人垂涎已久，此处必首先通商无疑。此处若设租界，距省太近，营垒不能设，法令不能行，有碍防守。查岳州系自开口岸，名通商场不名租界，自设巡捕，地方归我管辖，租价甚优，年年缴租，各口所无，一切章程甚好。前三年奉旨，令各省查明可开口岸地方奏办。窃拟趁此条款尚未宣布之时，即请旨准将武昌城北10里外沿江地方作为自开口岸，庶不失管理地方之权。"当时，武胜门外江堤筑成，涸出大片土地（图3-2-1）。为开发这片土地，繁荣商务，张之洞聘请英国工程师斯美利来鄂丈量地段，以建筑沿江驳岸、码头。当时经费不足，张之洞多方筹款，并寄望于此地开发之后，地价上涨，售地之后即可偿还借款。他认为"武昌东西控长江上下之游，南北为铁路交会之所。商场既辟，商务日盛，地价之昂，可坐而待"，并预测"五年之后，铁路大通，北达欧洲，南穷香港，群商趋之若鹜，自然争先订租。今日一亩，异日百倍其值。"[2]

图3-2-1　武昌自开商埠位置示意图

　　但由于粤汉铁路的修筑与通车一再后延等原因，虽然武昌于1900年准奏开放，但迟至1917年，由湖北省宪拟具"通商筹备大纲"，谘由主管各部核复，直至1919年委任韩光祚为商埠局长之后，开埠之事才初现眉目。但旋即因时局动荡，利益纠纷等种种原因，开埠之事不了了之。

　　武昌商埠迟迟未能发展最直接的原因是具有关键意义的粤汉铁路虽然筹划较早，但在国事衰微、外患日亟的年代，经费无着，迟迟无法建成，

[1]（民国）张春霆.张文襄公治鄂记[M].武昌：湖北通志馆，民国36年（1947）：2.
[2] 赵德馨.张之洞全集[M].武汉：武汉出版社，2008：1333-1334.

因而以粤汉码头为兴机的武昌商埠自然只能成为空想。而最根本的原因，可能在于其贸易活动场域与汉口形成了过多的交叉重合，而其起步从事近代商业活动的时间也较晚。汉口依约开放，经过近40年的发展，到武昌奏准开埠时，已经奠定了中国内陆、长江中游最重要的商业中心的地位，到汉从事商业及其他活动的外国人已多达3000余人，年贸易额达1000万两，被誉为"东方的芝加哥"。这种情况下，尽管由于长江的阻隔给南岸的武昌留下了些许生存空间，但其发展前景其实不容乐观。但是，商埠计划还是对武昌城市经济的发展起到了一定作用，推动了武昌近代工业的发展。在原准备开埠的地区，开办了第一纱厂、裕华纱厂、震寰纱厂等多家近代企业，有力地促进了武昌城市经济向工业化方面发展。

（二）两湖劝业场的开设

在筹划实施武昌自开商埠的同时，张之洞还召集武昌工商界人士，于兰陵街创办两湖劝业场，1902年竣工开业。两湖劝业场分三个场，每个场有店面79间，场前场后又设摊位42处。其中内品劝业场，专门陈列湖北的机器工业品与手工业品；外品商业场，陈列外省及外国出产的商品；天产内品场，陈列两湖地区的土特产与矿产。堪称近代商品交易会的典型。为招徕顾客，劝业场还辟有公园与水楼，养有各种奇珍异兽。

为"启发商智，联络商情"，1902年，在两湖劝业场附设陈列馆（图3-2-2），有房屋13栋之多，专门用以陈列并出售以湖南、湖北为主的各种产品。1906年，扩大规模，改名为"工商品陈列所"。此后，两湖劝业场的产品陈列不仅展品种类数量增加，而且展品陈列时间延续数年。同年，湖广总督陈夔龙又在武昌文昌门组织了武汉劝业奖进会，设有直隶、湖南、上海、宁波展馆以及汉阳兵工厂等7个特别陈列室，积极拓展武昌的商业贸易活动。种种举措，在一定程度上使武昌的商贸活动走上了近代资本主义道路，缓慢而踯躅地前行。

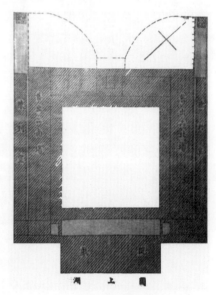

图3-2-2　国货陈列馆平面图
（资料来源：湖北省档案馆）

（三）城内商业的发展

与长距离、大规模商贸相对应的区域经济中心地位丧失的不同，由于武昌城是两湖地区的行政中心，作为省、府、县三级政府所在地，大量因政治力量而聚集的人口形成了强大的消费群体，保证了城市内部商业的繁荣。明清时期，武昌城西的长街就发展成为城内最繁华的街市，十里青石铺路，两旁店铺林立。1935年，蛇山司门口处拆洞扩路，十里长街一线贯通，市场更加扩大，商业经营拓展至与长街相连的街区之中，形成了司门口商业片区，金城银行、湖北省银行等知名商号与金融网点在此扎堆经营（图3-2-3）。至1935年底，武昌共有商户4015户，其中大部分位于长街与司门口商业片区[1]。除经营各地特色商品外，还得到本地产业的支撑，像武昌三大纱厂的纱布、曹祥泰的肥皂、筷子街的筷子、胡开文的墨、胜兰斋的香、亚新地学社的地图等，都是片区内经营的重要产品。然而，由于战争爆发，市场混乱，繁荣景象稍纵即逝。

（a）湖北省银行

（b）金城银行武昌分行

图3-2-3 司门口商业片区中的商业金融建筑

（资料来源：武昌区档案馆）

总体而言，晚清之后武昌在区域城市体系中的经济职能大为弱化，这可能有三方面原因：一，与武昌政治军事中心城市性质有关；二，与近代汉口开埠后形成的强大的经济辐射力造成的市场集聚效应有关；三，与武昌所处的地理环境的改变有关。

首先，武昌长期作为区域政治中心城市，军事地位超然，城市沿江一线多为水师驻地。一些停泊条件好的地段尽为军事设施用地，商业自难发展。自宋代以来，城市内部就已是"兵民错居"，沿江一线为岳飞水师营地，建设有各种军事设施。晚清太平天国革命以来，武昌沿江更是清廷军防重点。1854年的清军布防图（图3-2-4）显示武昌城南鲇鱼套、文昌门外至城北新河地带沿江排布驻扎有多个营盘。军事重地的划定，自然抑制了商业用地的产生。

其次，1858年，清政府与英国、法国签订的《天津条约》规定了汉口为新增的11个通商口岸之一，汉口被正式纳入世界资本主义的市场体

---

[1] 武汉市武昌区地方志编纂委员会.武昌区志(上)[M].武汉：武汉出版社，2008：370.

系，获得畸形发展的契机，对整个华中地区产生了强大的经济辐射力，高端市场集聚于汉口，与之一江之隔的武昌自难再有大的发展。而西方之所以选择汉口，是因为与武昌相比，汉口具备较小的传统阻力以及良好的商业传统。与作为传统政治中心的武昌相比，汉口的形成较晚，政治上受官府的影响较小，城市发展具有浓重的自然发展轨迹，选择在此开埠，不致遭受太大的传统阻力。而且，汉口在清初已是"商

图3-2-4　1854年清军布防图（局部）
（资料来源：武汉历史地图集编纂委员会.武汉历史地图集[M].北京：中国地图出版社，1998：16）

船四集，货物纷华，风景颇称繁庶"的"天下四聚"之一[①]，有良好的商业传统（图3-2-5）。并且，与武昌相比，汉口具备更佳的地理环境优势。从区域环境来看，汉口和武昌都位于中国的内陆中心，到东西南北的距离悬殊不大，同时，两者也都位于黄金水道——长江两岸。汉口位于江北，武昌位于江南。陆路上，汉口主要连接北方，武昌主要连接南方，在水陆交通上是各有其利。但汉口除滨长江水道外兼有汉水之利，因此水运不止东西之便，还能沿汉水向北纵深。另外，汉口地势平坦开阔，在较远的北面才有丘陵，北方诸地和川、黔、滇的交流都以其为主要经过之地。不若武昌，背靠岭南大山，陆路相对艰辛。虽有洞庭湖的水运之利，但在近代海运发展起来之后，其作用大打折扣，两广物质大都利用海运，以上海为中转中心向内陆转运，武昌作为物质转运中心的地位已试微。

图3-2-5　汉口汉水沿岸商船云集
（资料来源：哲夫，余兰生，翟跃东.晚清民初武汉映像[M].上海：上海三联书店，2010：58）

[①] 刘献廷：《广阳杂记》卷4，中华书局，1957：193云："天下有四聚，北则京师，南则佛山，东则苏州，西则汉口。然东海之滨，苏州而外，更有芜湖、扬州、江宁、杭州以分其势，西则惟汉口耳。"

最后，长江武汉段主流线的变化，尤其是龟蛇二山节点之下河段的变化，对近代武昌城市经济发展走向有重大影响。20世纪初，龟蛇二山节点之上长江主流线基本稳定，而节点之下的主流线则向南摆动，造成武昌江段水流湍急，不利商船停泊。因此，20世纪之后的武昌江岸除军事设施用地外，大都作为工厂堆栈与专业码头用地，商业自难有大的发展。反观汉口，由于主流线稳定地靠近北岸，边滩淤长，为轮船的靠岸停泊提供了方便，因而开埠后的外国洋行、渡口码头都在汉口长江沿岸布局，与长江主流岸线一致，汉口因此能由一个国内货物转运中心发展成国际贸易商埠。

第三节　近代武昌城市文化教育职能的全面加强

文化是社会发展的产物。城市文化是城市居民生活方式和思维方式的汇集，它浸润在社会群体之中，隐藏在人们的社会行为背后，因此，它不是外显的，文化发展的指标与特征因而成为一个复杂的问题。由于社会文化总是"首先体现在教育制度里，体现在它的民主性、可接受性和它的总方针中"[1]，因此，教育的发展从某种意义上可以成为衡量城市文化职能的一种标杆。

一、区域文化教育中心地位的形成与发展

（一）晚清时期教育领先地位的形成

明清时期，武昌就是湖北的文教中心，但从全国范围来看，当时湖北传统教育的发展只是处于中游水平。这一点可以从清代全国范围内录取的状元、榜眼、探花、传胪、会元等数量的地域分布情况大致得知。有清一代，获得以上五项功名的全国共570名，其中湖北18名，在总共25个省区中位列第9，远居江苏、浙江等省之后，稍逊于湖南，而位列四川、陕西、江西等省之前。就总数而论，湖北占全国总数的3.16%，略低于当时湖北人口所占全国人口的比例[2]。

19世纪中叶之后，武昌的教育迅猛发展，在中部地区的地位上升。至19世纪末20世纪初，武昌成为中部地区无可争议的教育中心，即使在全国也占有重要地位。

1861年，汉口开埠后，西方的商人和传教士络绎不绝来到，伴随他们而来的除了枪炮和商品外，还有西方的观念与思想。作为帝国主义的"文化租界"，武昌成为西方教会兴学的集中区域。1871年，美国圣公会在武

[1] 苏联社会科学研究所. 社会学与社会发展问题[M]. 杭州：浙江人民出版社，1982：89.
[2] 皮明庥. 武汉教育史[M]. 武汉：武汉出版社，1994.

昌开办文华书院。1885年英国传教士在武昌设立博文书院，这是武汉较早的两所教会学校。但大规模的近代教育，肇始于1889年的"湖北新政"。

在兴办洋务过程中，张之洞迫切感受到人才的重要，"尝谓中国不贫于财，而贫于人才"。为了与其庞大的实业建设相适应，在"中体西用"的宗旨下，开始改书院、兴学堂、倡游学，在湖北省城武昌建立了较为完备的近代教育体制。传统的书院教学以研习儒家经籍为主，张之洞致力于书院改制，相继对江汉书院、经心书院、两湖书院的课程进行调整，各有侧重，以"造真材，济时用"为宗旨对两湖书院进行的教育改革，终使其成为晚清两大书院之一（图3-3-1）。

图3-3-1　两湖书院

（资料来源：池莉. 老武汉：永远的浪漫[M]. 南京：江苏美术出版社，1998：37）

在兴办新式学堂方面，武昌的起步较晚，第一批新式学堂出现于19世纪90年代，比京师同文馆、上海方言馆、广州同文馆、福州船政学堂等的出现晚了近30年，但其发展的速度却很快，而且办学的质量也很高。无论从新式学堂的数量、规模，还是从专业门类的配套，各级教育的衔接体制方面衡量，都堪称后来居上，领先全国。光绪三十年（1904年），湖北巡抚端方在向朝廷的报告中不无矜持地奏称："近日中外教育家，往往因过鄂看视学堂，半皆许为完备。比较别省所立，未有逾于此者"[1]。从光绪十七年（1891年）筹办方言商务学堂到辛亥革命前夕的20余年间，武昌兴办各级各类学堂120余所，涵盖了普通教育、军事教育、实业教育、师范教育等层面，涉及到工、农、商、医、军事、铁路、测绘、师范、外语等门类，较有代表性的包括：算学学堂（1891年）、矿物学堂（1892年）、自强学堂（1893年）、湖北武备学堂（1897年）、湖北农务学堂（1898年）、湖北工艺学堂（1898年）、两湖总师范学堂（1904年）、女子师范学堂（1906年）等。这其中许多新式学堂的创办堪称全国之始。如1902年，武昌宾阳门南开设的湖北师范学堂，是我国近代教育史上最早的独立完备的师范学校。1903年在武昌阅马场创办的湖北幼稚园，开中国近

---

[1] 光绪朝东华录（五）. 转引自皮明麻. 武汉教育史[M]. 武汉：武汉出版社，1994：165.

代幼儿教育之先河。1906年成立的女子师范学堂也是全国首创。矿物学堂、农务学堂、工艺学堂则属于国内首批职业教育学校。

在"游学"方面，张之洞虽然不是近代中国留学运动的开拓者，却是甲午战争后该运动最有力的推动者之一。他拟定的《奖励游学毕业生章程》（1903年）等有关留学的奏议，被清廷采纳并定为国策。在湖广总督任内，张之洞大量派遣留学生出国学习、考察，致使留学热成为湖北省城武昌走向近代化的一个新浪潮。湖北是晚清派出留学生最多的省份之一。到1905年，经省城武昌派出留日学生就达1700余人，居全国之冠[1]。

除此而外，以下的一些有关教育发展的数据也能说明晚清时武昌在中部区域教育中心地位的形成（表3-3-1～表3-3-3）。

1910年武汉、长沙、南昌教育投入的比较（单位：两）①　　　表3-3-1

序号	城市	教育经费	生均经费	经费来源
1	武汉	549580	47.24	主要为官款拨给，占所有收入的78%
2	长沙	141866	31.88	主要为官款拨给
3	南昌	80740	27.66	主要为官款拨给

（资料来源：根据相关资料整理）

1910年武汉、长沙、南昌教育规模的比较　　　表3-3-2

序号	城市	学校数（所）	学生数
1	武汉	139（其中武昌120）	11635
2	长沙	69	4450
3	南昌	64	2919

（资料来源：根据相关资料整理）

武昌、长沙、南昌教育影响力的比较　　　表3-3-3

序号	城市	学生生源	重要人物求学	教育协会、教育杂志等状况
1	武昌	主要为湖北、湖南两省	黄兴、宋教仁、王世杰、恽代英、李四光等	湖北教育官报
2	长沙	湖南省	—	湘学报、湖南教育官报
3	南昌	江西省	—	—

（资料来源：根据相关资料整理）

---

[1] 皮明庥.武昌起义史.北京：中国文史出版社，1991：10.

① 由于武汉三镇以武昌为文教中心，且晚清时期兴办的新式学堂大多设于武昌，因而在很大程度上可以说，武汉的数据与武昌的实际状况相差不多。表3-3-3亦同。

85

从这3个表格，可看出无论在学校数量、办学投入以及教育的影响力等方面，武昌都远远超过长沙与南昌两地。可以说，经过晚清张之洞等近20年的经营，武昌作为区域教育中心的地位已经形成，并且已经成为了国人瞩目之区，以至于"四方求学者闻风麇集，各省派员调查以便仿办者亦络绎于道"[1]。张之洞门生张继煦亦称："当清季兴学令下，各省考察学制者必于鄂，延聘教员者必于鄂，外地学生负笈原来者尤多"[2]。

（二）民国时期：教育体系的全面覆盖与发展

民国以后，由于政体的改变，工商业经济的发展以及新文化运动的影响，武昌的教育在原有基础之上有了更加全面的发展，主要体现在高等教育的发展、私人办学的崛起以及讲习所、训练班、干部学校等的勃兴。

清季武昌的教育有了大跨度的发展，奠定了武昌区域教育中心的地位，但是，发展中也有缺憾，那就是始终未能筹办起作为教育龙头的大学。其实，当时的武昌已具备创设大学的条件，只是由于当局者不愿逾越才致使整个湖北在清代一直没有真正的大学。民初，国立高等师范学校的建立弥补了这一缺憾。1913年武昌高师成立，1923年，改名为武昌师范大学，1924年又更名为国立武昌大学。1926年，1926年12月，国民政府以原国立武昌大学为基础，合并湖北省立文科大学、商科大学、法科大学、医科大学，组建了国立武昌中山大学，1928年初，在原国立武昌中山大学基础上又组建了国立武汉大学，达到大学教育的顶峰。由于武汉大学办学成绩优良，条件优越，成为驰名于中国的著名国立大学，在国际上也有一定地位。1948年，英国牛津大学正式认可，武汉大学毕业生凭学校毕业文凭就可直接进入该校攻读研究生学位，当时全国仅有北京大学、清华大学等6所学校在牛津大学享有同等待遇。可以说，武汉大学的成立大大提高了武昌在全国的教育地位。

辛亥革命之后，政府鼓励民间兴办各级各类学校，因此，武昌私人办学勃兴，其办学规模几乎与公立不分上下，其中尤其是私立大学与私立专门学校的创设引人注目，比较著名的有私立中华大学、私立武昌艺术专科学校、私立湖北法政专门学校、私立中医专门学校等（图3-3-2）。

1926年，武昌成为大革命的中心，全国各地青年学生纷纷前来求学。随着革命的不断深入，迫切需要大批经过培训的人才充实革命队伍，一时间，工、农、商、学、兵各界踊跃开办讲习所、训练班等，规模之大、途径之多、革命性与实用性之强，为全国教育史上罕有。"干部学校"是根据政府规定的教育方针和培养目标，有组织、有计划地对挑选的对象进行系统教育的机构，从这里毕业的学员一般都进入当时党、政、军各级领

---

[1] 教育杂志第1卷第10期，转引自皮明麻.武汉教育史[M].武汉：武汉出版社，1994：96.
[2] （民国）张春霆.张文襄公治鄂记[M].武昌：湖北通志馆，民国36年（1947）：17.

导岗位。在两湖书院旧址上创办的中央军事政治学校是这一类型的代表。讲习所则是一种互相讨论、学习的场所，对学员的素质要求较训练班高一些，武昌这类学校主要有：中央农民运动讲习所、湖北中小学教师党义研究所、湖北文官养成所、工人运动讲习所等。武昌当时举办的训练班也很多，包括：总政治部宣传员训练班、第十一军政治部宣传员训练班、司法部法官政治党务训练班等。

（a）私立武昌艺术专科学校　　　　　　（b）私立中华大学

图3-3-2　武昌的私立大学

［资料来源：（a）武昌区档案馆；（b）武汉市档案馆. 大武汉旧影[M].武汉：湖北人民出版社，1999：272］

总体来看，民国时期武昌巩固了在中部地区教育中心的地位，在高等教育、私立教育以及职业教育等领域都有了很大的发展。

武昌能成为近代中国教育近代化的先进区域，应该与以下三个主要因素有关：

一，湖北地区，尤其是汉口经济的发展为文化教育的发展提供了必要的财政支持。汉口开埠后，由于九省通衢的区位优势，城市经济迅猛增长，由一个内陆的商业中心很快演变为中国对外贸易的"四大口岸"之一。及至张之洞督鄂，整个湖北的经济都迈向近代化，有了大幅度发展。经济的发展为教育发展提供了必要的财政支持。在武昌区域教育中心形成的晚清时期，从表3-1就可看出，当时教育投入的绝大部分来自于官府，比例高达76.8%，位居全国之首。同时，经济的发展也引发了巨大且强烈的教育需求。经济贸易的发展还极大地开阔了人们的眼界，开通了社会风气，聚集了一批人才，这些都为教育中心的形成奠定了物质、文化、人才的基础。

二，当政者以及相关政治精英对教育的发展有着直接的作用。教育的发展是一项庞大的社会工程，必须全面规划、精心组织实施，并保持其政策的连续性才能有所建树。尤其是传统教育向现代教育转轨的阶段，新旧思想激烈冲撞，往往因主政者而出现教育近代化发展的两极现象：要么大跨度发展；要么出现朝令夕改甚至倒退的现象。而在这一点上，武昌教育近代化的条件相对较优。晚清张之洞垂鄂近20年，保证了政策规划与实施的连续性。作为"清季诸督抚中最重视教育之一人"、"晚清通晓学务第一人"[1]，张立足于地区资源、充分运用其政治力量，包括政策与财政等，一手策划并精心组织与实施了教育近代化的计划，使武昌的教育获得了跨越式发展。

三，传统教育的深厚根基成为近代教育发展的社会基础。虽然无论从教学目标、内容还是方式等来看，传统教育与近代教育都有很大差别，但新式教育的发展却并非立足于文化沙漠之上，而是要以传统教育为根基的。如前所述，湖北虽不是传统教育发展的先进省份，但毕竟有一定基础，而且"明清两代，湖北籍进士在总量上虽不居于全国前列，但在区域分布上比较集中。武昌和汉阳中进士的人数分别为167人和97人，占到全省总数的13%"[2]，所以尽管湖北地区的传统教育在全国并不发达，但武昌及其周边地区却是全国文教比较发达的地区之一。没有传统教育发展的基础，武昌不可能在短短的时间内发展成为全国近代教育的革新中心区。

近代武昌文化教育地位的发展，为现代武汉成为华中地区重要的教育、科技中心奠定了基础。至今日，武汉地区很多著名的学校的源头都可追述至晚清以及民国时期教育近代化的实绩中去。

二、城市文化设施的发展

一个城市文化教育职能的强大，亦即是否能称之为"文化之都"，除了以前述大量的各级学校的存在为标志的教育的发达外，还有一个很重要的特征就是促进文化传播的城市文化设施的发达，包括社会公共图书馆、图书出版发行机构、各具特色的书店以及它们聚集的街区等。

（一）社会公共图书馆的建立

中国古代藏书，"属于公家者，石渠金匮，视若鸿宝，人民无由窥其美富。在私家，搜罗诸子百家，侈谈宏富，亦一二学者研究高深之学理而与普通人民无与也"[3]。很明显，中国古代的图书馆是一种封闭的文化组织，与普通老百姓无缘。而近代图书馆由于对社会各界人士开放，且藏书内容由古代的经、史、子集发展到西学、新学书籍，因而成为近代大众传播体系中一个不可或缺的社会文化机构。武昌的公共图书馆的建设在全国处于领先行列[4]。

[1] 苏云峰.张之洞与湖北教育改革[Z].中央研究院近代史研究所编印，1984：227.
[2] 皮明麻.武汉教育史（古近代）[M].武汉：武汉出版社，1999：286.
[3] 教育官报，光绪二十六年第2期.
[4] 皮明麻，邹进文.武汉通史·晚清卷（下）[M].武汉：武汉出版社，2006：280.

1902年，武昌文华书院美籍女教师韦棣华（Wood ·Mary Elizabeth）于文华中学校内办起一个小图书馆，首次在师生中流通借阅，后发展成"我国第一所美国式的公共图书馆——"文华公书林"[1]（图3-3-3）。该馆"虽为文华中学、文华大学以及华中大学之学校图书馆，同时亦对其他学校、机关与个人服务，如办理大学推广教育、巡回文库、书报阅览处、支馆等"[2]，至1908年，该馆藏书汉文1012种，共11771本，西文670小本，每季度阅书人数达7238人[3]。其服务面涉及到岳阳、九江、宜昌、南昌、上海、开封、西安、北京等地，成为我国近代影响较著的首批公共图书馆之一。此外，文化公书林还是当时传播进步文化的基地之一。在俄国十月革命一周年后的1918年11月14日，公书林举行了俄国革命演讲会，邀请美国博士戴维斯作主讲，"来宾往聆者及其踊跃"。

（a）建筑外观

（b）阅览室内

图3-3-3　文华公书林

（资料来源：皮明庥.武汉通史·图像卷[M].武汉：武汉出版社，2006:134）

1904年8月27日，我国最早建立的省级公共图书馆之一的湖北省图书馆（初名"鄂省图书馆"）（图3-3-4）开办于武昌兰陵街。当时图书馆从日本和上海购进了一些新书，并集中了武昌各书院的藏书约4万册，馆内设图书阅览室、报章阅览室、儿童阅览室以及陈列室等，对社会各界人士开放。1908年，因馆舍不敷使用，经张之洞与博文书院交涉，图书馆迁入兰陵街东侧原博文书院校舍。1927年，由李汉俊、章伯钧等筹建的革命文化图书馆附设在馆内。1934年，湖北省图书馆藏书达13万余册。由于藏书量增加，读者人数增多，原馆舍远不能满足社会需要，经湖北省政府委员会第27次会议决定在蛇山抱冰堂附近建设新馆舍。

[1] 张邦郎，黄渊泉.中国近六十年来图书馆事业大事[M].台湾：商务印书馆，1974。转引自皮明庥，邹进文.武汉通史·晚清卷（下）[M].武汉：武汉出版社，2006: 204.
[2] 李希泌，张椒华.中国古代藏书与近代图书馆史料[M].北京：中华书局，1982: 530.
[3] 李希泌，张椒华.中国古代藏书与近代图书馆史料[M].北京：中华书局，1982: 192.

图3-3-4　1904年建于兰陵街的湖北省图书馆（鄂省图书馆）

（资料来源：余常海.湖北省图书馆馆舍建设百年史话[J].武汉文史资料，2007，8：38）

1936年9月，新馆舍（图3-3-5）落成，有大小房间25间，建筑面积2374平方米，在当时全国省级公共图书馆中算是规模较大的。

图3-3-5　1936年蛇山南麓的湖北省图书馆新馆

（资料来源：武汉市档案馆）

此外，武昌还出现了一些私立图书馆——图书纵览室，搜藏各种新书，免费供人自由阅览。同时，由于武昌革命团体的兴盛，一些社团还设立了图书馆（室），如日知会在武昌高家巷就建有阅览室，陈列新书刊，以开通民智，一些进步人士常集中于此读书看报，对革命文化的传播起到重要的媒介作用。

（二）图书出版发行机构的发展

在近代城市中，文化信息的传播改变了传统社会中"面对面、口对口"的直接传播方式，而是借助于报纸、杂志、书籍等传播媒介，"更多、更快"成为大众传播的追求目标，因此，出版、印刷系统的现代化是保证文化传播畅达的基础因素。

早在1867年，湖广总督李翰章就在武昌候补道正觉寺内开设了湖北官书局，作为由地方政府主办之刻书印书机构。当时全国只有浙江、江宁、江苏及湖北四家，而清廷的北京官书局至1896年才开设。除了开设时间早之外，湖北官书局的印书场还是当时规模最大、设备最齐全的，有10个车间，近70名工人。官书局主要以整理国故为己任，同时也注重地方文献的出版，书籍主要面向学界及官府，也行销上海、天津、吉林、河南、四川等地。1894年，为翻译西书、传播西学，张之洞在武昌成立湖北译书局。1902年，为大规模翻译西书，为新式学堂提供教材，又成立了由两江与两湖地区合设的"江楚编译局"。此外，为满足对新式教科书的需求，1903年上海商务印书馆在武昌设立了支馆，几乎垄断了华中地区新式教科书的供应。

（三）文化街的形成

清季科举未废时，作为湖广会城的武昌在城北横街设有贡院，是每年举行乡试的场所。每逢考期，考生汇集于此，需要购买经、史、子、集等各类古书与一些参考图书，图书商贩便应运而生。最初，商贩只是在考期摆摊设点。1900年后，科举渐渐废止，横街一带，中华大学、华中大学、方言学堂以及一些中等学堂陆续开设，教科书与参考书的需求量激增，又因一般的社会读者也到此选购书刊，致使一些书摊固定下来，成为坐商。至抗战爆发前，武汉三镇共有书店105家，其中武昌64家，汉口36家，汉阳5家，而武昌64家中的32家书店就集中在从横街头至察院坡一带，因而有"文化街"之称（图3-3-6）。虽然武汉沦陷后有过一段衰落时期，但至武汉解放前，仍有18家之多。

图3-3-6　武昌横街头的书店

（资料来源：池莉.老武汉：永远的浪漫[M].南京：江苏美术出版社，1998：195）

横街头至察院坡一带之所以形成书市，得益于那些密集如林的古旧书店铺，以益善、文善、文林3家规模较大，经营品种齐全，政治、法律、医学、小说、杂志、课本、尺牍、碑帖字画等几乎无所不包，故而招徕了各阶层各知识层次的读者。并且，除了本地销售之外，还远销京、沪等地。值得一提的是，1920年恽代英创办的利群书社就位于横街头18号。从它开业起，就致力于传播新文化，先后发行了《共产党宣言》、《社会主义从空想到科学的发展》等经典著作，还销售了《湘江评论》、《时报》、《晨报》、《星期评论》等进步书刊。书店还经常举办读书报告会与演讲，武汉中学、中华大学的师生等都是书店的常客，对革命文化的传播起到重要作用。

第四节　近代武昌城市交通体系建设的发展

城市交通的近代化可以分为两个方面：一是城市与外部世界交通的近代化，二是城市内部交通的近代化。为避免与本文其他章节内容相重复，这里主要探讨城市对外交通的近代化发展，基本不涉及城市内部交通。

武昌城市的发育，首先得益于畅达的水路交通。早在春秋战国时期，武昌一带江面就是楚国舟师屯泊之所。鄂君启舟节的发现，说明这里又是商船往来的通道。入清之后，武昌成为湖北省会以及湖广总督驻地，以此为中心的驿道四通八达，密如蛛网。由北京通往南方的几条官马大道，如广东官道、桂林官道、云南官道都穿越湖北地区。可以说，近代以前武昌的城市交通网络已很发达，近代以后，新式交通的引进与发展更是促进了城市的近代化发展。并且，凭借近代化的交通运输，不仅武汉三镇之间互相建立起来更加紧密的经济联系与信息交流，而且以汉口为基点，三镇建立了与全国乃至与世界的广泛联系，成为全国最为重要的交通枢纽城市之一。有一点必须指出的是，近代武昌城市交通体系的建构，实质上是作为武汉三镇中的一个必要组成部分而形成的。无论是水路、陆路还是航空，武昌的交通体系都与汉阳、汉口，尤其是汉口形成了非常紧密的联系，以汉口为进出的通道，因此，以下的讨论会更多涉及到以武汉三镇为一个整体的发展。

一、轮运的发展

1861年，汉口开埠，外国轮船的往来，改变了长江孤帆远影的古典景观，催生了汉口交通运输现代化的新芽，并很快波及至武昌与汉阳。当年，美国的琼记与旗昌洋行就开辟了沪汉航线。1905年，开通了汉口至神户、大阪的直达航线，使汉口成为国际港。至抗日战争前夕，先后计有英、美、日、法、德5个国家17家洋行和轮船公司来汉经营轮船运输业，投入运营船只达100多艘，总吨位15万多吨，由汉口驶往国外的轮船，已可直达德国的汉堡、不来梅，荷兰的鹿特丹，埃及的塞得港，法国的马赛，比利时的安特卫普，意大利的热那亚等。

航运利权的外溢，刺激了民族轮运业的兴起。1873年，由李鸿章创办的轮船招商局在汉口设立分局首航沪汉线。1896年，汉口创办厚记轮船公司，以小轮两艘从事武昌至汉口过江轮渡。这是武汉地方轮运业的开端，也是长江上最早出现的轮渡。1897年，两湖轮船局开办，专营汉湘线。至辛亥革命前夕，民族资本在汉经营轮船航运业的公司计18家，有小轮70艘。民国成立以后，在创办实业的热潮中，武汉地区的民族航运业发展很快，1913年，在汉口附近营运的轮船公司有11家，共有小轮船37艘，航线主要有汉口至武昌、仙桃等4条。1930年左右，武汉拥有轮渡及内河营运的小型轮船100多艘。至1937年底，武汉地方航业公司发展到222家，拥有各种轮船913艘。除本地航运公司外，外地中国轮船公司来汉经营的也不少，计有90多家。重要航线包括：汉口-上海；汉口-开封；汉口-西安；汉口-兰州；汉口-西宁；汉阳-成都；汉阳-重庆；武昌-南昌；武昌-长沙；武昌-贵阳；武昌-南宁，所形成的轮运网络遍及中国大部分重要城市（图3-4-1）。以轮运为主导的水路航线的开辟，真正使长江成为黄金水道，也使武汉三镇自古以来的水运优势跃上了一个新台阶。

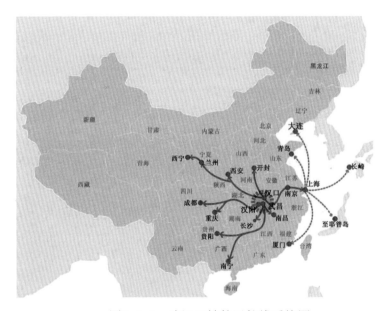

图3-4-1　武汉三镇轮运航线系统图

二、铁路的修筑

交通现代化，除轮运业兴起外，就是铁路的修筑。近代，与武昌城市发展联系紧密的铁路建设包括三条：向北的京汉铁路、向南的粤汉铁路与向西的川汉铁路，它们与向东的黄金水道——长江一起构成了武汉三镇十字形的大交通网络（图3-4-2）。其中，除川汉铁路由于经费以及时局等原因未能建成外，京汉铁路与粤汉铁路的相继建成与全线通车使武昌与汉口成为中国南北交通的枢纽。

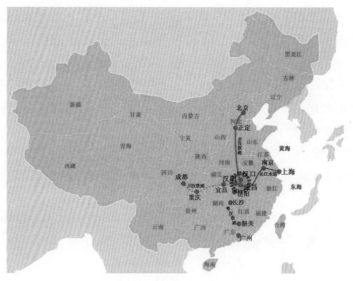

图3-4-2　武汉三镇十字形的大交通网络示意图

1889年张之洞就任湖广总督以便于监修卢汉铁路。1898—1902年，卢沟桥至保定、汉口至信阳段先后通车。1906年，卢汉铁路全线贯通，同时接通卢沟桥至北京一段，总长1200千米，改称京汉铁路。一个世纪以来，京汉铁路一直是我国腹地最重要的南北交通干道。它的开筑，刺激了全国铁路事业的拓展，并大大缩短了武昌与华北地区往来时距，如北京到武昌循驿道需花27天，而有铁路联系之后，普通快车60小时就可以到达，快车只需36小时[1]。

在修筑京汉铁路之时，粤汉铁路和川汉铁路的修筑也提上日程。1905年，张之洞奏准两路官督商办，两年后在武昌设湖北铁路总局，具体负责两路的修建。粤汉铁路以武昌徐家棚为起点，川汉铁路则以汉阳为起点，加之在建的以汉口为起点的京汉铁路，正好将武汉三镇串联成一个巨大的铁路交通枢纽。虽然因欧战爆发，德国借款终止，川汉铁路工程中辍，但粤汉铁路因为英国银行借款，采用汉阳钢厂钢轨，工程还能进行。1917年2月，武昌至蒲圻通车。1918年9月又延至长沙，通车里程364千米，并很快与长沙株洲段、株洲萍乡段接轨。从此，湘、鄂、赣之间以铁路相系，货运、军运、客运十分繁忙，湖南的大米、安源的煤矿可以直输武汉三镇。在克服重重困难后，1936年武昌徐家棚至广州黄沙间1095.6千米全线通车。1937年，粤汉路与广九路接轨。至此，由武昌乘火车，北可直抵京

---

[1] 皮明庥.武汉通史·晚清卷（下）[M].武汉：武汉出版社，2006：281.

津，南可径达香港。粤汉铁路的沟通，使南方数省一线相联，促进了沿线城市，诸如武昌、长沙、岳阳、广州等的近代化发展。粤汉铁路全线通车后，由于受长江之阻，不能与京汉铁路接轨，为沟通两路，在武昌徐家棚与汉口江边设立了粤汉码头，以渡轮衔运车厢过江的方式接驳京汉铁路，由此武昌与汉口成为京汉、粤汉两路的始发站与联结点，相应的城市建设亦有发展。更重要的是，中国南北方向的铁路交通由此真正贯通，并且粤汉铁路通过汉口与京汉铁路相连，而京汉铁路则通过天津、山海关铁路与跨西伯利亚大动脉连接起来，从而建立了沟通欧亚大陆的链条。

三、公路的建设

交通体系建设的另一重要内容，是新式公路的修通与汽车运输的发展。1923年，在中华全国道路协会的推动下，修筑了武昌至金口、武昌至豹子澥的公路，并开始有了汽车运输。1930年，境内商办公路发展到4条，通车里程158.98千米，有营运车辆36辆。1936年，随着武昌通往咸宁以及武昌通往黄石两条公路干线的建成，形成了武昌通往省内长江以南各县的公路运输网的雏形。在武汉地区，则还有1935年汉（口）宜（昌）公路与1936年汉（口）沙（市）公路的建设。这些公路的建设使武昌与汉口成为华中地区的交通运输中心。

95

四、航空线路的开辟与机场的建设

武昌城市航空交通的建设从全国范围来看，起步较早。1911年辛亥革命爆发后，中国首次组建了四支航空队，湖北军政府航空队是其中之一。当年，武昌都督府就购买了日本飞艇，并在武昌南湖修建了飞艇库。第一次世界大战后，随着飞机的问世，国民政府在武昌南湖建立了飞机修理工厂，成为中国最早的四大飞机修理厂之一。1936年和1943年，武昌先后建设了南湖机场（图3-4-3）与徐家棚机场。其中，徐家棚机场使用至1953年，后因机场地势低洼以及地区交通条件限制等原因而废弃。南湖机场则一直使用至1995年武汉天河机场建成。

图3-4-3　武昌南湖机场（1937年）

（资料来源：武昌区档案馆）

需要指出的是，武昌空中交通的建设从一开始就是以政治军事目的占先。事实上由湖北省建设厅初建，后由张学良主持扩修的南湖机场以及日本军队承修的徐家棚机场其最初都是军用机场，用于满足当时的调兵等军事需求。1947年国民政府交通部民用航空局成立后，对徐家棚机场进行了大规模的改建与扩建后，徐家棚机场才被用于民用航空，承担中国、中央两个航空公司飞机的起降，为此在市内开辟了汉阳门至徐家棚机场专线，配车1辆投入运营，方便由市区往返机场。1948年7月，武汉空中交通管制站也设于该机场。而南湖机场则是在1948年徐家棚机场短暂关闭期间，国民政府交通部征得空军总司令部同意后，才暂被用作民用航空。

这一点与汉口机场的建设目的相异。从一开始，汉口的航线的开辟就是以满足商业客运与货运为基础。汉口空中交通的建设始自1926年，略晚于武昌，当时在江岸分金炉设立水上机场，用于客运与货运。1930年，汉口王家墩机场已经初具规模，至1933年，汉口已经开辟了与上海、重庆、沙市、万县、宜昌等地的多条航线，满足日益扩大的贸易需求。尤其是与上海之间，每天都有一次航班来回，中停九江、安庆、南京，客货运规模非常巨大。在当时全国航空建设的萌芽阶段，武昌的军事航空与汉口的民用航空互相补充，共同形成了武汉空运在全国的领先地位。

第五节　近代武汉三镇发展关系考察与思考

从总体上来看，晚清之前的武汉三镇根据各自的特点独立存在，互不隶属。1861年之后，开始向近代转型。近代交通技术的发展，使三镇之间的联系大为加强，经济上开始协同发展，并在此基础之上形成了三镇城市功能的分异，行政建制上也有突破——1927年4月设立的武汉特别市将大江两岸的三镇完整地组合成一个统一的城市，由古代三个独立发展的区域中心变为一个全国瞩目的近代大都市。然而三镇统一的局面只维持了至多两年，后一直等到1949年6月武汉市成立，自此三镇才稳定地结成同一个城市型政区。是什么促使三镇由分至合？又是什么因素制约三镇使其由合再分？其间的原因自是十分复杂，以下三个方面的考察只是对这一问题的初步探索，以期能从纷繁复杂的诸多因素中理出一些头绪，得以初窥近代三镇发展的趋势。

一、行政建制的发展与变迁

（一）晚清汉阳与汉口的分置

晚清之前，汉口为汉阳县辖地，没有独立建制。1861年，汉口开埠后，为适应开埠与商务的需要，在次年建立了江汉关。为加强江汉关管理，应付华洋交涉事宜，一个高于府、县的汉黄德道移驻汉口，并兼江汉关监督。但汉口的行政管理以及文教、治安等仍归汉阳县统管。鉴于汉阳辖境较大，任务繁重，且汉阳与汉口之间又有一水之隔，处理政务时难免顾此失彼。紧迫事情出现，更因往来费时造成延误。因此，将汉口从汉阳独立出来，势在必行。张之洞远瞩汉口崛起的重要地位以及独立建制之必要性，以《汉口请设专官折》奏准在汉口设夏口厅实行（汉）阳、夏（口）分治，此时汉口才形成了独立建制。顺应了城市发展的需要。（注：光绪二十四年，张之洞在《汉口请设专官折》中说："汉口镇，古名夏口，为九省通衢，夙称繁剧。……自咸丰年间创开通商口岸以来，华洋杂处，事益纷繁。近年俄、法、意、英、德、日本各国展拓租界，交涉之事愈形棘手。且奉旨开办卢汉、粤汉南北两铁路，现在北路早已兴工，南路亦正勘路，纷杂万端，将来告成，汉口尤为南北各省来往要冲，市面愈盛，即交涉愈多。乃汉阳县与汉口中隔汉水，遇有要事，奔驰不遑"[1]。武汉原先的武昌、汉阳、汉口三城虽然早在明中叶即于地缘上形成三镇，但至此时，才在行政上使三镇（江夏县、汉阳县、夏口厅）鼎立。夏口厅的成立是汉口行政地位上升的一个阶梯，在此基础上才有以后汉口市的建立。

（二）民国武汉建市的分分合合

民国时期，武汉建制易动频繁，是行政体制最不稳定时期，在建制演变中，最突出之处是武汉形成了三镇统一的市制，虽然其中的过程分分合合，但毕竟是在历史上迈前了一大步。

民国二年，确立了省、道、县的地方政制。湖北省下设江汉道等三道，原江夏县（易名为武昌县）、汉阳县、夏口厅（易名为夏口县）属江汉道。原汉阳府、武昌府裁撤。于是，晚清时两县一厅的格局转变为武、阳、夏并立。但由于省级机关如都督府、省政府等仍设武昌，另一些相当于省级或次省级机构如汉口商场督办处、汉口镇守使等驻汉口，故在具体行政运作中，汉阳的地位最为低下。汉阳因汉阳府的裁撤，失去了对于汉口的管辖权，以后较长时间内成为汉口或武昌的附属。汉口在民国后虽成为武汉三县之一，但其经济，尤其是商务和税收的规模，远非一个县可比拟，因此北洋政府专门在汉口成立了商场督办处，将汉口商务直接控制在中央政府。1923年，又将汉口商场督办处扩大为武阳夏商埠督办。此举打破了武昌、汉口、汉阳三县各自为政、互不统属的格局，在经济领域将三地纳为一体，可以说是武汉三镇联合建市的前奏。1926年10月，成立了汉口市政府，12月武昌成立武昌市。同时，广州国民政府北移，是谓武汉国民政府。1927年1月，武汉国民政府发布命令，确定国都以武昌、汉口、

97

---

[1] 转引自皮明庥. 一位总督一座城市一场革命[M]. 武汉：武汉出版社，2001：81.

汉阳三城为一大区域，作为京兆区，定名武汉。4月，武汉市政府成立，直隶武汉国民政府。从晚清时武汉地区的两县一厅格局到民国前期三县鼎立格局，再演变出汉口市、武昌市以及统一的武汉市，确为城市体制上的进步。它是湖北、武汉社会、经济发展的必然。但由于武汉三镇在历史上的分割以及从中央政府到省、市当局在权力上的争夺，又导致了武汉三镇的分合无常，以至于民国中后期武汉城市建制在全国城市体系中最为多变，具体的演变历程，可由表3-5-1探知：

民国武汉市制演变历程　　　　　　　　表3-5-1

时间		武昌	汉口	汉阳
民国二年（1912年）		湖北省政府驻地，武昌县	夏口县	汉阳县
民国十五年（1926年）	9月	—	汉口市成立（10月设立汉口市政委员会）	—
	12月	武昌市成立，设立武昌市政厅		
民国十六年（1927年）	1月	以武昌、汉口、汉阳三城为一大区域，作为京兆区，定名武汉	—	—
	4月	汉口、武昌市政府组成武汉市政府，管辖武昌、汉口、汉阳三镇，直隶武汉国民政府	—	—
民国十八年（1929年）	4月	改武汉市政府为武汉特别市政府	—	—
	7月	划归为湖北省省会区，组建武昌市政委员会	改武汉特别市为汉口特别市，辖汉口与汉阳，直属南京国民政府	
民国十九年（1930年）	5月	—	汉口特别市	城区划归省会区，行政事项归汉阳县
民国十九年（1930年）	6月	—	改汉口特别市为汉口市，隶属南京国民政府行政院	—
	10月	成立武昌市政府，10月遭否决，仍划归为湖北省省会区	—	—
民国二十年（1931年）		武昌市区归并武昌县办理自治	汉口市改隶湖北省	—

时间		武昌	汉口	汉阳
民国二十一年（1932年）	4月	—	改为汉口特别市，隶属行政院	—
	7月	—	汉口市，改隶湖北省	—
民国二十四年（1935年）		成立武昌市政处，与普通市近似	—	—
日伪时期	1939年	4月成立武汉特别市（驻汉口），管辖武汉三镇，隶属南京伪政府。11月，伪湖北省政府成立，驻武昌	—	—
	1940年	划归伪湖北省政府，设武昌市政处	9月改武汉特别市为汉口市，隶属行政院	划归伪湖北省政府
	1943年10月	—	汉口市改隶湖北省	—
国民政府时期	1945年9月	设立武昌市政筹备处	成立汉口市政府，隶属湖北省	汉阳城区属武昌市政筹备处
	1946年7月	—	—	汉阳城区划归汉阳县
	1946年10月	武昌市成立，隶属湖北省政府	—	—
	1947年8月	—	汉口市，隶属国民政府行政院二等院辖市	—

（资料来源：根据相关资料整理）

通过对表格的分析可知，在武汉城市建制演变历程中，有四个比较突出的问题：一是武汉三镇有分有合，时而三镇合为统一的武汉市，时而一分为二（武昌市和汉口市，汉阳隶属汉口市），时而一分为三（武昌市、汉口市与汉阳县）。二是武汉市或汉口市，时而为特别市（直辖市、院辖市），时而为省辖市。按照国民政府《特别市组织法》，100万人口以上始为特别市。武汉三镇或汉口，人口起伏不定。由于人口不足，就改为普通市。又由于商务繁盛，税源充足，或人口增长，即改为特别市。然当时省政府设在武昌，市政府设于汉口，省市两府同在一区之中，政令分歧，利益相触，因此武汉或汉口又常从院辖市改为省辖市。三是武昌市的建制变化。按照国民政府《市组织法》，省辖之普通市除省会城市这一条件外，还需人口30万以上（或20万以上，但营业税等占该地收入1/2以上），但武昌人口、税收均不足此数，不能建市。然因其为首义之区，

1930年即有人提出成立武昌市，只是遭到国民政府否决。1935年，湖北省政府在不违背《市组织法》的前提下，成立武昌市政处，与普通市近似，这种状态一直持续至1946年武昌市政府成立。四是在武汉三镇分合的历程中，始终贯穿着市的建制，其中又以汉口作为主轴（武汉市政府驻地均为汉口），体现着汉口在近代武汉三镇关系中的主导地位。武昌虽然在一段时间内建市未果，但一直延续湖北省省会之职，仍不失区域行政中心地位。三镇之中，唯汉阳行政地位最为低下，始终未能独立建市，时而归附汉口，时而归附武昌，时而并入汉阳县。

二、近代经济关系发展与三镇城市功能的分异

（一）近代经济关系发展

古代三镇由于对长江水道与沙洲环境的依赖乃至于对环境资源的争夺，形成了以竞争为主体的经济关系。这一点在近代随着汉口开埠，城市向近代转型而发生了变化。1889年张之洞督鄂成为三镇经济发展关系变化的分水岭。1889年，张之洞带着粗线条的洋务事业蓝图离开了风云多变的广州来到相对宁静的武昌，随之而来的还有从国外引进的铁厂、纺织厂机器设备。以"御外侮"、"挽利权"为标识，张之洞在武汉地区兴办了大量的工业项目（图3-5-1），改变了武汉三镇旧的封建商业和消费性城市特征，由古代三个独立发展的单纯的封建贩运经济中心开始向统一的近代生产贸易综合型城市转型。

（a）汉阳铁厂　　　　　　　　　　（b）汉阳兵工厂（湖北枪炮厂）

（c）既济水电厂

图3-5-1　晚清时期张之洞创办的近代工厂

（资料来源：武汉市档案馆. 大武汉旧影[M]. 武汉：湖北人民出版社，1999：146，153，154）

在张之洞的运筹帷幄中，三镇的经济发展开始被纳入一个整体。首先，在强大的官办资本的干预下，汉阳被打造成为一个重工业发展的基地，建有中国近代首屈一指的兵工厂——湖北枪炮厂以及亚洲第一家大型近代化钢铁联合企业——汉阳铁厂，武昌则为轻工业（纺织工业）的中心，建有湖北布、纱、丝、麻四局等，它们与开埠之后迅速发展的汉口加工业共同组成了一个相对完备的近代工业体系，使武汉三镇之间的经济关系由以往的竞争转而向互补方向发展。事实上，在张之洞看来，武汉三镇早已成为一个统一的整体。这一点，从其奏稿中频繁出现的"武汉"一词就可感知，而在其创办的近代企业布局中更是表现分明。莅鄂之初，张之洞就提出将炼铁厂、枪炮厂、织布局联成一气，"三厂通筹互济"并强调"三厂若设一处，洋师华匠皆可通融协济，煤厂亦可公用"，这里的"一处"，其实就是指的"统一的武汉三镇"。

其次，在商业联系方面，古代三镇因行政上各有隶属，因此多为独立发展。例如，汉口在开埠前贸易主要是自发产生，虽然其税收财务大权掌握在武昌方面，但在经营上并不受武昌管辖，其商品也较少在武昌销售。张之洞督鄂后，高度重视汉口的贸易，通过行政手段对市场施加了很大影响，并积极增强三镇之间的商业联系。如积极推行"商战"方案，结合三镇优势制定商品产销的政策，以从洋商手中夺回"利权"。为联络商情，宣传商学，1899年张之洞在汉口创办《商务报》，在三镇广泛发行。在汉口设立了汉口商务局、商会公所，服务范围涉及三镇。1902年又在武昌兰陵街设立两湖劝业场，主要用于陈列与销售武汉三镇及湖北其他地方的工农业产品，对三镇之间的商品交流起到一个桥梁作用。1909年，其继任者陈夔龙又在武昌文昌门组织了规模更大的武汉劝业奖进会，除展销湖北及武汉的产品外，还设有直隶、湖南、上海、宁波展馆以及汉阳兵工厂等7个特别陈列室，积极拓展三镇商品的外销市场，在三镇经济的协同发展方面做出重要贡献。

除了工业的互补、商业的联系之外，张在建构三镇一体的近代金融业中也颇有建树。与大规模贸易相对应，汉口开埠后武汉三镇的近代金融业发展起来，其组成包括三个部分：外国银行，钱庄、票号、钱铺、当铺等传统银钱业，官钱局、银元局①和中国银行。外国银行主要位于汉口租界之中，官钱局、银元局位于武昌，传统银钱业则广泛分布于武汉三镇。不同性质和层次的金融机构在武汉地区构成了一个多层次的近代金融体系，满足商业贸易中各种不同的需求，为三镇的商贸发展提供了强有力的金融

101

---

① 由于商业的迅猛发展，市场货币缺乏，张之洞为此在武昌先后设立铜钱局和银元局，制造铜钱和银元，保证市场货币供应总量充足，进一步活跃了市场。为了方便交易，湖北官钱局还发行纸币，在省内各商埠及湖南、江西某些地区流通，同时开展存贷款业务，起到了地区银行的作用。

支持，这也是近代武汉经济迅速发展的一个重要因素。

晚清时期武汉三镇一体化的经济协同发展格局的形成，对民国以后三镇经济的发展也产生较大影响。例如，由于汉口商贸经济发展积累了原始资金的商人开始投资工业，创设了为数不少的民族资本主义工厂，与古代三镇经济囿于地域独立发展不同，这些工厂广泛分布于三镇，考虑的是地价、交通等问题。例如1915—1919年间，汉口商人在武昌相继创办了武昌第一纱厂、裕华纱厂和震寰纱厂。这三大纱厂都选择在武昌建厂是因为较之于汉口，武昌拥有廉价的沿江码头与仓库以及晚清时即已形成的纺织工业基础。在商业联系方面，1915年，北洋政府颁布《商会法》，武汉地区先后成立了汉口总商会、武昌总商会与汉阳商会。由于汉口总商会的实力强大，实际掌控着武昌与汉阳商会，例如武昌商会会长同时是汉口总商会的会董，而汉阳商会的会长则是汉阳总商会议董。这种设置，实际上已经将三镇的商业社会纳入到同一个组织中了。在商会"开通商智、协和商情"的宗旨下，三镇的商业联络大大加强。1923年，北洋政府又将设于汉口的商场督办处扩大为督办武阳夏商埠建筑，此举打破了武昌、汉口、汉阳三县各自为政、互不统属的格局，在经济领域将三地纳为一体，可以说是武汉三镇联合建市的前奏。

（二）城市功能分异的显现

1917年，英国人菲尔德维克在他的游记《现时远东印象及在国内外都有名的人》中这样描述他所见到的武汉三镇："汉口是扬子江上的一个开放口岸。位于湖北省汉水和扬子江的会合处，下距九江口132英里，距黄浦江的江口吴淞570英里，距东海600英里。它是两个相邻城市——汉阳与武昌的商业中心。武昌是省政府所在地，汉阳则存在着兵工厂"[1]。短短的几行字已经点出武汉三镇在城市发展过程中所形成的功能上的分野：汉口为商业中心、武昌为行政中心、汉阳则为工业中心。

事实上，早在宋代，这种城市功能上的调适与互补关系就已经在当时的武昌与汉阳之间形成[2]。宋代，由于南渡之后迅速发展起来的市场主要集中于武昌南市，武昌在当时人心目中形象是："江渚鳞差十万家，淮楚荆吴一都会"[3]、"商旅辐辏，兵民错居"、"人物繁盛"[4]，外来人口大量涌入，"在城内外生齿繁盛"[5]，导致土客矛盾日益严重，争讼不息。而汉阳的情形正好相反，"斗大之郡，民淳事简，日领讼词不

---

[1] 转引自冯天瑜，陈锋.武汉现代化进程研究[M].武汉：武汉大学出版社，2002：328.

[2] 张伟然，梁志平.竞争与互补：两个毗邻单岸城市的关系[A]，历史地理第二十三辑[C].上海：上海人民出版社，2008：119-125.

[3] 戴复古.《鄂州南楼》.

[4] 黄榦.《勉斋集》卷18《又画一六事》.

[5] 罗愿.《鄂州小集》卷5《鄂州到任五事札子》.

过三五纸"，且"湖山之胜奇秀清绝"[1]。因此，汉阳与武昌这两座毗邻的城市在城市功能上形成了相互补充。即，汉阳在某种意义上已成为武昌的卫星城，承担着作为其高级住宅区的功能。南宋叶适称："鄂州（武昌）今之巨镇，王师所屯，通阛大衢，商贾之会，物货之交也。汉阳独力渔勤稼，不以走集逐利相夸诩，士大夫以其俗静而朴，往往舍鄂来居焉"[2]。"往往"两字，道尽了汉阳与武昌之间的联系。若从城市地理学视野来看，将武昌与汉阳这两座毗邻城市视为一个整体，即它们只是在同一地理区位出现的一个统一的较大规模城市聚落的两个部分，那么，当时它们之间已经出现了城区功能专业化的趋势。

至汉口开埠后，三镇城市功能的分异越加显现。随着汉口在中西文化交汇、国内市场与国外市场初步接轨的背景下步入新的历史发展阶段，成为具有全国影响的长江中游的经济中心，而武昌与汉阳的商贸规模却大为不如。虽然张之洞督鄂时也运用了一些行政手段，诸如筹划武昌自开商埠等，但始终未有成效，三镇间的高级市场完全集中于汉口，这其中显然有一个市场的集聚效应。市场的集中是一种信号，表明了三镇在城市功能上的分野。事实上，在张之洞本人的施政过程中，也处处渗透了三镇功能分野，调适互补的思想，将炼铁厂设于汉阳就是这种思想的体现。

按照惯例，大型钢铁企业的选址，或近煤矿，或近铁矿。而张之洞从方便督察及产品运销着眼，决定煤铁两不就，令于省城武昌附近择址而建。几经斟酌，决定在汉阳大别山（龟山）麓建厂（图3-5-2）。在给海军衙门的电报中，他报告："今择得汉阳大别山下有地一区，长六百丈，广百丈，宽绰有余，南枕山，北滨汉，面临大江，运载极便，气局宏阔，亦无庐墓，与省城对岸，可以时常亲往督察，又近汉口，将来运销钢铁货亦便"[3]。在张的规划中，将汉阳作为工业中心，正好可以与作为行政中心的武昌以及作为商业中心的汉口之间形成城区功能的互补。事实上，在近代经济变迁的过程中，也确实实现了这种功能互补的关系。在民国抄本《新辑汉阳县志略》卷2《经济》"生业"条下就有记载："汉口房屋供不应求，租价不如汉阳之廉，故多在汉阳租房或建屋，为制造或堆积货物之所，以供汉口之销售。故汉阳适合为工业区，殆与汉口商业区相互为用也。"

辛亥革命成功之后，孙中山非常看好"首义之地"武汉，在其《实业计划》中明确提出要"联络武昌、汉口、汉阳三城为一市"，并突出三镇"个性"进行职能分工：武昌是"政治文化城市"、汉口是"工商业城市"、汉阳是"园林住宅城市"。他以政治家、实业家的视野与气魄为武

[1] 黄榦.《勉斋集》卷7《与蔡总郎书》、卷35《贴军学请孟主簿充学正》.

[2] 叶适.《水心集》卷9《汉阳军新修学记》.

[3] 张之洞.张文襄公全集·卷235，电牍14，《致海署》.

103

汉所制订的发展蓝图，成为民国之后数次武汉城市规划的指导思想。虽然由于种种原因所限，武汉在统一建市的过程中反反复复、分分合合，但这种建立在历史发展过程中所形成的城区功能上的分野成为城市以后发展定位的依据，指引了以后武汉的城市建设。

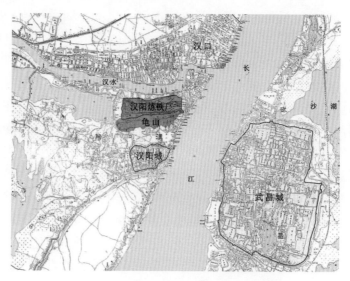

图3-5-2 汉阳铁厂位置关系示意图

三、近代三镇交通的发展与社会生活联系的加强

（一）近代交通联系的发展

1. 机器轮渡的发展

在近代机器轮渡引进之前，中国传统的水上交通一直依赖木船人工。这一技术对于解决小城镇内部的交通需求尚且不济——小城镇的两岸交通事实上主要靠桥梁来沟通——何况对于交通条件要求更高的大中城市？以武汉三镇而论，横亘于它们之间的长江自古被称为"天堑"，这对于传统的木船人工技术而言，几乎是难以逾越的交通障碍。对此，法国人加勒利·伊凡就曾写道："我从不厌倦地注视着这两条河流（长江与汉水），它像天蓝色的丝带似的环绕着这三座大城（武昌、汉阳、汉口）……这三座孪生城市比马赛和里昂还大，只是为一条大江所隔开，这条江连最强健的船夫，也要好几个小时的猛划才能渡过"[1]。耗时长还只是一个方面，安全性差更是阻隔了人们自由穿越三镇的希望。汉水汇流于长江，多呈涡状，逢强风增水时节，木划子就要停摆。无风无浪之时，由于木船空间小，为能满足搭载需求而强行超载引起船翻人亡的事也时有发生，这种

---

[1] （法）加勒利·伊凡.太平天国初期纪事[M].（英）约·鄂克森佛译补，徐健竹译.上海：上海古籍出版社，1982：103-104.

种交通上的障碍使三地人员往来视为畏途。虽然《入蜀记》中记载早在南宋鄂州便出现了"长二三十丈，上设城壁楼橹"的大舰，可那种水平的设施在古代并未能应用于日常过江交通。在近代机器工业出现之前，木帆远影仍是长江上的古典景观。清光绪二十二年（1896年）以蒸汽机为动力的轮渡引入武汉之后，由于机器轮渡比划渡过江安全，速度快，载客量大，这种格局才有所改变。

一方面是投入运营的轮渡数量与质量与前相较有了较大发展。1896年仁记轮船局（后更名为厚记轮渡公司）开始以楚裕（6吨）、楚胜（6.5吨）两轮行驶于汉口大王家巷码头至武昌汉阳门码头之间，1900年，为满足市场需要，又增加利江（7吨）与利源（6.5吨）渡轮2艘航行于武昌与汉口之间。1913年，该公司并入安和轮船局后又增加钢质渡轮利湘号（51.46吨）投入运营。除此之外，经营三镇轮渡的公司还有：1897年创办的泰安公司备小轮2只航行于汉口与汉阳之间。1898年，又有春和公司置小轮2只经营三镇轮渡，1902年，该公司又增加小轮4只投入运营。1900年创办的利记公司，备有6条小轮。1903年创立的森记有3条小轮，1908年，又有荣记公司备小轮3只，1921年大庆公司备小轮2只相继投入运营，众多的小火轮来往于三镇江面，对三镇人流与物流的交往提供了极大方便（图3-5-3）。

图3-5-3　航行于三镇江面的渡轮

（资料来源：武汉市档案馆. 大武汉旧影[M]. 武汉：湖北人民出版社，1999：137）

另一方面，三镇之间的轮渡航线与码头大为增加。近代机器轮渡出现以前，见于记载的武昌与汉口之间的航线只有一条：武昌汉阳门设有扬子江渡直达汉口。汉阳与汉口之间的航线也不多。轮渡问世之后，航线随之增加。至1938年，三镇之间的轮渡航线已发展到8条（图3-5-4）：武昌徐家棚——汉口粤汉码头、武昌徐家棚——汉口四官殿、武昌曾家巷——汉口四官殿、汉口大王家巷——武昌汉阳门上码头、武昌汉阳门下码头——汉口江汉关、汉口江汉关——武昌文昌门——鲇鱼套、汉阳朝宗门——武

105

昌平湖门、汉口龙王庙——汉阳朝宗门。轮渡码头也有增加。武昌方面，主要有汉阳门、平湖门、徐家棚、曾家巷、文昌门码头；汉口主要有江汉关（汉口英租界）、四官殿、龙王庙、大王家巷等码头；汉阳主要有朝宗门等码头。

从1896年机器轮渡引入始至1957年长江大桥建成通车以前，除短暂的中断外，过江轮渡都是跨越三镇的交通脊梁，为市民出行与日常生活提供了巨大便利。同时，机器轮渡的发展，也为水陆联运提供了必要的技术支持与保障。三镇之间大规模的水陆联运始自1936年粤汉铁路通车后。由于受长江阻隔，粤汉铁路不能与平汉铁路接轨。为了沟通两路，分别在武昌徐家棚和汉口江边设立了粤汉码头，以渡轮衔运车厢过江，转入平汉路轨。正是有赖于轮渡技术的发展，才第一次在武昌与汉口间建立了大规模人流与物流的交流关系，使两地成为纵贯中国南北的平汉、粤汉两路的起点与终点，从而显示出铁路枢纽的巨大城市功能。

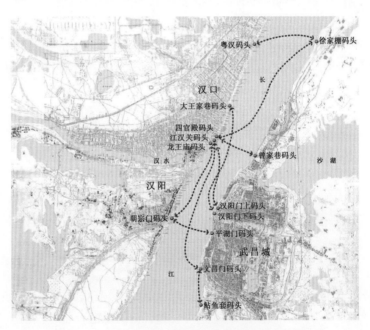

图3-5-4　近代三镇之间的轮渡航线与码头示意图

2．长江大桥计划

然而，仅仅依靠水上交通的方式并不能满足跨江城区之间的交通需求。这也是在近代数次规划中都强调建设长江大桥以及过江隧道的重要性的原因。

从1913年始自1948年，为沟通长江两岸，实现三镇统一，总共提出过四次修建长江铁桥（或过江隧道）计划。民国初年，詹天佑主持修筑汉粤川铁路之时即已考虑到粤汉路一旦修通，建筑长江大桥以接通平汉线便更为迫切。1913年，在詹天佑的支持下，北京大学工科德籍教授乔治·米勒带领夏昌炽、李文骥等13名学生前往武汉测量桥址，成为武汉长江大桥的首次实际规划。当时提出建议将汉阳龟山和武昌蛇山之间江面最狭隘处作为大桥桥址，经武昌汉阳门、宾阳门连接粤汉铁路。然因政局不稳、财力不足这项计划未能实现，但其选址被历史证明为十分适宜，此后几次规划选址基本相沿。

1919年2月，为连通武汉三镇，孙中山在《实业计划》中提出"在京汉铁路线于长江边第一转弯处，应穿一隧道过江底，以联络两岸。更于汉水口以桥或隧道，联络武昌、汉口、汉阳三城为一市。至将来城市用地发展扩大，则更有数点可以建桥或穿隧道"。1923年，由孙武组织，依据孙中山的规划思想，编制了《汉口市政建筑计划书》。《汉口市政建筑计划书》明确提出，"以汉阳之大别山麓（龟山），武昌之黄鹄山麓（蛇山）为基，架设武汉大铁桥，可收平汉、粤汉、川汉三大铁路，连贯一气之完美"。

1929年4月，国民政府成立武汉特别市政府，为加强三镇联系，时任市长刘文岛邀请美国桥梁专家约翰·华德尔（John A.L. Waddell）研商长江建桥之事。提出"由武昌跨扬子江，复由汉阳跨汉水至汉口，桥址是黄鹤楼边对龟山。"这次计划同样由于耗资巨大而无下文，且国民政府正忙于应付内部军事派系斗争，无暇顾及长江大桥的建设。

1934年，鉴于粤汉铁路即将全线建成通车，平汉、粤汉两路有必要在武汉连通，再次计划修建长江大桥。仍由华德尔主持设计，提出了公路、铁路两用桥的构想（图3-5-5），公路中间还设计了电车轨道。但由于集资困难以及抗日战争，计划再次被迫搁置。

图3-5-5　武汉大桥桥址与联络路线鸟瞰图（1934年）

（资料来源：武汉市档案馆）

抗日战争结束后，兴建武汉长江大桥的计划也再度旧事重提。1947年9月，工程计划团团长侯家源陪同英国莫利逊纳德森工程顾问团副总工程师德克麦、博麦2人来汉研究大桥桥址问题，并拟定了大桥计划报告，计划利用蛇山、龟山之天然地势建筑高水平桥沟通大江南北，并于汉水配套建造一铁路桥。后因国共内战、经济困难，国民政府无暇顾及长江大桥的建设，计划再次搁置。

数次大桥计划的夭折，反映出那个时代政局的不稳以及经济发展的困顿，并决定了近代三镇交流的有限。事实上，1929年，武汉三镇由合而复分，很难说不是过江交通的因素从中掣肘。当然这里面存在着行政建置的问题。但应注意到早在唐宋时期，长江两岸的武昌与汉阳在行政上就曾经出现过三次短暂的相合。三次废汉阳军而入武昌的管辖范围，主要原因都是辖区太小，与武昌又仅隔江相望，距离很近。但三次都是废后不久又复置，复置的原因并无详载，但可以想象的是，在当时的水上交通技术的制约下，两地归属一个中层政区管理呼应的不易，这也许是最后不得不分设两个中层政区的主要原因。汉水没有长江宽，但直至20世纪初，都还有官员抱怨从汉阳送一封信到汉口，通常一天之内都无法往返。那么，长江两岸的武昌与汉口日常联系情形就可想而知。试想如果不存在天堑的交通限制，行政建置有可能出现另一种发展轨迹。事实证明，1949年中华人民共和国成立后不久，修建长江大桥计划再度提起。中国人民政治协商会议第一届全体会议上通过了建造武汉长江大桥的议案。1950年3月成立了武汉长江大桥测量与设计组，1953年成立武汉大桥工程局，负责长江大桥的设计与施工。在社会各界的关注与努力下，武汉长江大桥于1957年建设完成并正式通车（图3-5-6），由此，长江天堑始变通途，武汉三镇才稳定地结成了同一个城市型政区。

图3-5-6　武汉长江大桥全桥鸟瞰（1957年）

（资料来源：武汉大桥局）

（二）社会生活联系的加强

古代武汉三镇虽然由于长江与汉水的分隔交通不便，但依靠渡船，三镇之间的交流始终存在。最早渡口出现于唐宋时期，明清以来武汉三镇江面上更是十里帆樯，划渡如织。叶调元《汉口竹枝词》中描写三镇渡口："五文便许大江过，两个青钱即渡河，去浆来帆纷似蚁，此间第一渡船多"。近代机器轮渡的出现，更为三镇市民出行和日常生活提供了巨大便利。"每日赶乘轮渡的学生、上班族、游客、公干、谋生者源源不断，他们为求学、工作、生活而穿行于三镇间"[1]。以1937年为例，三镇人口近百万，长江轮渡日平均售票即达6万余张[2]，可见三镇交流的繁忙。这还只是官渡的统计数据，当时三镇民间慈善团体还存在不少义渡，如仁济堂在关圣庙设渡船4只，卫生堂在五显庙、接驾嘴、打扣巷等地各设渡船2只。武昌的汉阳门也专设有衡善堂的义渡码头，方便三镇市民出行。一些商业机构为招徕游客，也有自备渡江设施接驳码头方便三镇市民出游。例如，武昌沙湖琴园就专设渡江小轮船，接驳游客自汉口渡江至琴园。总而言之，正是由于交通的发展，近代三镇市民的社会生活联系更加紧密，从而出现了汉口的后湖吸引汉阳和武昌的人们渡江前来游玩"踏青先上伯牙台，弓底鞋新不染埃。走遍月湖堤十里，过河还到后湖来"[3]。以及汉阳的"月湖堤上报花开，游女都从汉口来"[4]的情形。民国时期，汉口的新型游乐场所，如民众乐园、跑马场、波罗馆等更是备受三镇市民欢迎的游憩地，"一至礼拜六傍晚，武昌的人们便纷纷乘船到汉口寻求刺激与欢愉，那是人们一周巴眼望穿的时刻，青年男女、时髦学生、各色人等都奔向轮渡驳船，江边码头人头攒动"[5]。清末时期，曾在江夏为官的郑东华写了一首竹枝词《江汉图》：

正月叹到梅花地，武汉三镇赛云梯。黄鹤楼，成古迹，江汉书院御笔题，晴川阁高凌云际，行宫内面供虞姬，蛇山断腰半空里，凤凰山自有凤凰栖。

二月春风百花茂，祢衡坟葬鹦鹉洲。崇福寺桃花开洞口，红粉佳人龟山游。月湖堤，垂杨柳，三太馆开怀饮酒瓯。

三月清明桃李盛，轰轰烈烈汉阳门。黄会馆，听瑶琴，来往踏青女佳人。过长街就把古楼问，草湖门就在面前存。

四月清和景自幽，闹热还算大码头。米厂河，卖风流，会馆对面造洋楼，接驾嘴针对洗马口，转弯抹角后湖里游。

五月龙舟闹长江，有名花园刘景棠。洪山宝塔高数丈，盐船尽湾塘角上。卓刀泉，关圣像，关圣帝君把名扬。

[1] 曾白元，武汉的一日[A]．茅盾．中国的一日·武汉的一日[C]．上海：生活书店，1936：7-10．
[2] 武汉轮渡志编纂小组．武汉轮渡志征求意见稿第一卷[Z]．1981：40，转引自胡俊修，曹野．长江轮渡与近代武汉市民生活[J]．湖北社会科学，2008（7）：110．
[3] 徐明庭．武汉竹枝词[M]．武汉：湖北人民出版社，1999：123．
[4] 徐明庭．武汉竹枝词[M]．武汉：湖北人民出版社，1999：74．
[5] 胡受之．礼拜六这一天[N]．武汉日报，1946-11-13．

六月荷花采莲船，乘凉要到梅子山。杨叶湖，立旗杆，望江失火东门湾。

八月桂花忙举子，粉墙鹅字王羲之。贡院门主考何房师？考选湖北奇才子。阅马场弓箭与刀石，不用文章李杜诗。

九月登高珠玉带，幽雅还上伯牙台，钟子期知音人不在，伯牙碎琴泪满腮。八仙藏躲西门外，如来阁下菊花开。

十月梅花满山村，诸葛亮造起满山邓。鲇鱼司许败不许兴。江汉书院武昌城。四大衙门威风凛，禁止喧哗拿闲人。

冬月朔风寒冷天，大王庙修花楼前。永宁巷、四官殿，青春女子美少年。王孙公子去游院，唱得马蹄调，外要落金钱。

腊月雪花飘江口，救生船湾龟山头。魁星阁文光照牛斗，朝中门对御矶头。归元寺五百罗汉修，花台十里成古丘。[1]

这首词不仅描写了武汉三镇的四季风光和可供游览的景点，而且揭示了自晚清以来，三镇市民的社会生活联系非常紧密。正是这些内在的割不断的城市市民社会生活之间的联系使得近代武汉三镇出现协同发展的趋势，开始从开埠前单一的封建性城市向统一的近代大都市转化。

[1] 符号. 江汉图初记[J]. 武汉春秋, 1988 (1)：24.

第四章　近代武昌城市空间形态演变的历史过程

第二章以地方志以及考古发现等的文献记载与古地图为依据，对明清武昌城市空间形态进行分析，指出明清时期的武昌城池形态立足于传统礼制规则形制，"崇方"、"居中"趋势明显，但由于地理环境的"囊山带水"、"湖泊密布"，城池形态又体现出《管子》重环境求实用思想的影响，并且呈现出山水城市风貌。同时，由于城港一体化的经济形式，"市"随沙洲变迁"游离"于城墙之外，从而在区域形态上表现为"城+市"的空间形态，由此构成了近代武昌城市空间的形态基础。第三章梳理了武昌城市近代化的发展，表明晚清时期武昌城市开始由传统向近代转型，并且由于武汉三镇在近代发展过程中城市职能的互补导致三镇合一的发展成为可能。城市空间形态是城市政治、经济、技术等综合作用的结果，城市社会机制的转变最终导致城市空间形态的演变。本章着力于运用近代武昌的文献资料以及历史地图、规划图的分析对武昌城市形态由传统向现代的演变过程作纵向梳理。

何一民在《中国近代城市史研究的进展、存在问题与展望》中指出：城市研究要注意对城市发展的关节点的把握。所谓城市发展的关节点就是明显影响城市发展的内因与外因。包括一些重要的历史事件，如战争、开埠、修路以及某种制度的创立、机构的设置、法规的出台等。抓住了关节点，城市发展的阶段性随即凸现。通过对城市发展关节点的探析，进而把握城市发展脉搏，揭示城市发展规律[1]。就城市空间形态演变的历史过程而言，重大历史事件通过刺激城市相关结构性的形态要素发生变化，从而造成城市空间形态的"突变"。在这些重大历史事件之间，城市局部空间形态要素发生缓慢的变化，形成城市空间形态"渐变"过程。

近代武昌城市空间形态的演变就是一系列"突变"以及"渐变"的历史过程，完成从传统相对封闭形态向现代开放形态演变。因而，根据对影响城市空间形态的重大历史事件，可以将近代武昌城市空间形态的演变分为几个历史阶段：近代城市空间形态演变的第一阶段（1861—1911），标志性历史事件是汉口开埠以及张之洞督鄂；第二阶段（1912—1926），标志性历史事件是辛亥首义爆发以及粤汉铁路的修筑；第三阶段（1927—1937），标志性历史事件是城墙的拆除以及武汉三镇统一建市；第四阶段（1938—1949），标志性历史事件是城市的沦陷以及抗日战争的胜利。

---

[1] 何一民，曾进. 中国近代城市史研究的进展、存在问题与展望[J]. 中华文化论坛. 2000
　　（4）：65-69.

第一节　近代武昌城市空间形态演变的第一阶段（1861—1911）

一、汉口开埠：帝国主义的"文化租界"教会区的出现

1861年4月，汉口正式开埠设关，给武汉地区的发展以巨大影响。开埠使汉口直接卷入世界商品经济的漩涡，也使武汉地区直接进入现代文明的进程。西方文化的传入是一切近代事务发生变化的源点，武昌也不例外。政治经济的入侵，必然带来文化的渗透。与汉口一江之隔的武昌，作为区域政治与文化的中心，得以成为西方宗教势力在华中地区主要的传教中心。为更好地传播西方宗教文化，教会在中国人居住密集的城区修建了一批西式或中西合璧的教会建筑，使得传统城市空间出现一些新的空间要素。更进一步，由于不同教会组织建造的教会建筑往往聚集在一起，武昌城北的昙华林街区形成了教会建筑密集的英国教会区、美国教会区、意大利教会区以及瑞典教会区，这些区域毗邻而居，使得街区成为无形的"文化租界"楔入到传统的城市之中，改变了原有的城市肌理（图4-1-1）。

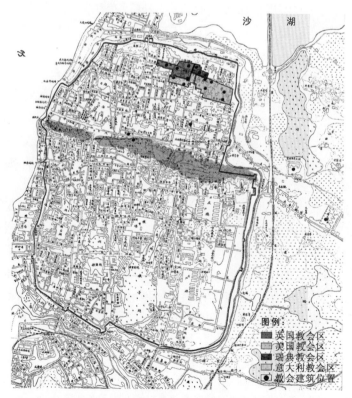

图4-1-1　近代武昌城市教会建筑分布示意图

1860年《北京条约》的签订，规定中国内地向传教士开放。1861年，汉口开埠。此时，一直在上海附近活动的英国伦敦会传教士杨格非（John Criffith，1831-1912）认为时机成熟，从上海出发来到汉口，成为第一个进入华中地区的基督教传教士。为更好地传播基督教文化，1864年，杨格非在武昌城北戈甲营创建基督教崇真堂，是当时湖北省城的第一座教堂（图4-1-2）。教堂建筑采用中西合璧的风格，山面马头墙与入口披檐处理借用中国传统做法，入口大门的装饰物和尖券拱窗又带有西方中世纪哥特式建筑特征，为武昌古城带来"洋风初入"的景象。

（a）基督教崇真堂入口　　　（b）基督教崇真堂室内　　　（c）基督教崇真堂尖券窗

图4-1-2 武昌基督教崇真堂

1877年，伦敦会又在武昌府街口开办仁济医院，1891年前后迁往昙华林18号，先后修建西式二层楼房4栋、单层平房10栋，1895年建成仁济医院大楼（图4-1-3）。由此，在武昌城北形成了英国教会区。

（a）仁济医院主楼　　　　　　（b）仁济医院券廊

图4-1-3 武昌仁济医院

杨格非在武昌建好崇真堂后不久，1868年，美国圣公会派遣韦廉臣和华人牧师颜永京到达武汉，在武昌县华林街东头花园山创办了男童寄宿学校。次年，在此校基础上扩建为"文华书院"，是武汉地区最早的一所教会学校。1901年，翟雅各（James Jackson）任文华书院院长，在原校址西南购买大片土地，扩大校址，兴建校舍，1903年设立了大学部，1906年更名为"文华大学"。在1910—1921年间，文华大学陆续扩建了教学楼、文华公书林（图书馆）、健身所、多玛堂、博约室（外籍教师单人宿舍）、颜母室（女生宿舍）、水塔以及多栋教职员住宅等，建筑形式以西式居多，有一些也采用中西合璧样式（图4-1-4）。庞大的校园建筑群体占据了昙华林街区以东至花园山南麓的一大片地区，形成了美国教会区。

（a）建设中的文华书院　　（b）圣诞堂　　（c）多玛堂

图4-1-4　武昌文华大学校园建筑

［资料来源：（a）武昌区档案馆；（b）作者自摄；（c）武汉市档案馆. 大武汉旧影 [M]. 武汉：湖北人民出版社，1999：284］

19世纪八九十年代，武昌的教会设施建设进入到一个高潮时期。意大利天主教会传教士明位笃（Eustachics Zanoli）首先在城北花园山修建了规模宏大的鄂东代牧区主教公署，由此展开了天主教在武昌的活动。尔后，意大利教会又修建了不少教堂、学校，此外，还设立了圣约瑟医院、天主堂医院等，形成了以花园山为中心的意大利教区，建有西式洋房20栋，占地面积16782平方米，总建筑面积7633平方米（图4-1-5）。

（a）花园山天主堂　　　　（b）天主教鄂东代牧区主教公署

图4-1-5　武昌花园山意大利教区建筑

与此同时，瑞典行道会也在花园山附近的凤凰山南麓螃蟹甲购地进行

建设，主要建筑包括教区门楼、主教楼、领事馆与神职人员用房等，形成
了瑞典教区。其中的瑞典领事馆初为神职人员用房，随着1948年瑞典领事
馆在汉口黄陂路落成，成为武昌历史上唯一的外国领事馆（图4-1-6）。

（a）瑞典领事馆　　　　　　　（b）瑞典教区教会建筑群鸟瞰

图4-1-6　瑞典教区教会建筑

除了在城北昙华林街区成片修建的教会建筑外，武昌城的一些居民密
集点也散布着一些教会建筑，主要是教堂与学校，包括：城东小东门地区
的圣希理达女子中学、长街司门口附近的圣公会三一堂、抚院街基督教青
年会教堂、复兴路圣公会复活堂、汉阳门附近瑞典行道会生命堂、青龙巷
的救世主堂等。这些中西合璧的教会建筑改变了武昌城市传统面貌，使得
近代武昌城市逐渐呈现出一定的殖民性（表4-1-1）。

部分近代武昌教会建筑一览表　　　　　　　　表4-1-1

建筑名称	建造年代	创建者	建筑位置	建筑概况
圣多默堂	1861	教士穆迪额	砖瓦巷	单层砖木结构，罗马式风格
基督教崇真堂	1864	英国伦敦会杨格非	戈甲营	单层砖木结构，中西合璧风格，平面巴西利卡形制，建筑面积277平方米
仁济医院	1880～1895	砖木结构	昙华林	先后修建西式2层楼房4栋，单层平房10栋，总建筑面积2586平方米。其中主楼为西式2层砖木结构，两侧辅以外廊式配楼
主教公署	1880	意大利天主教明位笃	花园山	砖混结构，地上二层，地下一层，建筑面积2812平方米
天主堂	1890	意大利天主教江德成	花园山	单层砖木结构，罗马式建筑风格。平面三廊巴西利卡形制，建筑面积899平方米
嘉诺撒仁爱修女教堂	1887	意大利天主教	花园山	单层砖木结构，平面矩形，入口朝东，规模较小，西式风格

建筑名称	建造年代	创建者	建筑位置	建筑概况
育婴堂	1894	意大利天主教	花园山	3层砖木结构，西式风格
文华大学	1868—1921	美国圣公会	昙华林	占地71012平方米，总建筑面积22272平方米。有3层楼房5栋，2层楼房16栋，单层平房22栋，主要建筑包括圣诞堂、文学院、法学院大楼、健身所、文华公书林等
圣希理达女子中学	1876	美国圣公会	小东门武珞路	包括教学楼、礼拜堂、健身房、医院等，多为两层砖木结构，西式风格
圣三一堂	1910	美国圣公会	长街司门口	3层砖木结构，利用中国传统的重檐六角亭作为教堂正立面构图主题，形成中西合璧风格
复活堂	1918	美国圣公会	复兴路	2层砖木结构，拉丁十字形平面，哥特式风格
救世主堂	1910	美国圣公会	青龙巷	2层砖木结构，中西合璧风格
主教楼	1900—1926	瑞典行道会	螃蟹甲	4层砖木结构，多坡折线形屋脊覆盖红平瓦。外墙较封闭，不设露台与券廊，北欧建筑风格
瑞典领事馆	1900—1926	瑞典行道会	螃蟹甲	采用"L"形外廊，上下两层圆拱券窗，屋面四面坡顶覆盖红平瓦，北欧建筑风格
神职人员用房	1900—1926	瑞典行道会	螃蟹甲	包括3栋建筑，2～3层砖木结构，总建筑面积1747平方米
博文中学	1901	英国行道会施维善	小东门武珞路	包括教学楼、礼拜堂与外籍教师住宅。其中礼拜堂2层砖木结构，建筑面积约300平方米，拉丁十字形平面，罗马风风格

（资料来源：根据相关资料整理）

二、张之洞督鄂：城墙内外的发展

1889年张之洞的督鄂，是武昌城市近代化发展的一个重要界标。当他带着满腹粗线条的洋务蓝图离开海警频繁的广州来到相对平静的内陆城市武昌之时，已注定"武昌无疑将成为中国极重要的城市之一，因为自张之洞调任湖广以后，已将他原来打算在广州进行的一些庞大建设计划全部移到了武昌"[1]。在其督鄂的18年（1889—1907年）间，张之洞以武昌为经邦济世、推行"新政"的舞台，兴办工业、发展教育、修筑堤防，为建立在传统机制上的武昌城市带来了城墙内外空间的变化。

（一）沿江工业区的出现

督鄂伊始，张之洞便倾全力于近代机器工业的兴办，开启了武昌近代工业先河。由于近代工业生产规模较大，而内城空间狭小，建筑拥挤，很难满足工厂建设用地要求，因此多选择在城外旷地兴建。加之原料与产品运输的需求，多选择交通便利之处。武昌城市西临长江，南有巡司河通两湖平原内河水网，因此初期的工厂大都选址于城西南外侧的江滨空地。文士员的《武昌要览》中就记载有：武昌城西南文昌门、望山门及平湖门外一带江滨工厂林立。

1890年底，张之洞在文昌门外兴建湖北织布局，开启了沿江工业区建设的先河，随之而后兴建的缫丝局、纺纱局与制麻局共同组成了武昌比较完整的近代纺织工业体系，同时也形成了武昌城外沿江工业的集中地带。在四局之后，张之洞又主持兴建了武昌白沙洲造纸厂、湖北毡呢厂、武昌南湖制革厂等。1890—1911年，武昌的官办、官商合办工厂达17家，占武汉三镇同类工厂总数的50%，位居三镇之首和全国城市的前列[2]。官办工业的发展，也带动了民族工业的兴盛。1904—1909年间，武昌兴建各类民营工厂13家，大多位于城南望山门外与保安门外一带，如耀华玻璃厂、鼎升恒榨油厂等。

1900年，鉴于拟议中的粤汉铁路计划以武昌为起点站，张之洞预期其交通商务必当兴盛，因而奏请准将武昌城北10里外沿江地方作为自开口岸。当时，武胜门外江堤筑成，涸出大片土地。为开发这片土地，繁荣商务，张之洞聘请英国工程师斯美利来鄂丈量地段，以建筑沿江驳岸、码头。由于经费局促，只完成了部分土地平整工作，以及修建了四条马路。后由于粤汉铁路的修筑与通车一再后延以及时局动荡，利益纠纷等种种原因，开埠之事不了了之。但是，商埠计划还是对武昌城市经济的发展起到了一定作用，尤其是推动了武昌近代工业的发展。在原准备开埠的地区，由于滨江以及与汉口租界相对的区位优势以及良好的市政条件，相继开办了第一纱厂、裕华纱厂、震寰纱厂等多家近代企业。三大纱厂建成后，城北新河江滨一带在自开商埠基础上形成新兴工业区，同时带动了积玉桥一带居民点的建设。这些新建的近代工厂，从城南白沙洲下延至城北新河一带，沿江排布，形成了一条非常明显的沿江工业带（图4-1-7，表4-1-2）。

117

[1] 捷报.1890年7月11日 转引自冯天瑜，陈锋.武汉现代化进程研究[M].武汉：武汉大学出版社，2002：17.

[2] 武汉市武昌区地方志编纂委员会.武昌区志（上）[M].武汉：武昌出版社，2008：332.

图4-1-7　武昌城外沿江工业带示意图

部分近代武昌沿江工业区内工厂建设一览表　　　　表4-1-2

工厂名称	建设时间	建设位置	创建者	建设概况
湖北织布官局	1890	城西南文昌门外江滨	张之洞	厂区占地154.57亩，厂房单层钢结构，铁瓦屋面，全套机器设备皆自英国进口，拥有布机千台，纱锭3万，职工2500人，江边建有码头，并设大型吊装设备
湖北缫丝官局	1894	城南望山门外江滨	张之洞	厂区占地18.44亩，职工人数470名，内分拣茧、缫丝、摇丝、打包4厂
湖北纺纱官局	1894	城西南文昌门外江滨	张之洞	占地79.13亩，拥有职工1500人，开办资本110万两，内分8厂
湖北制麻官局	1898	城西南平湖门外江滨	张之洞	厂区占地43.9亩，主要建筑有纺麻厂、第一和第二工厂及漂染房、电灯房、锅炉房等
耀华玻璃厂	1904	城南保安门外临巡司河	蒋可赞	开办资本69.9万元
砖厂	1904	城北武胜门外江滨	—	—
华升昌布厂	1904	城北武胜门外江滨	程雪门	—

工厂名称	建设时间	建设位置	创建者	建设概况
益利织布厂	1905	城北武胜门外江滨	—	—
鼎升恒榨油厂	1906	城南望山门外鲇鱼套	张叔群	—
粤汉铁路机车厂	1907	城南望山门外鲇鱼套	张之洞	—
白沙洲造纸厂	1907	城南望山门外白沙洲	张之洞	开办资本50万两
白沙洲伞厂	1907	城南望山门外白沙洲	黄佑先	—
湖北毡呢厂	1908	城北武胜门外下新河	张之洞	拥有职工246人，开办资本30万两
聚宝源机器厂	1915	城西汉阳门外江滨	—	—
第一纱厂	1916	城北武胜门外江滨曾家巷	李紫云	总占地面积112723平方米，厂房总建筑面积44720平方米，钢筋混凝土结构。主要工程包括：北纺织工场，建筑面积15287平方米；南纺织工场，建筑面积18889平方米；织布工场，建筑、面积10543平方米。另建有仓库、打棉厂、修理厂、锅炉房等配套设施
震寰纱厂	1919	城北武胜门外上新河江滨	刘子敬、刘季五、刘逸行	厂区占地面积41000平方米，厂房为三层钢筋混凝土框架结构，平屋顶
裕华纱厂	1922	城北武胜门外新河江滨	张松樵、徐荣廷等	厂区占地面积13352平方米，厂房为单层钢筋混凝土结构，三角形桁架式屋架承重。厂区南部建有厂部办公楼与宿舍，皆为两层砖木结构
武昌水电公司	1922	城北武胜门外江滨	周秉忠	
武昌电厂	1945	城北武胜门外下新河江滨	湖北省建设厅	发电机房为砖瓦平房，一期工程建筑面积432平方米，二期工程405平方米

（资料来源：根据相关资料整理）

而且，许多工厂厂区占地广阔，厂房均为大尺度的单层建筑。建筑尺度的加大，带来了大尺度的城市空间，有别于传统城市中主要由院落与小

119

型建筑组合而形成的小尺度空间，使城市空间肌理产生了由细腻向粗糙特征的转化。织布局厂区在江边还建有码头供轮船停泊、码头设有大型吊装设备，铁轨由码头铺至厂内，火车装卸形成联合作业。建筑、码头与铁轨形成了粗糙的城市空间肌理，非常鲜明地表示出与城墙之内空间肌理的差异。另外，由于新兴机器工业生产技术和管理都是学习西方的，因而厂区建筑本身也以西式为主要效仿对象。这些大空间、大体量的近代西式工业建筑的出现在极大程度上改变了城市沿江界面的形态特征。

（二）新式教育发展与空间特征

作为"清季诸督抚中最重视教育之一人"、"晚清通晓学务第一人"[1]，张之洞在督鄂的18年间，推行新式教育改革，创建新式学堂100余所，包括从初等小学、高等小学等普通教育以及高等学堂的高级专门人才的培养，包括职业教育等。这些教育机构大多位于城内，有些是在城内空地上新建，有些是利用旧有建筑改建，有些则通过拆除旧有建筑获得用地而新建。大量教育空间的插入与替换，使城市内部空间形态发生了改变。

其一，普及教育机构，包括初等小学堂、两等小学堂与高等小学堂。1903年，张之洞将武昌划分为东西南北四区，分设初等小学堂60所，其中城内43所，城外17所。1904年，又增设东、西、南、北、中5所高等小学堂。其中，初等小学堂主要与居民点紧密结合，散布在城墙以内各个街区。高等小学堂则主要是利用贡院或寺庙旧址改建而成，体现出一种新的功能对旧有城市功能置换的空间过程。如东路高等小学堂最初设于贡院，后移至昙华林街区原湖广总督林则徐修建的丰备仓旧址。1906年，此地又创办了湖北军医学堂，1907年，湖北工业中学堂也办在了这里。中路高等小学堂最初也设在贡院，后移至蛇山南楼旧址。北路高等小学堂是利用簧巷原马王庙旧址改建而成，开始具有西方现代学校特征。例如，在总体布局上出现了大操场，并以大操场为中心，教室和辅助用房前后左右布置。学堂的主体建筑——教学楼采用矩形平面，四周环以柱廊，根据教学功能的需要还出现了大教室（图4-1-8）。在以后国民革命时期这里又成为国共合作的中央农民运动讲习所所在地。

其二，中等学堂，按照张之洞所议定的湖北新学制体系，初等教育之上为中等教育。晚清时期武昌城内官办的中等学堂有3所。文普通中学在原自强学堂旧址上创办，后迁至铜元局街购地新建，规模恢宏。第二文普通中学在昙华林利用旧民宅改建。武昌府中学堂则由原勺庭书院改建。

其三，高等学堂，包括师范教育以及各类专业教育，呈现多样发展的趋势。空间分布主要是在裁撤的衙署或机构旧址上设立，或利用原有书院改建，或利用城内空闲用地设立。而且，专业学堂的布局往往与相应的管

---

[1] 苏云峰.张之洞与湖北教育改革.中央研究院近代史研究所编印，1984：227.

理机构相结合。如1891年，张之洞于铁政局旁设算学学堂、自强学堂，学生兼习化学、矿学，可就近往铁政局见习。

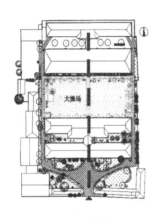

（a）校园总体布局

（b）学堂内建筑

图4-1-8　北路高等小学堂

［资料来源：（a）武艳红. 武汉近代教育建筑设计研究[D]. 武汉：武汉理工大学硕士论文，2008：25；（b）武昌区档案馆］

总而言之，晚清张之洞督鄂时期，新式教育的发展促使城市通过对旧有空间的置换形成新的空间使用，从而发生空间形态的改变。总体上，精英教育以及普及教育的兼及，呈现出学校在城市内部普遍的分布（图4-1-9），成为全国堪称模范的教育区，各地来鄂考察者络绎不绝。

图4-1-9　晚清时期武昌城内新式学堂分布图

第二节　近代武昌城市空间形态演变
的第二阶段（1912—1926）

一、辛亥首义：城市公共空间的拓展

1911年10月10日，武昌首义打响了辛亥革命的第一枪，"专制颠覆，民国奠基"。它对于中国社会历史进程具有多面而深远的影响，改变了中国社会自秦汉以降宗法专制的社会形态，结束了长达2000余年的封建帝制，开启了民主共和宪政的新篇章[1]。从封建君主专制社会到共和民族国家的系列转变，也促成了武昌城市空间的变革，主要表现在一些新型开放性公共空间的建设，如城市广场、城市公园、城市道路以及纪念性公共建筑等，以多重方式物化了新政府的共和政治话语和纪念诉求。

首义的成功，首先促使了蛇山南麓咨议局以及阅马场空间性质的转变，并随之引起形态的变化。20世纪初叶，晚清政府推出"预备立宪"，主要省份均成立了咨议局。湖北省于1909年建造了湖北省咨议局大楼。1911年10月11日，取得武昌起义胜利的革命党人依托湖北省咨议局大楼建立了中华民国军政府鄂军都督府（图4-2-1），宣布脱离清王朝的封建统治，号召各省响应武昌起义。

图4-2-1　民国之门——湖北军政府大楼

（资料来源：武汉市档案馆）

鄂军都督府是中国历史上第一个资产阶级革命政权，在1912年1月孙中山先生领导的南京临时政府成立前，它一度代行了独立各省的中央政府职能，在中国历史上具有划时代的意义，被称为"民国之门"。与之相连的阅马场，原为清军练兵的校场，也是武科考试场所。在咨议局转变为鄂

---

[1] 冯天瑜. 辛亥革命在破立双方的开创性贡献 [J]. 武汉大学学报（社会科学版），2011（5）：5-9.

军都督府以及其后国民政府时期的国民党湖北省委党部后，阅马场成为市民参与政治集会的场所，各类城市公共活动在此举行，从封建社会专一用途的空间转变为城市公共广场空间，表达了新政府的共和政治话语。

其次，为纪念"首义"这一改变中国命运的重要历史事件，以及参与到这一事件过程中的"人"与"物"，通过新建、改建或更名等多重方式，建构了武昌城市纪念性公共空间体系。"纪念"是20世纪初经由日本传入的西方现代语汇，最初用于外事交往的私人语境。民初20余年开始在公共领域流行开来，包含着视觉上、心理上记录与念想的多重含义[1]。第一次世界大战之后，许多国家掀起了建设宏伟纪念建构的浪潮，成为民族国家自我表达的想象与象征[2]。正经历了由封建社会向共和社会转型的中国也不例外，有形的纪念性建（构）筑物在公共领域迅速普及。武昌作为辛亥"首义之城"，诸多领域留下了这一重要历史事件的见证。对于参与事件之中的"人、事、物"的纪念，成为城市公共领域构筑的重心。城市纪念性公共空间的发展，物化了新政府的共和话语以及民众的公共记忆，又进一步为以后中国诸多的历史事件提供了舞台背景和集会场所。目前，武昌确定与辛亥革命直接有关的历史遗址包括31处，其中有国家级文物保护单位1处、省级文物保护单位16处、未列入保护级别的14处，可以说，"辛亥首义"是武昌一张永远的"城市名片"（图4-2-2）。

123

图4-2-2　辛亥首义的城市纪念地图

［1］Lai Delin. Searching for a Modern Chinese Monument: The Design of the Sun Yat-sen Mausoleum in Nanjing [J]. Journal of the Society of Architectural Historians 61，No.1（2005）：22-55.

［2］Mosse G L. The Nationalization of the Masses: Political Symbolism and Mass Movement in Germany from the Napoleonic Wars through the Third Reich. Ithca [M]. N.Y: Cornell University Press，1975.

1911年10月10日晚，革命党人熊秉坤首先发难于湖北新军工程第八营。起义军率先占领楚望台军械库，建立临时指挥部，打开中和门，迎入驻城外的新军南湖炮队、马队，在中和门城楼和蛇山等处布置炮位，轰击清总督署。起义胜利后，中和门和楚望台被誉为"首义胜利"的开端（图4-2-3）。为纪念起义志士的历史功勋，1912年改"中和门"为"起义门"（图4-2-4）。1926年武昌大规模拆除城墙时，因"空间的纪念"，起义门得以保留，成为武昌城唯一保留的一座城门。

图4-2-3　辛亥首义中的楚望台

（资料来源：葛文凯. 今昔武昌城[G]. 武汉：武汉市武昌区档案局出版，2001：22）

1911年11月，湖北军政府在位于武昌城东南的原明楚昭王朱桢为岁时祭祀而建的皇殿遗址建设"辛亥首义烈士祠"（图4-2-5），祠内供奉彭楚藩、刘复基、杨洪胜三烈士遗像与诸烈士灵位，将与事件密切关联的、已故去的个体转化为物质性空间的长存，并通过一系列的祠祭礼仪的举行等进一步强化空间的纪念。

图4-2-4　起义门

（资料来源：武昌区档案馆）

图4-2-5　辛亥首义烈士祠

（资料来源：武昌区档案馆）

城市道路，作为城市公共空间的重要组成，通过冠名或更名等方式，也参与架构到城市纪念性公共空间体系之中。"首义路"、"彭刘杨路"、

"起义街"、"起义后街"、"烈士街"、"永胜街"等路名的使用，引导着民众的集体记忆，激发爱国主义和民族主义热情，充分表明了新政府试图通过"空间的纪念"以达到"唤醒"与"规训"民众的双重目的。

当然，首义对武昌城市物质空间影响最大的是作为近代城市最重要的公共空间——城市公园的出现。"公园"作为普通百姓可以前往游览、休憩的场所，这一概念是纯粹西方的、近代的。虽然古汉语中很早就出现了"公园"这一语汇，但它指的是古代官家花园，是供皇族或特权阶层娱乐的一片土地，与封建等级和特权紧密联系在一起，在很大程度上不同于西方作为公共空间的公园（Public Park）概念。西方的"公园"指的是人们都能去休闲和娱乐的地方，最本质的特点是公众性、平民性和开放性。在近代中国，由于西方的入侵，伴随着租界的建设，最早于19世纪60年代产生了公园的实体，"公园"的概念也随之传入中国[1]。

为"武昌首义"兴建纪念园的动议始于1912年，时任鄂军都督府参议官兼职船政总局的黄祯祥在辛亥革命周年纪念之际，先后向副总统黎元洪、大总统袁世凯呈请筹建"民国崇勋纪念园"。黄祯祥在呈文中满怀激情地盛赞辛亥革命的伟大功绩和革命先烈的献身精神，并援引了日本兴建"上野公园"以纪念日俄战争胜利之成例，提议修建"仿公园体例"的纪念园，"让民众游览，使他们有所观感而增进其公德之心、爱国之心"，"旌死即以励生，报功即以报国，从此民格日高，咸知在位、在野义务同肩，就会各竭智识、精神，共图建设，从而富强可期，民国巩固，又何让法国之共和、美国之合众专美于前？[2]"就当时的情形而言，以辟设公园来纪念辛亥首义的提议颇具开创性。武汉地区最早的公园建设是1875年汉口英租界的海关公园，但它并不对中国人开放。截至1912年，武汉三镇还没有由地方政府自建、供普通民众游览的公园，因此，黄祯祥提议的"民国崇勋纪念园"在武汉地区乃至中国，都是具有开创性的。

虽然这项提议因随后的政坛纷争而搁置。但在其影响之下，前湖北军政府顾问夏道南及诸"首义"同仁在"武昌首义"10周年之际（1921年10月），呈请督省两署备案，组立"武昌首义纪念事业筹备处"于都司巷。"武昌首义纪念事业筹备处"成立后的第一件事就是创办首义公园，"使游览者追怀民国发祥之地"。1924年，首义公园建成开放。公园内布置了一系列的纪念性建（构）筑物，包括纪念坊、纪念堂、纪念碑、纪念雕像等，既有对西方范型的借鉴，又有对传统中国式建筑类型的改造，体现出对现代与传统文化特征的双重追求，也丰富了城市公共空间的内涵与形态。首义公园的建设，揭示了新共和政府试图超越传统寻求新的纪念语言

125

---

[1] 吴薇. 近代中国城市公园建设解析——以武汉为例[J]. 广东技术师范学院学报（自然科学版），2010（1）：53-55.

[2] 严昌洪. 新发现的民国初年"首义文化区"设想[J]. 武汉文史资料，2003（10）：4-6.

的想法。以新式开放公共空间来纪念武昌首义，能使市民参与其中，与社会生活密切相联，从而使共时性集体体验与记忆成为可能[1]。同时，作为武汉地区最早的一座由政府辟设的城市公园，首义公园在城市公共生活中扮演了重要的角色，既是政治集会的场所，也是人们游赏娱乐的好去处，还是政府实行社会教化、促使民众"睁眼看世界"的窗口（图4-2-6）。

（a）1933年首义公园　　　　（b）首义公园大门　　　　（c）黄兴纪念铜像
　　　总平面

（d）纪念堂　　　　　　　（e）陈友谅墓与纪念牌坊

图4-2-6　首义公园内建筑与景观

[资料来源：（a）湖北省档案馆；（b）、（c）、（e）武昌区档案馆；（d）武汉市档案馆]

二、粤汉铁路：城市空间的北拓与车站新区的形成

现代交通对近代城市的发展具有至关重要的意义。现代化的交通方式使物质、人口、信息的流通更加频繁与快捷，同时在很大程度上决定了城市的兴衰，其中尤以铁路在近代城市发展中发挥的作用最为显著。在近代武昌城市发展的历程中相关联的铁路建设包括三条：向北的京汉铁路、向南的粤汉铁路与向西的川汉铁路，它们与向东的黄金水道——长江一起构成了武汉三镇十字形的交通网络。其中，又以粤汉铁路的建设于武昌至关重要，它的建成通车以及与京汉铁路的并轨，使武昌与汉口成为中国南北交通的枢纽，并且重新限定了武昌城市发展的边界，牵引着城市向北发展。

---

[1] 张天洁，李泽，孙媛. 纪念语境、共和话语与公共记忆——武昌首义公园刍议[J]. 新建筑，2011（5）：6-11.

（一）粤汉铁路的修筑

粤汉铁路的筹建是在"筑路救国"已成为朝野共识的背景下进行的。早在甲午战争之前，严重的边疆危机迫使清廷官方加紧修筑铁路的步伐以构建国防防务体系，甲午战败更引起官方对铁路兴建的迫切。而且，当时西方列强纷纷要求在华兴修铁路谋求控制和扩大其势力范围"。面对这种情况，中国朝野都有赶在列强之前兴建铁路干线以保路权的迫切感。在1889年带着监修卢汉铁路的旨意，来到湖北省城武昌的张之洞在1895年《致总署》中就提出了粤汉铁路之规划。1897年盛宣怀在深刻剖析了当时中国交通形势后也表明了修建粤汉铁路的迫切愿望："中国各海口，几尽为外国所占。江海之咽喉既塞，南北海道之气脉复梗，已成坐困之势。仅有内地，尚可南北往来。查汉口为各行省南北东西水陆之枢纽。若粤汉一线，再合英人造一路，直贯其中，……虽有卢汉一路，气促权轻，间隔于中，无从展布……恐从此中华不能自立。……惟有赶将粤汉一线，占定自办，尚是补救万一之法"[1]。随后，湘鄂粤三省绅商也向清政府呈交了《湘鄂粤三省绅商请开铁路禀》，提出集资兴办粤汉铁路。在地方官绅的一致努力推动下，清廷中央于1898年1月正式批准了自主兴修粤汉铁路的奏请。

筹建中的粤汉铁路连接中国内陆的经济中心汉口以及华南重镇广州，意图使富庶的长江流域和珠江流域的联系更加紧密；再通过与京汉铁路的联运，成为贯通南北的交通大动脉，使中国的政治中心与经济重地紧密相连。因此，这条干线的修建，无论对于政治、经济还是军事都将发挥重大影响。

对于路线的选取，初时张之洞提出 "以卢汉一路接至黄梅，在九江过江，后抵广东省城"，即由汉口经江西之九江而达广州，并不经过武昌与湖南。但由于鄂湘两省绅商的力争，提出铁路"经江西有6不利，经湖南有9利"等理由，最终说服张之洞于1898年提出"原议由粤至鄂拟绕道江西，道里较湖南为迂远，而形势利益亦迥殊"，不如"取道郴、永、衡、长，再由武昌以达汉口，则路较直捷"[2]。选线的变化，固然是因为地方绅商基于自身发展而力争的结果，但其中也许并不排除张之洞本人也意识到如果铁路经过武昌能更有利于省城的发展，且更有利于武汉三镇的整合与发展，这也更符合其督鄂伊始即有的三镇一体化发展的主张，因为选线变化后不久，1899年，张之洞就提出了要在武昌与汉阳间架设铁桥的计划以及以汉阳为起点的川汉铁路的规划[3]。如若历史能按张的主观意图发展，可能三镇早已结合成一个统一与有机的整体，武汉也早已成为全国铁路交通的枢纽。然而，由于当时大部分资金用于洋务工业的兴办以

[1] 盛宣怀.愚斋存稿（卷二）1931年刊[M].台北：文海出版社，1975：4.
[2] 苑书义，孙华泽，李秉新.张之洞全集·第一册[M].合肥：河北人民出版社，1997：663.
[3] 涂文学.武汉通史·中华民国卷（下）[M].武汉：武汉出版社，2006：72.

及新式教育的投入，建桥之议只能沦为空谈，连纸上的计划都没有就被搁置了。川汉铁路工程也因欧战爆发，德国借款的终止而最终中辍。张之洞以武汉三镇为中心建设全国铁路干线的梦想有清之季终未完成。

由于政治与经济局势的动荡，粤汉铁路的修筑迟迟不能开工展线。在1914年北洋政府委派了杰出的铁路专家詹天佑担任了铁路会办之后，粤汉铁路的修筑才进入到实际的工程阶段。詹天佑集中有限的财力，顶住诸多困难，与广大铁路员工以及中外工程师一起齐心协力，1917年2月，武昌至蒲圻通车。1918年9月又延至长沙，通车里程364千米，并很快与长沙株洲段、株洲萍乡段接轨。从此，湘、鄂、赣之间以铁路相系，货运、军运、客运十分繁忙，湖南的大米、安源的煤矿可以直输武汉三镇。在克服重重困难后，1936年武昌徐家棚至广州黄沙间1095.6千米全线通车。在经过全段整理之后，经过铁道部的统筹规划而纳入了全国铁路运输网，并于1937年完成与广九路接轨[1]。至此，由武昌乘火车，北可直抵京津，南可径达香港，成为事关国运的南北运输大动脉。

从倡议起到最终完成历时近40年，粤汉铁路的修筑反映了那个时代的动荡、苦难与希望（图4-2-7）。从最初的选线到中途的修建反映出各省各地方之间的激烈竞争，也昭示着时人已注意到现代铁路交通的引入对城市发展的影响。事实也的确如此，粤汉铁路的沟通，使南方数省一线相联，促进了沿线城市的近代化发展。对于武昌而言，粤汉铁路引领了城市向北发展并促使了车站新区的形成，不仅影响了城市空间形态的发展，也影响到了城市生活的各个方面。

图4-2-7　建设中的粤汉铁路

（资料来源：武汉市档案馆）

（二）徐家棚车站新区的发展

粤汉铁路在武昌城市先后设立了四个车站：城北郊的徐家棚车站、城东的宾阳门车站、城东南的通湘门车站以及城南的鲇鱼套车站。自从1918

---

[1] 武汉市武昌区地方志编纂委员会编.武昌区志（上）[M].武汉：武汉出版社，2008：332.

年武长段通车之后，围绕这些车站城市空间出现新的增长点，例如街巷的开辟以及居民点的形成等。其中，徐家棚车站因是粤汉铁路的终点站，京汉铁路与粤汉铁路跨过长江的水陆交通联运处，作为大量人流与货流的集中地区，发展格外迅速。民国3年（1914年），徐家棚车站建成。车站所在的区域原是武昌城北部荒郊，隔江与汉口租界相望，地势低洼，历史上常遭洪水淹没，自清末武青堤（由大堤口至青山）修筑后，始有徐姓筑棚定居，故有"徐家棚"之称。粤汉铁路通车之后，粤汉铁路总局和附属机构设此，过往旅客增多，这一带逐渐繁盛，成为店铺林立，商贸集中之地[1]。

首先是码头的建设。早在1905年粤汉铁路总公司成立之时，由于当时公司位于汉口日租界，工程处在德租界，为方便外籍工程师往来两岸，就在武昌徐家棚车站附近江边建有轮渡码头。粤汉铁路全线通车后，由于受长江之阻，不能与京汉铁路接轨，为沟通两路，1914年在徐家棚地区江边新建了3座火车轮渡过轨码头，以渡轮衔运车厢过江的方式接驳京汉铁路（图4-2-8）。原来用于工程人员往来的码头在1919年改为面向所有乘客的轮渡客运码头而使用，配备一条7.5吨的钢质渡轮来往于徐家棚和汉口德租界一码头。

码头的建设又带动了街巷的形成与发展。横堤一街和横堤二街，原为服务铁路建设而专修的车辆运输通道，车站建成之后，成为沟通车站与码头的主要道路。与之相平行的沟边街原是一条污水沟，一些无处栖身的贫民，在沟边搭棚落户，逐渐形成一条小巷，始称沟口。车站建成通车之后，人口集聚，带动了此地商业和服务业的发展，居民增多，房舍毗连，形成街道，改名为沟边街[2]。与沟边街相连的永清街也是一条因车站和码头的兴建发展而成的街道，在民初成街，因近轮渡码头，商铺云集，成为城北一条主要的商业街和交通要道。

129

图4-2-8　徐家棚江边火车轮渡码头遗址

[1] 徐建华.武昌史话[M].武汉：武汉出版社，2003：184.
[2] 武汉市地名委员会.武汉地名志[M].武汉：武汉出版社，1990：303.

铁路对于城市空间发展的影响，还表现在车站附近居民点的形成方面。晚清时期，因协助修建粤汉铁路的需要，由比利时的金达主持在徐家棚北部地区（今桥梁村附近）兴建了外籍工程师住宅区，主要包括4栋二层的西式楼房，四周遍植树木花草，被当地群众称之为"洋园"，1934—1935年间，张学良曾在此居留，当时称张公馆。由于"洋园"之称为群众惯用，形成了这一带的泛指地名[1]。铁路通车之后，粤汉铁路总局（图4-2-9）和附属机构由汉口租界迁移至徐家棚车站附近，集中修建了机车厂、材料厂以及粤汉里等职工住宅区，直接带动了此地的建设。合记里、诚善里、德安里、宏安里、生成里、茂年里等居民区相继建设，皆二、三层砖木楼房，排列整齐，形成里巷，居民稠密[2]。车站还促使产生了车站工人以及依靠车站谋生的码头工人，这些工人为数众多，形成大量的居住需求，因而围绕着车站与码头，自发形成了多个工人聚居点，居住形式以棚户为多。

图4-2-9　粤汉铁路徐家棚总局

（资料来源：武汉市档案馆.大武汉旧影[M].武汉：湖北人民出版社，1999：128）

总体而言，粤汉铁路的通车带动了徐家棚车站附近地区的发展，从以前一个人烟稀少的荒野郊区发展成为一个聚居人口达到两万的人员密集地区，形成城市空间结构中的新节点。铁路还牵引着城市空间的北拓，车站与老城区之间的空白地带被迅速填补，城市沿江带状扩展的形式愈加分明。

[1] 武汉市武昌区地方志编纂委员会.武昌区志（上、下）[M].武汉：武汉出版社，2008：32.
[2] 武汉市地名委员会.武汉地名志[M].武汉：武汉出版社，1990：330-336.

第三节 近代武昌城市空间形态演变
的第三阶段（1927—1937）

一、城墙拆除：近代城市开放空间形态的形成

中国古代的城市大都围绕着城墙。"对中国人的城市观念来说，城墙一直极为重要，以致城市和城墙的传统用词是合一的，'城'这个汉字既代表城市，又代表城垣。在帝制时代，中国绝大部分城市人口集中在有城墙的城市中，无城墙型的城市至少在某种意义上不算正统的城市"[1]。

对于古代武昌而言，城市空间形态的主要特征，就是高大的城墙限定了城市的边界，形成不规则的长方形城池。城墙不仅体现了封建政治统治秩序，而且兼具军事防御以及防洪的作用。作为城楼之一的黄鹤楼，因其位于蛇山之巅，俯瞰长江，形态高崇，成为武昌城市形态的标志。由于城墙防御性功能的需求，往往高于城内大部分建筑物，使得城市空间无论在水平面还是垂直面上，都呈现出封闭的形态特征（图4-3-1）。1926年，在北伐军攻占武昌城后，城墙被拆除，成为武昌城市发展过程中的一个重要的历史事件，同时，对于城市形态的发展而言，也是一个由封闭走向开放的结构性的突变，自此形成了近代城市开放空间形态。

图4-3-1 古代武昌城高大的城墙及城楼

（资料来源：武昌区档案馆）

（一）城墙拆除的历史背景

城墙的修建、改造与拆除都是特定历史环境下的产物。如果历史回溯至1900年八国联军攻陷后的天津城，可以看到，按照西方市政管理机制新设的都统衙门基于彻底铲除中国人的防卫考虑，在两年间的时间里拆毁了

---

[1] 章生道. 城治的形态与结构研究. 施坚雅主编，叶光庭，等译. 中华帝国晚期的城市[M]. 北京：中华书局，2000：84.

天津的城墙，并在此基础之上修建了环城马路。这是在双方实力较量悬殊的情况之下，在不容中国人反抗的情况下西方人以武力铲除了城墙——当时的西方人或许并未意识到，这为不久之后中国城市的改造提供了一个范例。

1907年的汉口，由于张公堤的修筑，失去防洪功能的城墙，成为城市交通的阻碍，张之洞遂决定拆除城墙改建马路，开启了近代中国自主拆除城墙的先河，成为众多城市效仿的对象。

"如果说传统中国城市是以四面环绕的城墙定义的话，那么近代城市则是以拆毁城墙为开端的"[1]。在1912—1932年间，中国城市掀起了一个拆除城墙的高潮（表4-3-1）上海、广州、杭州等城市相继拆毁了城墙，然后，往往是在城墙拆除之后的基址上修筑了环城马路。如果说，马路带来好处的经验可以在租界获得，那么，拆除城墙——相沿千年的传统城市的象征，又是如何成为一种普遍的共识呢？

近代部分拆除城墙城市一览表　　　　　表4-3-1

城市名称	天津	汉口	上海	成都	南京	南宁	广州	福州	南通	昆明
城墙拆除时间	1901	1907	1912	1912	1915	1916	1919	1919	1921	1922

城市名称	宁波	长沙	岳阳	厦门	武昌	重庆	汉阳	沈阳	开封	桂林
城墙拆除时间	1923	1923	1924	1925	1926	1927	1928	1929	1931	1932

（资料来源：根据相关资料整理）

1911年辛亥革命之后，中国告别了相沿千年的封建帝制，进入到一个全新的时代。新文化运动、五四运动先后登上历史的舞台，接受西方教育与影响的知识分子如胡适、蔡元培等号召"创造性地采用外国的观念与体制，以处理中国的局势"，希冀"创造完全现代但与众不同的新中国来拯救民族"[2]。在这样的时代背景下，社会各阶层逐渐开始以现代西方的标准，重新审视社会生活的各个层面，包括政治、经济、文化以及物质空间环境，作为封建统治秩序承载物的城墙进入到城市精英阶层的视野。冷兵器时代的终结，使得作为军事防御设施的城墙的重要性大为降低，而城市经济的发展和城市规模的扩大，又使得城墙成为城市交通发展的阻碍。从意识形态方面来看，城墙也不再是市民对于城市认同意识的体现，反而成为旧时代的标志。高大、坚固的城墙，被当作封闭与落后的象征，成为横亘在"愚昧"和"文明"之间的障碍，似乎只有"拆除"一途才能

[1] （美）周锡瑞. 华北城市的近代化——对近年来国外研究的思考[A]. 天津社会科学院历史研究所/天津科学研究会编：城市史21辑[C]. 天津：天津社会科学院出版社，2002：2.

[2] （美）徐中约. 中国近代史：1600-2000，中国的奋斗（第六版）[M]. 北京：兴界图书出版公司，2008：408.

使城市迈向"文明"与"现代"。1915年由内务总长兼市政督办的朱启钤主持的"修改京师前三门城垣工程"，虽然远小于其他城市的拆城规模，但对于北京皇城的改造无疑意义深远，为其他城市拆墙筑路提供了无可辩驳的道义上的支持。对此，研究北京城的瑞典汉学家奥斯伍尔德·喜仁龙（Osvald Siren，1879—1966）这样评价："十分重要，意义深远的使北京正中大门现代化的设计"[1]。当时的报纸也认为：改造工程"满足了首都近代化发展的需要"[2]。于是，拆城墙与筑马路，这两样事物代表着对传统的舍去和对现代文明的追求，在相当程度上成为一种现代化的表现[3]。

（二）城墙拆除的历史过程与影响

武昌城墙自明初洪武年间定型以来，虽经历过几次大的维修，但城门形制与城墙范围都没有变化。直至1906年，由于粤汉铁路的修筑，张之洞在武昌城九门的基础上增辟一门，名通湘门，便利交通，促进工程。1912年后，近代民族工业的发展，导致城市人口迅速增加，城市规模不断向外扩张，城墙所界定的传统意义上的城内与城外空间逐渐模糊，一个更大更广的武昌城区亟待形成，拆除城墙的呼声日益高涨。1919年，湖北省议员陈士英倡议，萧树仁、何炬新、吴兆廷等62人附议，向省政府提出拆城修路以推广商业、发展经济的建议，并列举了拆城的五大好处：拆城修路之利；开山填湖之利；繁荣商业之利；预备善后之利；维持票本之利。不拆城的五害：一是阻碍交通；二是检查繁琐，人民进出不便；三是内外隔阂，有碍治安；四是空气闭塞，容易发生瘟疫；五是影响城中商业[4]。然而由于拆城工程浩大，加之民初政局动荡等原因，多数议员并不赞同拆城之议。政府当局反复研究未果，拆城建议就被搁置下来。

1926年8月，国民革命军北伐，在取得贺胜桥的胜利之后，兵临武昌城下。然而由于武昌城坚壕深，城内蛇山逶迤，居高俯瞰全城，易守难攻，北伐军多次攻城，损失惨重，终无所获。9月14日，国民革命军总司令蒋介石下达了围城封锁之令。围城初期，居民无米购食，但尚有熟食可买；围城中期，全城再无食物可觅。经武昌商会与汉口商会联合中外慈善机构斡旋后，城内守军应承从10月3日起开放文昌门，让难民出城觅食。"每日开城2小时，出城者争先恐后，拥挤不堪，践踏倒毙者数不胜数"[5]。10月10日，饥饿难耐、毫无希望的守备部队打开了保安门、武昌居民打开了起义门，历时40余天的武昌围城之役始得结束。目睹攻城艰

　［1］（瑞典）奥斯伍尔德·喜仁龙，许永全译. 北京的城墙和城门[M]. 北京：燕山出版社，1985：147-149.
　［2］史明正. 走向近代化的北京城[M]. 北京：北京大学出版社，1995：89.
　［3］杨宇振. 区域格局中的近代中国城市空间结构转型初探——以长江上游和重庆城市为参照[A]. 张复合主编. 近代中国建筑研究与保护（五）[C]. 北京：清华大学出版社，2006：279.
　［4］徐建华. 武昌史话[M]. 武汉：武汉出版社，2003：181.
　［5］涂文学. 武汉通史·中华民国卷（上）[M]. 武汉：武汉出版社，2006：128.

难、人民生灵涂炭惨状的郭沫若等人，再次提出拆除"封建堡垒"——武昌城墙的议案，获得深受围城之痛的北伐军高层支持。于是，新组建的武汉国民政府很快作出了拆除武昌城墙的决定，任命万声扬为拆城委员会主任，并设置武昌城拆城办事处。拆城的进展随着时局的变化时断时续，直至1929年，城墙拆除工程才告完成，护城河也被填平，仅剩下起义门因纪念武昌起义而被保留。

拆除城墙，作为近代城市发展中的一个重要历史事件，在一定程度上体现出对于近代文明的追求，虽然仅是漫长且复杂的历史过程中的一瞬间，却提供了一个了解城市追求近代化过程中差异的窗口。从武昌拆除城墙的过程来看，虽然其拆除城墙的想法由来已久，但真正实施却比较晚，不仅远远落后于隔江而望的汉口，而且也不及地处内陆的成都，反映出地区的惰性依然十分强大。当然，在武汉地区，它依然还是走在了汉阳的前面，后者紧跟武昌的步伐于1928年开始着手拆除城墙。在与其他城市横向比较中，富有意味的是武昌与广州的城墙拆除过程中的某种相似性。广州拆城的议案开始于1911年，时任广东大都督的胡汉民急于对革命根据地推广各种新政，由时任工务局长，毕业于芝加哥大学的程天斗提出了城市改造计划，拆除城墙成为城市近代化的第一目标。但由于各方面的阻力，一直到1919年成立市政公所，由警察厅以军政府力量排除反对势力才得以实施[1]。1926年，全国革命的核心由广州转移至武汉，同样是由革命政权的主导，武昌的城墙始得拆除。与广州一样，拆除城墙的目的都是为了"铲除旧的抵抗，迎接新文明的到来"。围城之役是城墙拆除的一个绝好的历史契机，新兴的南方政权利用了它，以解除城墙的城市防卫功能之"表"及于"现代化的追求"之"里"。

城墙拆除对于武昌城市发展而言具有深远的影响（图4-3-2）。一方面，城市在突破了城墙的限制后，城市空间形成了自内向外的发展趋势，并不断向城墙外部的空间拓展。沿江工厂的建设以及粤汉铁路的修筑使得城墙外的郊区逐步得到开发，促使城市空间形态形成由封闭走向开放的一个结构性突变，加速了城市的近代化与城市化进程。另一方面，城墙拆除之后，武昌市政部门提出了兴建由汉阳门起的沿江马路和由望山门街至鲇鱼套、从阅马场出大东门至洪山、由武胜门街至徐家棚车站等多条马路的新建、改建和扩建计划。为此，还专门成立了武昌市开辟马路委员会。武昌路、胭脂路、长街、熊廷弼路和环城马路等项目相继得以实施，基本奠定了近代城市道路交通系统的格局。同时，城区进出口和近郊公路修建工程也开始进行，满足了城市空间拓展的需要。1926—1929年，武昌至金口

[1] 黄俊铭. 清末留学生与广州城市建设（1911-1922）[A]. 汪坦，张复合主编. 第四次中国近代建筑史研究讨论论文集[C]. 北京：清华大学出版社，2004：183-187.

公路建成通车；1927年武昌至豹子澥公路通车；1930—1936年，武昌至郑家店、油坊岭、东湖、全家源（通江西）、界上（通湖南）等6条郊区公路建成；1927—1934年，还修建了武昌至咸宁、武昌至大冶等城区的进出口公路。这些城区进出口道路的修建，带动了城市空间的拓展，使得武昌城区北面向长江下游拓展；东部向洪山一带延伸；南部向铁路沿线推进，扩大了城区范围。

（a）城墙拆除之前

（b）城墙拆除之后

图4-3-2　城墙拆除前后的汉阳门沿江一带

（资料来源：武汉市档案馆）

二、统一建市：现代城市空间的构想

大体与拆除城墙同时进行的，是武汉三镇的"统一"。1927年4月，武汉三镇合并，设武汉市。1929年4月，改武汉市为武汉特别市。它改变了之前三镇因分治而行政管理混乱的状况。新的市政府引入了西方市政管理模式，以期合理与有效地管理人力、物质和服务。在新的体制下，行政权力集中在市长以及市政委员会手中。市政委员会由7个局级部门组成，分别是：财务局、公安局、社会局、土地局、工务局、卫生局与教育局。这些新机构的责任范围囊括了从公用事业到教育等方面，可以说监管了与城市生活息息相关的各个领域。在建立新的市政管理体制的同时，武汉也迎来了一批具有近代意识和科技知识的新官员，由市长刘文岛至各部门负责人，无一例外受过新式大学的专业技术培训，相当比例曾留学海外。这些技术专家亲身体验了欧美现代城市的建设成就，坚信管理有序的城市是国家强盛的关键，因此，引进欧美城市规划的理念与实践，以全面规划来指导城市的总体发展成为市政府的主要任务。

1929年，市长刘文岛亲任市政管理组组长，由工务局长董休甲直接主持制定了庞大的《武汉特别市工务计划大纲》。1929年4月，在国民政府确定武汉为特别市，又由市政府总工程师张斐然撰写了《武汉特别市之设计方针》。

1929年7月，由于国民党内部纷争，武汉三镇复归到分治状态。但这并没有停止国民政府对于构建现代城市空间的步伐。武昌划归为湖北省省会区，组建了武昌市政工程处，1930年改组为湖北省工程处，由工程处主任汤震龙署名编撰了《武昌市政工程全部具体计划书》。1935年，湖北省会工程处主任方刚提出《湖北省会市政建设计划纲要》，"为本省会树立百年大计而作实施建设的指南针"。

四个规划都是借鉴西方，特别是美国模式，诉诸规划手段来整理城市的混乱与落后，意欲建构有序、高效、健康的现代城市空间来带动城市社会的全面发展。虽然由于种种原因，计划未能完全实现，但民国中期的一些市政建设，大体遵循规划进行，对城市空间形态的演变产生了重大影响。其主要内容如下（表4-3-2）：

1927—1937年武汉、武昌现代城市空间构想成果一览表 表4-3-2

构想成果	时间	部门机构	编撰者	主要内容
《武汉特别市工务计划大纲》	1929	武汉市政府工务局	董休甲	武汉市区四界、分区计划、水陆交通计划、公共建筑物、公用事业工程计划及工务行政计划实施程序等
《武汉特别市之设计方针》	1929	武汉特别市政府	张斐然	市区界限、人口规模、用地分区、公园系统、交通系统等规划及基本调查、测量与工程费用筹集
《武昌市政工程全部具体计划书》	1930	湖北省工程处	汤震龙	武昌市区范围、用地分区、道路系统规划、公共建筑分布、市政公共设施计划及工程实施程序等
《湖北省会市政建设计划纲要》	1935	湖北省会工程处	方刚	省会区域、人口估计、城市职能与分区、河港计划、市街设计、水电建设、最先应办之工程等

（资料来源：根据相关资料整理）

（一）城市定位与市区界限

早在1918年，孙中山在其所著的《建国方略》之《实业计划》中首次提出了"联络武昌、汉阳、汉口三城为一市"，名"武汉"[①]。在实业计划"建设内河商埠"中，他将武汉城市定位为："实吾人沟通大洋计划之顶水点；中国本部铁路系统之中心；中国最重要之商业中心；中国中部、西部之贸易中心；内地交通唯一之港。"他认为武汉"确为世界最大都市中之一矣，所以为武汉将来立计划，必须定一规模，略如纽约、

[①] 《实业计划》第二计划第三部之建设内河商埠"已武汉"载：武汉者，指武昌、汉阳、汉口三市而言。

伦敦之大"，并推测武汉在工业化之后，总人口可能增至400万乃至500万人。这些对于武汉未来城市的定位以及城市规模的设想，成为1927年武汉建市之后一系列城市规划的指导思想。在1929年的《武汉特别市工务计划大纲》与《武汉特别市之设计方针》中"以三镇原来的天然界线，并预计今后60年全市人口增长所需面积为原则"明确划定了统一的武汉城市之四界：东至武昌的武丰闸、平湖门，南至汤逊湖、中矶及汉阳的老关，西至汉口的舵落口及汉阳的琴断口、太子湖，北至汉口岱家山、张公堤。南北最长约24千米，东西最宽约22千米，全市面积401.76平方千米（图4-3-3）。

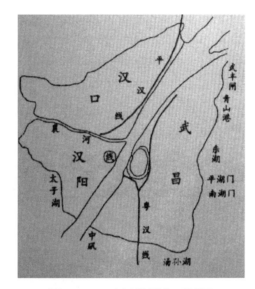

图4-3-3　武汉特别市区域图

（资料来源：武汉市城市规划管理局.武汉市城市规划志[M].武汉：武汉出版社，1999：41）

1930年的《武昌市政工程全部具体计划书》依据天然水陆形势，确定了武昌市区的界限：自青山起，经郭郑湖、东湖达东湖门、南湖门，绕狮子山过汤逊湖、小黄家湖达中矶，再沿江直下经白沙洲、徐家棚抵青山港口。与1929年所划定的武汉市长江以南的区域大体相同，只是1929年武汉市"将青山港北洋桥南洲的一角划在界限以外，不便管理，故予以改变，仍划入市区范围之内。"1935年，《湖北省会市政建设计划纲要》中对省会区域的划定也基本沿袭此界。按照此界，武昌市区的面积约160平方千米，约占武汉市区总面积的40%。

（二）城市功能分区

所谓"分区"，简而言之，就是在城市环境中的依据功能分离开不同社会活动与建筑形式。20世纪初刚在美国发展成为城市规划思想的新工具，被誉为美国规划师的一项重要创新，认为此举发现了政府执法权力新的和潜在的用途[1]。

1910年代末，当董休甲、汤震龙等人在美求学时，分区的理念在美国城市蓬勃发展，他们因而坚信了分区为最重要的措施，以保证土地有效利用，使城市有序并持续增长。1929年，在"原有事实、今后趋势、交通关系、地形关系、风向关系、经济关系"的依据原则下，制定了三镇一体的土地使用分区规划（图4-3-4）：工业区以长江下游之汉口、武昌两地及临襄河之汉口西南部为主，商业则以汉口之特区、旧市区、汉阳以及武昌之临江区域为主，工人住宅区位于汉口罐子湖以北以及武昌下马庙一带，商人住宅区位于武昌城内、汉阳城及洪山、狮子山一带。此外，专设行政区于汉口循礼门车站、万松园一带以及武昌博文书院附近，大学区则位于武昌商业区与住宅区之间的洪山附近一线。

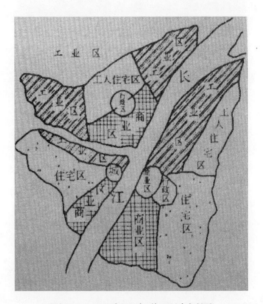

图4-3-4　武汉市分区计划图

（资料来源：武汉市城市规划管理局. 武汉市城市规划志[M]. 武汉：武汉出版社，1999：35）

三镇分治后，1930年的《武昌市政工程全部具体计划书》对分区作出了局部调整（图4-3-5）：商业区位于旧城内；工业区呈带状沿江以及粤汉铁路线延展；居住区大体平行于工业区向东偏移，行政中心选址于洪山，约在武昌新都会区的中心位置；教育区位于行政中心的东面，东湖与南湖之间；南湖南岸则为军事区。

[1] Katharine Kia Tehranian. Modernity, Space and Power: the American City in Discourse and Practice [M]. Cresskill. NJ: Hampton Press, 1995: 122-12.

　　结合当时的分区计划图，可发现其用地分区多为沿江方向成带状分布；商业和工业区一般布置在水陆交通便利的沿江沿河两岸或铁路两侧，且工业区选址对现状、交通、给水排水、烟尘排放、噪声干扰等方面进行了综合考虑。小工商业区则常常被作为工业区与住宅区的分隔与联系地带；住宅与教育区布置在环境幽秀之处。有意思的是，行政中心区的设置基于现实交通条件的限制，在长江南北两岸的汉口、武昌分置了两个行政区，且考虑到将来的发展，迁出旧城区，置于城市用地的几何中心。而原本人口密集的旧城区则被留作商业发展。

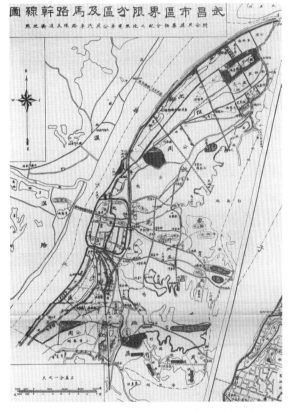

图4-3-5　武昌市区界限与分区计划图

（资料来源：武汉历史地图集编纂委员会.武汉历史地图集[M].北京：中国地图出版社，1998）

（三）城市道路交通计划

　　分区计划之外，规划还提出了城市道路交通系统设想，主要集中在三个方面：

　　一，关于三镇之间的联系。鉴于"三镇因江河阻隔，人车来往和货物运输都不便利"，规划建议修建跨江大桥或隧道以使三镇联系紧密，"不复有渡江之苦"。首先建议修建武昌汉阳大铁桥，其次在财政大有增加时于汉口日租界至武昌徐家棚之间增修长江水下隧道。至于汉口与汉阳之间的交通，则在襄河下游分筑钢筋混凝土桥数座。

二，关于火车站的设置。《武汉特别市之设计方针》预见性地指出平汉铁路终点站通过汉口市区中心，殊为危险，应迁移至离市中心稍远又不碍水陆联运的地方。火车站的设置，从水陆运输的联系、各区市民的交通以及将来人口的增加和产业的发达等方面考虑，在汉口设东站（平汉铁路）、西站（川汉铁路）、武昌设南站（粤汉铁路）、北站（苏汉铁路）等四站（图4-3-6）。

三，关于城市内部道路建设。在市内道路交通方面，设想按照总用地面积的20%～40%来建设城市街道和交通系统，并指出"三镇各有其地形条件及已建和未来情况，各地街道的干支系统，应略有区别"。1930年的《武昌市政工程全部具体计划书》按照武昌的天然形势及旧有街道情况研究，指出"旧有街道已成格子形，新辟区域的街道沿江上下或东西横贯亦可成格子形，再加数条斜街道，街道即可称便利"。在此基础之上，规划了城市道路干线31条，基本采用东西南北横直相交的形势，局部考虑天然地势采用斜线相交形式，由此形成了武昌城市方斜混合式交通系统，并区分了道路等级。同时，配合城墙的拆除，计划书提出了环城马路计划。

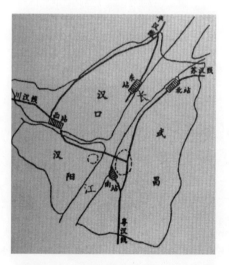

图4-3-6　武汉特别市铁道车站图

（资料来源：武汉市城市规划管理局．武汉市城市规划志[M]．武汉：武汉出版社，1999：44）

（四）城市公园系统计划

由于当时的武汉市政府已经充分认识到城市公园的必要性，因此，规划提出按人均不少于9平方米的最低标准，在全市均衡布置公园系统（图4-3-7）。汉口方面以江畔、张公堤、赛湖、后湖、跑马场、中山公园以及原有林园自然山林组成，并以45公尺以上大路加以联络，使自成系统；武昌方面，以沿江和各湖山名胜等风景胜地作为一系；汉阳则以城内湖泊以及其他山寺作为一系。大公园之外，还需酌设旷场，"种以树木、铺以草皮以及凉亭桌椅等"，以保证大多数居民的日常娱乐和休息。同时，规划还对大小公园及旷场的面积与距离分配进行了详细研究，提出250000平方米以上的大公园其间隔距离约为5千米，36000～24000平方米的小公园其间隔距离约为1.5千米，30000平方米以下的小旷场其间隔距离约为0.5～1千米左右。

图4-3-7 武汉特别市公园系统图

（资料来源：武汉市城市规划管理局. 武汉市城市规划志[M]. 武汉：武汉出版社，1999：43）

当时汉口的《市政公报》曾经刊登过一篇美国人布洛克（Clarence L Brock）的文章，详细论述了20世纪初美国城市公园系统的发展与价值。在文中，指出"为了满足本地居民的各种需求，大的公园需要有其他类型的小公园来补充，并介绍了"人均绿地面积"这一指标来确定合理的公园数量[1]。武汉市政府的公园系统计划很明显地借鉴了这种美国模式，同时也考虑了城市的地形地貌特征，大多利用城市自然山水而形成公园。

纵观这些规划尝试，它们体现了新政府关于构筑现代城市空间的综合与国际视野。不同于19世纪末汉口租界的建设，这些规划理念不再是被动的输入，而是主动地实践。这些尝试也有别于晚清张之洞督鄂时期简单而直觉地设置三镇城市的职能，其主导力量由"通才式"、"以万能的上古经典治国"的封建官僚转变为留学归国的新型技术专家。他们通过习得的

---

[1] 转引自张天洁，李泽. 重塑武汉：1927—1937年间的城市规划尝试述略[J]. 建筑学报，2011：80-84.

市政建设理念来剖析租界的问题，指出"英法租界之贸易区内，常有学校与工厂，随便建筑，毫无秩序，其妨碍公共卫生与安宁，是绝非可以效仿者"[1]。他们具备现代意识与市政专业知识，知晓甚至亲身感受了欧美市政改革的成果，对城市与城市化有着更为深入的理解，并自觉地从整个世界城市发展的趋势来思考中国城市的发展。

探究这些规划理念的出发点，并非如封建时代对于形制、等级、秩序等的关注，而主要是经济方面的考虑。在武昌古城的空间规划中，官署衙门占据着城市的中心区域，重要官员占据行政区域周围的居住区，城市低下阶层则位于远离城市中心的偏远地区或城墙之外，集贸市场位于城墙之外的沿江开阔地带，体现了分明的空间等级体系。但在现代城市空间的构想中，政府行政区被迁出旧城区，而原本人口密集的旧城区则被留作商业发展。沿江、沿河和铁路周边地带也因水陆交通的便利划为工业或商业用地；道路体系与公园系统等专项规划也是以增进流通、提高效率为目的。在全市400平方千米的用地中，约90平方千米被水面覆盖，余下310平方千米为可建设用地，其中商业用地约130平方千米，占40%有余。孙中山在《实业计划》中预见武汉将成为"中国最重要之商业中心"，武汉的技术专家遵从了这一设想，着力巩固与扩大武汉的商业优势。这些置经济职能与效率为首位的措施在一定程度上表征了武汉城市的新秩序，并对武汉的工商业布局产生了长期的影响，在某些方面成为1949年解放后规划基础概念的一部分。

第四节　近代武昌城市空间形态演变的第四阶段（1938—1949）

一、武昌沦陷：城市空间秩序的重新划分

1937年7月7日，日本发动了侵华战争。在经历了轰轰烈烈的"保卫大武汉"、"武汉大会战"后，1938年10月，武汉沦陷。自此，武昌进入日军长达7年的殖民统治。日据时期，日军根据军事攻防与统治的需要，对城市空间秩序重新划分，打破了城市形态原有的发展脉络，使得城市空间呈现出一些特殊的战时景象。

（一）空袭与内迁对城市的影响

1937年12月南京沦陷后，日本开始建立对华长期战争体制，致力于消耗中国的抗战实力，将破坏武汉地区这个中国抗战中心的经济作为重要的

---

[1] 董休甲. 市政新论[M]. 上海：商务印书馆，1928：143.

战略目标。1938年1月4日，日军飞机首次空袭武汉，此后更是频频轰炸，给城市建筑带来极大的破坏。1937年9月17日，武昌张江陵路、解放路、新桥头、胭脂坪一带，投下炸弹80余枚，毁民房500余栋，大片区域夷为废墟。受损最厉害的是城北徐家棚地区。作为粤汉铁路与京汉铁路的水陆联络枢纽地区，在1937—1938年间，先后被炸毁民房2000余栋，包括徐家棚车站（图4-4-1）。德安里、宏安里、生成里、诚善里、三德里、敬生巷、三星观、公泰里、公兴里、合记里、茂年里等居民密集之地全部炸毁[1]。

图4-4-1　日机轰炸下的徐家棚火车站

（资料来源：葛文凯. 今昔武昌城[G]. 武汉：武汉市武昌区档案局出版，2001：38）

　　面对日机频频轰炸以及战火逼近，为避免工厂等的破坏，于1938年6月开始进行拆迁工厂。至武汉沦陷的4个月内，湖北官纱局、湖北官布局、白沙洲造纸厂、船务处修船厂和裕华纱厂、震寰纱厂等官营、民营的一批重要工厂，从武昌分别迁往四川、湖南、陕西等地。工厂内迁的同时，武昌的大中学校以及其他文化机构等也实施内迁。武汉大学迁往四川乐山，中华大学迁往宜昌，华中大学迁往桂林，省立第一中学迁广西，其他中学则组织了联合中学以及省图书馆等随省政府迁往鄂西恩施地区。

　　（二）日伪统治下的武昌城

　　1938年10月24日，国民政府下令放弃武汉。26日，日军从葛店方向和汉阳门、大堤口码头登陆，占领武昌。出于军事防御与殖民统治需要，日军在武昌建立了较为完善的殖民统治机构，先后成立了伪武昌治安维持会、伪武汉特别市政府之武昌办公处以及伪湖北省政府之武昌市政处。不仅城市社会机制发生变更，城市空间秩序也随之发生变化（图4-4-2）。日军占领武昌城后，将城区划分为难民区、日华区、轮渡区与军事区。

---

[1] 武汉市人民检查署调查日寇在武汉罪行的专报 1952-09-15.

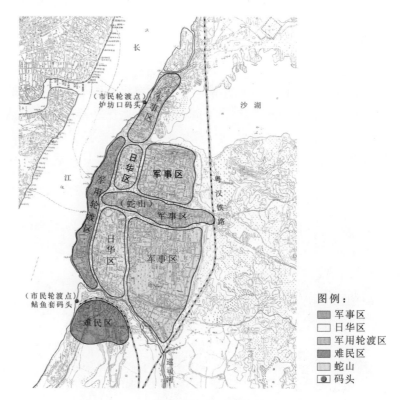

图4-4-2　日据时期城市空间秩序划分示意图

难民区：巡司河以南白沙洲八铺街、陆家街、马子湖、万佛林、炭角厂以及堤东街各地划为"难民区"，并在八铺街驻有宪兵队。未及时撤退的武昌市民，均在此地段居住。难民区"街巷首尾两端立木栅，定时开放。每日上午九时开，下午三时即刻封闭"。周围宪兵密布，俨然如同军事监狱。

日华区：一，自江边循胡林翼路至中山路，上至平阅路，下至积玉桥；二，以中正路为中心，由花堤街至大朝街，由中正桥至胡林翼路。随日军进城的日商强占中国商户之财产经营的商店皆位于此。

轮渡区：沦陷之初，三镇轮渡停航。汉阳门码头被列为军用码头，市民一律不准过渡。1939年伪武汉市政府成立后，才开设了武昌—汉口以及武昌—汉阳的两条航线，指定鲇鱼套之玻璃厂处址为由武昌渡汉口、汉阳之轮渡码头，后又指定武昌之炉坊口原一纱厂的专用码头为市民轮渡码头，开往汉口六码头。

军事区：凡以上区域之外均为军事区。日军军事机关以及驻军长官均在此区内，市民不得进入。

事实上，为了"以战养战"的需要，无论军事区内外，日伪都是不择手段、随意侵占，使得城市设施损毁严重。1938—1944年间，武昌宪兵分队陆续将武珞路一带民房拆去2000余栋、水陆街民房500栋，致使大量城市平民流离失所。徐家棚一带，日军"平柳"部队占领后，派4辆汽车，系上钢丝绳，将房柱栓上，然后拉倒，将木料、砖瓦运走，共毁民房809栋[1]。城市一些大的建筑均被改作军用。例如，大朝街原湖北造币厂改为兵工修理厂；城北下新河的裕华纱厂被改作军用物质总仓库，两湖书院以及武胜门外之湖北毡呢厂等大建筑数处为分仓库；就连联络武昌蛇山南、北的武昌洞也被日军封锁起来，改作军火库，致使武昌城南北联系中断。战前城内的各类教育建筑，此时大都转变为军事用途。例如武汉大学被日军野战军医院占据，教室、宿舍等24栋建筑被拆或毁。一些私家花园、城市公园等也被日军侵占。始建于1917年的琴园，建筑物全被摧毁。位于蛇山的首义公园在沦陷后，亭池夷为平地，中山纪念堂也被拆毁。

城市设施的建设上也是服务于军事需求。为加强所谓的"空中优势"，日军扩修了南湖机场。1943年8月，日军为加强平汉、粤汉两路之间的联系，在徐家棚车站附近修建了军用机场。同时，为进一步加强殖民统治，日伪大肆推行奴化教育。仅1939年一年，就在武昌开办了公立小学10所。1941年，伪湖北教育厅成立，在武昌粮道街开办了省立第一中学、武昌高级中学、武昌第一师范学校等，强迫学生学习日文以及日本文化。为推行毒化政策，城内还遍设烟毒场所，包括土膏店一家、售吸所50家[2]。

总体而言，日伪统治时期，武昌城市社会机制、空间结构在经过一系列变更后，充满了殖民统治色彩，并影响到这一时期城市空间形态的发展。城市空间的发展脱离了沿江发展轴，而屈服于战争时期的军事需要。战前最繁华的商业街——长街与司门口地区，因划为军事区，人去楼空，毫无商业可言。沿江集中的工业地带也因大量工厂的内迁以及日军的空袭而满目疮痍，为数寥寥的工厂与较大的建筑都被占用以生产战争用品或作为军用物质仓库。而八铺街一带因为划为难民区，设有市场和贩卖部，反而逐渐发展起来，集中有各种店铺几十家，比较大的有源利、源盛、同光和等，成为城市新的商业点。

二、战后重建：大武汉区域的美好愿景

抗日战争末期，胜利在望，国民政府在各大城市开始积极筹备战后重建工作。武汉作为当时全国政治、经济、文化的枢纽，城市的规划与建设被政府列为重点。1943年鄂西会战之后，时任湖北省政府主席陈诚组织专家研讨武汉战后重建事宜，几经酝酿，于民国33年（1944年）元月由湖北省政府编印了《大武汉市建设计划草案》，首次提出了规划意义上的"大

---

[1] 皮明庥. 近代武汉城市史[M]. 北京：中国社会科学出版社，1993：501.
[2] 武汉档案馆. 武昌市抗战史料汇编[G]. 藏于武汉市档案馆.

武汉"（图4-4-3）：东至白虎山起，通过左家岭、神塘湖西岸，沿五里界、纸坊、金口，渡江至大军山，经黄陵矶、大集场抵蔡甸；渡襄河过西湖，经巨龙岗、白水湖达横店、武湖底仓子埠，向南过龙口渡江达南岸之白虎山。由东至西，由南至北，均长60千米，面积约3600平方千米。将此与1929年《武汉特别市之设计方针》中划定的武汉城市范围"南北最长约24千米，东西最宽约22千米，全市面积401.76平方千米"相比较，可见此范围涵盖相当庞大，确为武汉奠定了大都市的框架与雏形。

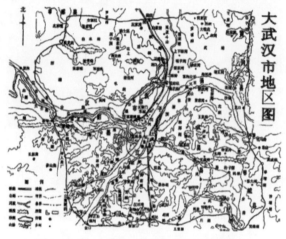

图4-4-3　大武汉市地区图（1944年）

（资料来源：吴之凌，胡忆东，汪勰，等.百年武汉：规划图记[M].北京：中国建筑工业出版社，2009：61）

1945年7月，省政府又邀请各方专家成立"湖北省政府设计考核委员会市政小组"，以当时全国城市规划理论权威朱皆平为固定召集人，主持研讨大武汉建设事宜，并于《新湖北日报》上发表了《大武汉建设规划之轮廓》。同年11月，省政府公布《武汉区域规划委员会组织规程》，设立我国近代规划史上第一个区域规划机构——"武汉区域规划委员会"，负责统筹武汉三镇的规划事宜。12月，武汉区域规划委员会发布《武汉区域规划实施纲要》。1946年4月，发布《武汉区域规划初步研究报告》。1946年8月，新任湖北省政府主席万耀煌对武汉区域规划委员会进行改组，由鲍鼎任设计处处长兼秘书长，并于1947年8月发布《武汉三镇土地使用与交通系统计划纲要》，由此形成了"武汉区域规划"最为重要的4个规划成果，反映出国民政府对于三镇统一未来发展的美好愿景。

（一）武汉区域规划的主要内容

1.《大武汉建设规划之轮廓》

又称"湖北省政府市政小组研讨结论十一条"。作为"武汉区域规划"的首个文件，主要成就表现在：一，明确了区域规划的对象与范围。

在《大武汉市建设计划草案》划定的"大武汉"基础之上加以发展，将建设区域划分为3级（图4-4-4）：市中心区（武汉三镇）、大武汉市区（纵横60千米）和武汉区域（约12000平方千米，包括武昌、沔阳、黄陂、鄂城、黄冈、嘉鱼、大冶、汉阳等8县之沿河沿湖区域，以便统筹考虑治水防灾）。这种划分形式与今天武汉的城市规划层次划分形式有很明显的对应关系，体现了该规划的超前性与科学性。二，提出成立我国近代第一个区域规划机构——武汉区域规划委员会，其下设规划处、建计规划及法制建议等部门。

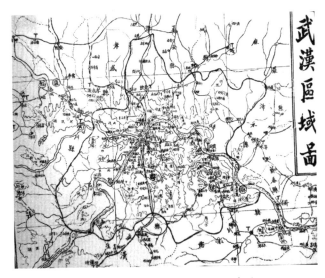

图4-4-4　武汉区域图（1945年）

（资料来源：吴之凌，胡忆东，汪勰，等.百年武汉：规划图记[M].北京：中国建筑工业出版社，2009：62）

2.《武汉区域规划实施纲要》

在规划范围上，重述了市中心区、大武汉市区和武汉区域的三级划分，并提出使武汉市中心区域形成"母体城市"，人口规模限制在120万人，规划区域内的大小市镇为"子体"作为卫星城镇发展。"子体"外应有绿色地带围绕，采用"近代大城市疏散规划之原则"，形成"多点式发展"，限制城市不至连片盲目扩大。

3.《武汉区域规划初步研究报告》

确定了武汉城市的性质为"近代化工商业大城市"、"水陆交通的终点城市"。三镇就其个性发展：武昌为"政治文化城市"，以省政府机关、大专院校为主；汉口为工商业城市；汉阳为园林住宅城市。

为加强防洪工程和港埠建设，划定"港埠建设行政区"。按照孙中山《实业计划》提出的疏浚长江中下游水道，使海轮终年可达武汉。整治汉口、武昌沿江淤积地带，挖江中泥沙填高两岸土地，以土地收益扩展城市财源。

交通方面，确定将铁路、国道与市内交通完全分开的原则。长江铁路大桥拟建在青山，并在其附近建主要货运站和水陆联运码头，使青山形成"重工业卫星城"。划分市中心各条道路功能（即有快速道与慢速道之分）。

对于名胜古迹，应加以保护与恢复，使之成为"历史资本"。将三镇主要湖泊连通、通航，开辟"游道"，发展旅游事业。

对于三镇内部建设，规划采用"完整社区单位"，使居住地与工作地相距不远，并配以公益事业与社会活动场所。

为确保规划的"动态性"，需要一面计划一面执行计划，为此提出成立事业单位"武汉区域规划发展局"（WRA）。

4.《武汉三镇土地使用与交通系统计划纲要》

将武汉城市定位为"世界性的都市"。从地理区位分析，武汉较芝加哥更为优越，认为"未来之武汉，纵不能超越芝加哥，亦当与之并驾齐驱，为东西半球唯一之内地大城市"。

在分析现状人口与工业化后区域内的城镇发展趋势后，认为武汉未来区域总人口规模将达400万～500万人。并强调三镇必须平均发展，将汉口密集人口向武昌、汉阳扩散。三镇的人口密度分为3级：市中心区每平方公里居住人口不超过50000人；城市边缘不超过25000人；郊区不超过10000人。

采用近代城市分区原则，依照《都市计划法》，提出土地使用实施纲要，分为第一住宅区、第二住宅区、商业区、仓库区、工业区、公共建筑地带、永久农田与绿色地带等类。

关于园林绿化，提出扩大与改善中山公园，龟山、蛇山、洪山等皆辟为公园。市区外围用绿化带围绕以控制城市无限扩大，并与市内林荫路衔接。

在交通系统的规划上，因"武汉未来的繁荣与发展，决定于长江、汉水两流域的开发，须使两河航运畅通"，提出疏浚长江与汉水，使汉水船运常年可达襄樊，并于张公堤外开辟运河入江，减轻汉水船运拥挤状态。三镇未来增加的人口，为得到科学合理分布，必须三镇平均发展，为此三镇之间交通，要有更紧密的联系，则在长江汉水上建桥以及江底隧道，均为必要。

武汉未来交通，仍以水运为最重要，因而港埠建设方面，强调客货分离，计划在刘家庙、徐家棚、龟山下游一带建货运码头，在汉口王家巷下游建客运码头，并利用江汉关以下淤积滩地进行开发。计划将汉口市区原有铁路北移2千米，以免妨碍市区发展，在其中部设客运总站，刘家庙、徐家棚设铁路货站。过境货运公路，计划绕市区外围经过，并与市内干道相加以连接。为快捷、安全、便利，市内道路系统划分为3级：主要干线、辅助干线与局部道路。

（二）武汉区域规划的理论基础

武汉区域规划最主要的理论基础来自于西方近代兴起的区域规划理论。所谓区域规划，就是对一定地区范围内进行开发、保护、利用等方面所制定的协调发展的总体部署。早在欧洲产业革命之后，现代城市规划学的创始人之一霍华德就在1898年著名的《明日的花园城市》一书中，提出卫星城的理论以及"城市应与乡村相结合"的思想，包含了区域规划的思想萌芽[1]。其后，格迪斯在1915年出版的《进化中的城市》中，进一步发展了霍华德的理论，强调城市的发展要同周围地区的环境联系起来规划[2]。1933年，由国际现代建筑师协会在雅典通过的《都市计划大纲》（简称雅典宪章）明确指出：城市要与其周围影响地区作为一个整体进行研究。1940年英国皇家调查委员会所作的关于英国工业人口分布报告提出要控制首都伦敦的发展，建议从较大地区范围进行人口与工业的合理分布，以消解市中心及其周围过于拥挤的现象。在此基础上，1944年亚贝克隆主持编制了"大伦敦规划"，主要采取在伦敦外围地区建设卫星城镇的方式，计划将伦敦中心区人口减少60%。

当西方的这些区域规划思想与实践蓬勃发展之时，武汉区域规划的主持者朱皆平与鲍鼎均在欧美留学。其中，朱皆平在1925—1930年间曾就相继读于英国伦敦大学学院（简称UCL）和巴黎大学攻读市政卫生，而鲍鼎则于1928—1933年在美国伊利诺大学建筑工程系学习，因而这些规划理论与实践成为当时在国内无先例可循的武汉区域规划最直接的参照与学习的范本是为必然。朱皆平在《近代城市规划原理及其对于我国城市复兴之应用》一文中就重点介绍了几乎所有欧美的城市规划新理论、新思想，包括前述的格迪斯的《进化中的城市》、大伦敦区域规划以及西特的《城市建筑艺术》以及田园城市实践等，提出"以英美此类规划成功之先例作为宣传资料……获得社会上普遍之认识，减少推行新政之阻力，易受群策群力之实效"[3]。在武汉区域规划中所应用的主要理论与技术都来自西方：如英美大城市之疏散原则、城乡统筹、工业城市、快速交通体系、绿地带技术、卫星城、邻里单位、历史文化遗产与保护等。还有朱皆平在《武汉区域规划初步研究报告》中提出的成立"武汉区域规划发展局"

［1］（英）霍华德. 明日的田园城市[M]. 金经元译. 北京：商务印书馆，2000.
［2］（英）帕特里克·格迪斯. 进化中的城市：城市规划与城市研究导论[M]. 李浩，等译. 北京：中国建筑工业出版社，2012.
［3］朱泰信（皆平）：近代城市规划原理及其对于我国城市复兴之应用[J] 工程，1947（3）：9-21. 转引自：李百浩，郭明. 朱皆平与中国近代首次区域规划实践[J]. 城市规划学刊，2010（3）：105-111.

（Wuhan Regional Authority，简称WRA）也是以美国田纳西河流域管理局（Tennessee Valley Authority，简称TVA）为参考范例的。

除了受到西方近代城市规划思想与实践的影响外，孙中山《实业计划》中对于武汉城市发展的论述对于武汉区域规划的影响也是不可忽略的。孙中山被奉为"国父"，他的论著对国家的发展与建设有着直接的宏观指导意义。《实业计划》中对于武汉未来城市的定位以及城市规模的设想的描述，成为"武汉区域规划"的指导思想。在《武汉区域规划实施纲要》中就明确提出："一本近代科学与技术之客观条件，求有以实现国父实业计划城市建设之崇高理想。"因而，"武汉区域规划"中的论述与《实业计划》中的描述相当一致，如"联络武昌、汉口、汉阳为一市"、"武汉，世界性大都市"等。如果联想到两位规划主持者的身份：朱皆平与鲍鼎都是1941年3月成立的"国父实业计划研究会"之"都市建设小组"的研究成员之一，那么，《实业计划》中的规划思想的影响就不言而喻了。从1943—1945年，研究会的"都市建设小组"，以实业计划作为中国未来城市规划及建设的背景，提出了"全国都市建设问题研究大纲"、"全国城市建设方案"等，其中包括了今后十年中国城市规划与建设的方针，即发展中小城市、限制大城市与特大城市的分散主义规划模式，这一点即充分反映在"武汉区域规划"中"疏散三镇人口避免庞大城市的"多点规划型"模式中。

（三）武汉区域规划的历史影响

虽然"武汉区域规划"仅持续了几年就因各种原因而被迫中止，但因为规划的预见性与科学性，仍对之后武汉的城市规划与建设产生重要的影响作用。

1947年，汉口市政府工务科拟订的《新汉口市建设计划》即是依据"武汉区域规划"中有关汉口部分的规划思想所编制的。

新中国成立后，在三镇合一基础上设立的武汉市的城市规划与建设在一定程度上也受到了"武汉区域规划"的影响。新中国成立初期，随着武钢、青山热电厂等大型重点项目的实施，部分实现了"武汉区域规划"所提出的"使青山成为重工业卫星城"的设想。1953年编制的《武汉市城市规划草图》以及1954年的《武汉市城市总体规划》，其中工业区、高教区的分布等都大致与"武汉区域规划"相同。当时提出的"汉口密集区域，修建'市间公园'，修筑江滨花园以及低水位沿江林荫道路"等，在今天的城市建设中一一得到了实现。

《武汉三镇土地使用与交通系统计划纲要》中提出的"市区外围用绿化带围绕以控制城市无限扩大，并与市内林荫路衔接"的想法在"武汉市城市总体规划（1996—2020）"及"武汉市城乡统筹规划（2008）"中也得到了充分的反映（图4-4-5）。

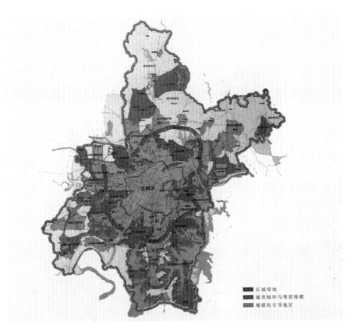

图4-4-5　武汉市城乡统筹规划·政策分区——生态控制地区图（2008年）

（资料来源：吴之凌，胡忆东，汪勰，等.百年武汉：规划图记[M].北京：中国建筑工业出版社，2009：199）

　　另外，当时"武汉区域"所指虽与现代"武汉城市圈"提出的范围并不完全相同①，但在思路上有其共性。

　　由于武汉三镇受水患严重威胁，因而当时"武汉区域"概念的形成与防洪问题息息相关，可视为"防洪工作单位"，即以武汉周边八县沿江沿湖地带为武汉防洪主要工作对象，疏浚湖沼，分导河流，切实消除水患。

　　除此之外，"武汉区域规划"还涉及区域内各城市、市镇之间水陆交通联系系统。由于这些市镇的发展，可为"大武汉"建设提供后援，矫正过去庞大城市存在的"错综复杂、漫无边际"之弊，成为大武汉之卫星城市，因而"此重要地区之大小城市，须作系统之发展"。武汉三镇市中心与武汉区域内"大中小型之近代化城市一百左右及其他农渔村落等是母子关系，即武汉市中心区为'母体城市'，区域内其他市镇为'子体'，与母团体保持相当关系，而又不失其独立与个性，环列拱卫，以促成区域内乡村与都市获得平衡发展"[1]。由此，可以认为："武汉区域"是一个

---

　　①　2004年4月所提出的"武汉城市圈"是我国中西部地区最大的城市群之一，由武汉市与周边的黄石市、鄂州市、孝感市、黄冈市、咸宁市、仙桃市、潜江市和天门市8个城市构成。具体详见：秦尊文，武汉城市圈的形成机制与发展趋势.武汉：中国地质大学出版社，2010：2，而"1945武汉区域规划"中划定的"武汉区域"包括武汉市（武汉三镇）以及武昌、沔阳、黄陂、鄂城、黄冈、嘉鱼、大冶、汉阳等8县之沿河沿湖区域。同样都是"1+8"，但所包含的范围并不完全相同。

　　[1]　（民国）朱皆平.武汉区域规划实施纲要[R].民国34年（1945），藏于湖北省图书馆.

以防洪需要为纽带，区域内相关城市由交通联贯而成的经济共同体，近似于现在所提出的武汉城市圈之"环武汉经济圈"概念，说明当时的规划具有很强的先进性与前瞻性。

同时，"武汉区域规划"中将大武汉之建设区域划分为3级：市中心区、大武汉市区和武汉区域，这种划分形式与今天武汉城市规划中的层次划分有着明显的对应关系（图4-4-6、图4-4-7、表4-4-1）。

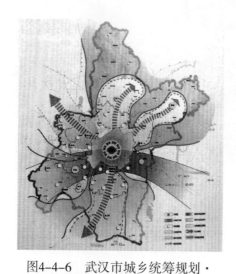

图4-4-6　武汉市城乡统筹规划·
城乡空间结构图（2008年）

（资料来源：吴之凌，胡忆东，汪勰，等.百年武汉：规划图记[M].北京：中国建筑工业出版社，2009：199）

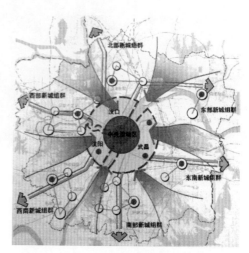

图4-4-7　武汉市新城组群分区规划·
规划结构图（2009年）

（资料来源：吴之凌，胡忆东，汪勰，等.百年武汉：规划图记[M].北京：中国建筑工业出版社，2009：200）

1945年武汉区域规划与2009年武汉城市总体规划中城市层次划分对应关系　表4-4-1

《武汉区域规划实施纲要》（1945年）中城市层次划分	对应关系	《武汉城市总体规划》（2009年）中城市层次划分
①武汉区域（总面积约15000平方千米）	<——>	①武汉市行政辖区（总面积约8494平方千米）
②大武汉市区（总面积约3600平方千米）	<——>	②都市发展区（总面积约3261平方千米）
	<——>	③主城区（总面积约678平方千米）
③武汉市中心区（总面积约75平方千米）	<——>	④中央活动区（总面积约95平方千米）

（资料来源：李百浩，郭明.朱皆平与中国近代首次区域规划实践.城市规划学刊，2010（3）：105-111）

还有一点值得注意的是，"武汉区域规划"中对于城市的发展既注重城市经济发展，又注重城市自然环境与人文环境的保护与发展，具有先进性与前瞻性。如《武汉区域规划初步研究报告》中提到："保护与恢复名胜古迹，使之成为历史资本"；"武昌保留临江一面城墙，既可作为堤防之用，又可保存古迹"；"将三镇主要湖泊连通、通航，开辟游道，发展旅游事业"等，这种规划理念与现今武汉市正在实施的"六湖联通"和"大东湖生态水网"建设不谋而合，具有相当的前瞻性。尤其是朱皆平在论述长江大桥的选址时，反对利用蛇山作为过江大桥之引道，认为"铁路引坡影响美观，不宜迁就建筑费之节省……欲以工程经济压倒一切，尤是旧机械时代之作风"。这在当时无疑具有相当强的先进意识，因为仅在12年前的《湖北省会建设计划纲要》都还在鼓吹"将（武昌）山前山后之菱湖、都司湖、筷子湖等一一填成广地，即可得数十倍于今日之市场，以供数十年市场之发展"。在今天看来，武汉区域规划中"经济发展与保护环境并不是矛盾对立的，而是相辅相成的"的思想更加值得深入思考。这一思想不同于中国古代以政治统治为首要目的而忽略城市经济发展的规划传统，也不同于1927—1937年间置经济职能与效率为首位的武汉现代城市空间构想，而是综合了现代城市对于发展经济的重视以及传统城市中的山水环境观念，体现了规划在当时历史条件下的先进性。

153

然而，由于"武汉区域规划"是我国近代对西方区域规划理论的首次"实验"，受到当时社会历史局限性的影响，存在一些不足之处。规划对于西方城市规划思想的引入略显生硬，许多设想也过于理想化。尤其是对于具体的实现方法没有充足的分析与论证，甚至一些规划布置的形式化倾向明显。由于当时国内时势原因，此次规划活动在几年后即宣告终止，现有的文件大多限于宏观层面的论述，具体的规划方案并不明确，更无法在现实层面上指导战后城市的具体建设，只能说是一次未完成的"区域规划试验"[1]。

---

[1] 李百浩，郭明. 朱皆平与中国近代首次区域规划实践[J]. 城市规划学刊，2010（3）：105-111.

第五章　近代武昌城市空间形态的综合分析

由于政治、经济、文化等不同作用力共同推动，城市形态的变化通常不是匀质的。在历史上某些时间点、某种或者某几种作用力促进了城市形态发生快速、巨大的变化，从这些时间点就可以把整个城市形态的发展划分为几个发展阶段。第四章就是根据影响城市空间形态的重大历史事件对近代武昌城市空间形态的演变进行系统划分。本章是在第四章的研究基础上，关于近代武昌城市空间形态特征的综合分析、归纳与总结。

为了使形态的分析更有针对性，本文借鉴西方形态类型学方法，将近代武昌城市形态的研究划分为从宏观到微观的三个层级系统：城市（宏观）、街区（中观）与建筑（微观）。三个层级系统之下对应7个形态要素：城市总平面、城市天际线、街道网络、街区、公共空间、公共建筑与住宅。它们所在的尺度具有连贯性：城市总平面与天际线是城市尺度下的两大要素；街道网络是勾连城市与街区的要素、公共空间是勾连街区与城市建筑的要素，而街道网络、街区与公共空间本身则可视作街区尺度下的三大要素；公共建筑与住宅为建筑尺度下的两大要素。这7个要素的单体在同一尺度下的相互关系和与上一层级要素单体之间的包含关系组成了城市的复杂巨系统。这个研究框架对城市形态的关注不仅限于平面，也关注立体，而显得更为全面。同时，由于它对每个形态要素的类型分析可以直接运用于具体的设计实践，从而具备一定的现实指导意义。

第一节　近代城市总平面与城市天际线

一、城市总平面

城市总平面记录了城市的重要信息，如区位、地理条件、形状、功能分布、街道构成、建筑体量等，这些信息对于凸显与维护城市特色不可或缺。因此，城市形态的研究常将城市总平面作为最主要的研究对象。近代武昌刊印了一些大比例的、比较详细的城市地图，由于其相对准确性以及蕴含大量的历史信息而具有高度的学术价值，是研究城市空间扩展、城市空间格局演变的重要史料。对应第四章中城市空间形态演变历史阶段的划分，对于城市总平面的分析与解读也依此进行。

（一）城市空间形态演变初始期的城市总平面（1861–1911）

1869年的《江夏县志》中有一张《武昌城池图》（图5-1-1），比较形象、直观地表现了武昌城市意象：带有城门的城墙围绕的城市，城中小山横亘、湖泊密布。蛇山横贯东西，黄鹤楼巍然耸立在西端，中部有鼓楼（南楼）使南北互通。山北林立着官署与书院建筑；山南主要有寺庙以及军营。这是一幅典型的中国传统城市地图，代表着汉口开埠之前武昌作为传统区域政治与文化中心的形象。

　　这一切，在汉口开埠之后开始发生变化。1883年的《湖北省城内外街道总图》（图5-1-2）记录了城市的发展与变化。

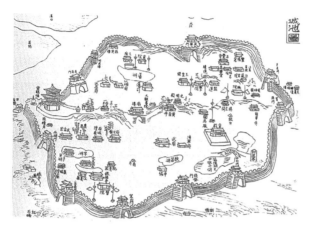

图5-1-1　武昌城池图（1869年）

（资料来源：武汉历史地图集编纂委员会.武汉历史地图集[M].北京：中国地图出版社，1998：19）

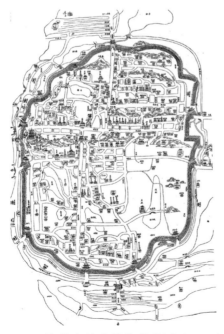

图5-1-2　湖北省城内外街道总图（1883年）

（资料来源：武汉历史地图集编纂委员会.武汉历史地图集[M].北京：中国地图出版社，1998：24-25）

　　在图5-1-2中标注了不少"洋屋"，尤以城北昙华林街区较为密集。城墙外积聚了不少居民点或者街区，它们多分布在连接城门的道路两侧。其中，在靠近长江的城北武胜门、临巡司河的城南望山门、保安门外形成了具有一定规模的基本城市街区形态；远离长江的城东宾阳门外通往武昌县的道路北侧有兴隆巷、长春观、山川坛、东岳庙、神祇坛以及宝通寺、洪山宝塔等宗教与祭祀建筑。在城墙之外围绕城墙的道路、堤防将城门外的街区联系起来，使之成为一个整体。通过这张图，可以得知，在1861—1883年的这一时段，城市受到外来文化的冲击，出现了一些西式教会建筑，并在昙华林形成了"文化租界"教会区。城市在城墙内发展的同时，在城外也在发展，并且城市主要在靠近河流的城门外沿河流岸线发展。这说明，在水运交通及城市商业的需要下，城外的街市应运而生并发展成为有一定规模的城市街区。

　　1889年张之洞督鄂后，以武昌为经邦济世、推行"新政"的舞台，兴办工业、发展教育、修筑堤防，为建立在传统机制上的武昌城市带来了城墙内外空间的变化。在1909年的《湖北省城内外详图》（图5-1-3）记录了这些变化。

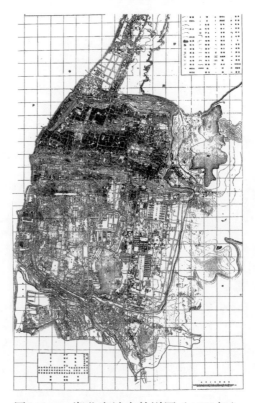

图5-1-3　湖北省城内外详图（1909年）

（资料来源：武汉历史地图集编纂委员会.武汉历史地图集[M].北京：中国地图出版社，1998：32-33）

在图5-1-3中，城西平湖门、文昌门与城南望山门外江滨的土地被开发，建设强度较大，建筑密集，尺度超群。图中标注有：织布局、纺纱局、缫丝局、制麻局、玻璃厂、粤汉铁路总工厂等。沿江还设有不少码头与堆栈，包括萍矿煤局分栈、铁路栈、大堤口码头、白鳝庙码头、衡善堂码头等。另外，1900年张之洞奏请武昌自开商埠，"城北10里外，划有各官、民土地30000亩，作为自开口岸的土地，为此专设商场局"[1]，使得武昌城市在武胜门外向北大规模扩展。图中显示城北武胜门外正街与长江堤防之间已经被开发，其中形成了四条规则的马路（一至四马路）。武胜门外正街两侧已经建设延伸至新河下缘。城东忠孝门、宾阳门外街道两侧的建设也有增多。显示了城市空间沿江滨及城外道路扩展的趋势。与此同时，城内的建设也在进行。图中显示城内蛇山以北的建设密度高于城内蛇山以南，这是因为山南的湖泊、水塘明显多于山北。而且山南东部大多为军事用地，驻扎有步队十五协、十六协等。此外，山南西侧沿江也布置有炮队营等，显示了武昌政治与军事中心城市的性质。通过与1883年的《湖北省城内外街道总图》的比对还发现，城内原有的一些官署、寺庙、学宫用地等转化为新式学堂用地。如贡院转化为东部小学堂；丰备仓转化为府中学堂；玉皇阁、文昌宫转化为存古学堂；马王庙转化为北路小学堂等。说明新式教育的发展促使城市通过对旧有空间的置换形成新的空间使用，从而发生了形态的改变。

有趣的是，在这张图上还清晰地标注有"黄鹤楼"。虽然真正的黄鹤楼在1884年被焚毁之后近百年未能重建，而在黄鹤楼旧址，于1904年就有警钟楼的建成，其后1907年又有纪念张之洞的奥略楼的建成，但在图中却只有黄鹤楼的标示，其余二楼"不见踪影"。这充分说明，城市历史地图反映了一定群体对于城市空间结构与形态的认知，具有一定"认知地图"的作用[2]。"图像资料……必然蕴含着某种有意识的选择、设计和构想，而有意识的选择、设计与构想之中就积累了历史和传统，……在那些看似无意或随意的想象背后，恰恰隐藏了历史、价值和观念"[3]。葛兆光先生这一段"图像与思想史"研究关系的论述同样可以贴切引用于解析城市历史地图与城市空间形态研究的关系。

（二）城市空间形态演变扩展期的城市总平面（1912-1926）

1911年10月10日，武昌首义打响了辛亥革命的第一枪，"专制颠覆，民国奠基"。从封建君主专制社会到共和民族国家的系列转变，促成了武

157

[1] 武汉市地方志编纂委员会. 武汉市志·城市建设志（上、下）[M]. 武汉：武汉大学出版社，1996.

[2] 杨宇振. 城市历史地图与近代文学解读中的重庆城市意象[J]. 南方建筑，2011（4）：33-37.

[3] 葛兆光. 思想史研究视野中的图像——关于图像文献研究的方法[J]. 中国社会科学，2002（4）：75.

昌城市空间的发展与变革。1918年粤汉铁路武（昌）长（沙）段的通车，引领了城市空间向北扩展，并促使了徐家棚车站新区的形成。

　　1922年由湖北陆军测量局出版的《武汉三镇街市图》（图5-1-4），首次将军测的1：10000大比例三镇地形测绘于一张图上，信息量非常丰富，是研究这一时期城市空间发展的最佳素材。与前期的城市地图相比较，这一时期最大的变化是粤汉铁路的出现。

　　图5-1-4显示：粤汉铁路由南至北包绕城市，从城市东面经过北达徐家棚江边。东部的铁路线穿越沙湖与西部的长江岸线在新河北向相合，形成城市向北扩展的界面。在沙湖、粤汉铁路与长江之间（即积玉桥街西侧）的土地被开发建设，图中标注有：汉口第一纱厂、裕华纱厂、震寰纺纱厂、分金厂、毡呢厂等。另外，在原有军事用地凯子营区段出现了不少散在的居民点。大的纱厂周边也出现了居住里分。这说明了城市向外扩展的空间需要。在图面上，城市南面鲇鱼套地区还有一条支线通至粤汉铁路总工厂，其旁标注有鲇鱼套车站，周边的建设也异常繁密，说明铁路对于城市空间发展的影响非常巨大。

　　可惜的是，由于图幅的限制，武昌城北只绘制至新河北缘，无从求证徐家棚车站新区的建设。

图5-1-4　武汉三镇街市图（1922年）

（资料来源：武汉历史地图集编纂委员会.武汉历史地图集[M].北京：中国地图出版社，1998：52-53）

　　1931年湖北省陆地测量局出版了用军测资料编绘的比例为1：10000的《武汉街市图》（图5-1-5）。该图覆盖面积约3000平方千米，武汉四周郊县都列入了该图的表现范围，得以从图像中"发现"徐家棚地区的建设状况。在该图中，清晰标示了徐家棚车站及其周边居民点、通江马路以及码头的建设，其东侧琴园的建设也有所表现。

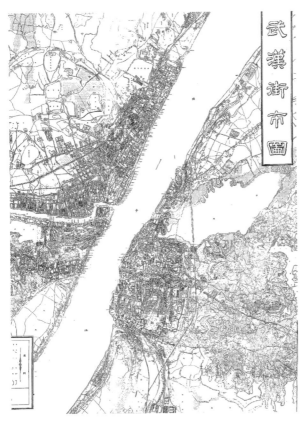

图5-1-5　武汉街市图（局部）（1931年）

（资料来源：武汉历史地图集编纂委员会.武汉历史地图集[M].北京：中国地图出版社，1998：72-73）

（三）城市空间形态演变形成期的城市总平面（1927-1937）

　　1927—1937年是近代武昌城市发展的"十年黄金发展期"，也是城市发生巨大转型的形成期：高大、坚固的城墙，被当作封闭与落后的象征被新兴的南方政权义无反顾地拆除，"铲除旧的抵抗，迎接新文明的到来"。武汉三镇第一次统一起来，改变了之前三镇因分治而行政管理混乱的状况。新的市政府由一批具有近代意识和科技知识的新官员担纲，他们引进欧美城市规划的理念与实践，试图以全面规划来指导城市的总体发展。

　　1933年的《武汉三镇地图》（图5-1-6）显示城墙消失，城市总体形态由封闭走向开放。

图5-1-6　武汉三镇地图（1933年）

（资料来源：武汉历史地图集编纂委员会. 武汉历史地图集[M].北京：中国地图出版
社，1998：76-77）

　　图5-1-6中，南北段城墙成为环城马路（中山路）的一部分，城西沿江
马路由汉阳门至大堤口一段也略具雏形。在该图中，武昌城市建成区的范
围已北拓至余家头。在徐家棚车站至余家头之间的空地已经有工厂、居民
点以及道路、码头的建设。因协助修建粤汉铁路的需要，由比利时的金达
主持兴建的外籍工程师住宅区——"洋园"在此图中也有反映。由新河至
粤汉铁路徐家棚车站之间的土地则几乎全被开发利用，与前期图相比较，
建成范围扩大，道路密度加强，建设类型增多。图面显示这一时期，工厂
周边的居民区建设加强，出现了不少居住里分，如裕华纱厂附近的华安里
和华康里；第一纱厂的汉安里等。另外，城市南面继续沿江滨开发建设有
工厂与居民点。城市东面宾阳门外建设有武豹汽车站，通往武昌县的道路
两侧也有发展。由于图幅的限制，武昌城东只绘制至洪山宝通寺，无法反
映这一时期城市大型建筑群——国立武汉大学的建设。

　　根据文献记载：武汉大学"1929年3月动工，1935年多数项目陆续建
成"[1]。武汉大学的建设在客观上带动了武昌城市空间向东跳跃式扩

---

[1] 武汉市地方志编纂委员会. 武汉市志·城市建设志（下）[M]. 武汉：武汉大学出版
社，1996：831.

展，并且带动了东湖风景区的开发。客观上引领了城市跳跃式扩张。大学建成后，修筑了武昌城外通向大学的道路，还开设了由武昌城往返武汉大学的公共交通线路，带动了交通沿线地段的开发，由此促成了城市空间的东扩。

（四）城市空间形态演变延续期的城市总平面（1938-1949）

1938年10月至1945年8月，武昌为日据时期，日军根据军事攻防与统治的需要，对城市空间秩序进行了重新划分，打破了城市形态原有的发展脉络。1945年后，迎来了战后重建。虽然武汉设立了中国近代规划史上第一个区域规划机构——"武汉区域规划委员会"并形成了包括《武汉三镇土地使用与交通系统计划纲要》在内的4个规划成果，但由于内战的爆发，城市并无太多实质性的建设，城市空间的扩展几近于停滞。

1939年由日本东京名所图绘社出版的《最新武汉三镇汉口武昌市街详图》（图5-1-7）记录了日军军事机关布点情况。该图显示主城内大部分地区都设有军事机关，城市主要水运码头以及城中地势最高的蛇山及其周围地区大部分被军事区所占据。

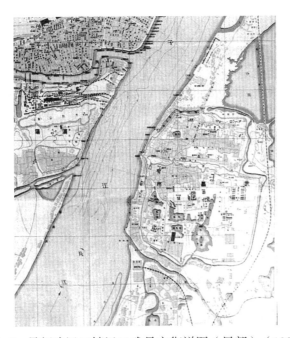

图5-1-7　最新武汉三镇汉口武昌市街详图（局部）（1939年）

（资料来源：武汉历史地图集编纂委员会.武汉历史地图集[M].北京：中国地图出版社，1998：90）

1949年5月，武汉解放。10月，武昌亚新地学社出版《新武汉市街道详图》（图5-1-8），可作为近代武昌城市发展的"定型"之作。与前期图相比较，城市空间几无扩展、建设密度也并未加大。

图5-1-8　新武汉市街道详图（局部）（1949年）

（资料来源：武汉历史地图集编纂委员会.武汉历史地图集[M].北京：中国地图出版
社，1998：93）

　　事实上，根据文献记载，1938—1945年期间，武昌的城市建设不仅处
于停滞状态，而且遭到多次轰炸的严重破坏。1945年抗战胜利后，内迁的
机关、学校、工厂企业等陆续返回，但由于大多财力枯竭，无力投资建
房，至多只能维修旧房。这一时期由地方政府建造的只有1945—1947年，
湖北公共体育场加建办公室与司令台；1947年在原两湖书院旧址建湖北省
立医院；1947年在平阅路建湖北省政府办公楼；1945—1949年在下新河分
两期建设武昌电厂。这些工程建设规模不大，建筑结构也十分简陋，形式
上更无特色，对城市形态的影响较小。

　　通过对上述四个阶段城市总平面发展的陈述，可以简绘出近代武昌城
市空间扩展的轨迹与形态图（图5-1-9），反映出：

　　一，近代武昌城市空间的扩展主要沿交通线分别向南、北两个方向带
状生长。所谓带状生长是主轴线型城市空间结构的显相形态。城市空间结
构由一条主要的交通线，如公路、河流等构成，交通线形成城市发展生长
轴。城市沿着交通线生长，呈现出长椭圆带形发展[1]。事实上，由于武
昌城市滨水而建，自古以来城市交通以水运为主，水系成为城市发展的生
长轴。只是由于作为区域政治中心，城市并非自发而成，而是由"上"自

---

[1] 段进.城市空间发展论[M].南京：江苏科学技术出版社，1999：103.

"下"的人为规划的产物，因而在形态上受到传统礼制思想影响而呈现出近似长方形，而非典型的带形。但追溯古代武昌城市三次扩界的过程，还是可以发现它基本是以三国时期夏口城为基础，沿长江岸线持续向南扩展而成。而南向的选择则是因为城市受到依托沙洲而兴的"商市"发展的牵引而形成"城"＋"市"的空间结构。（当时鹦鹉洲、金沙洲、白沙洲等都位于武昌城南，详见第二章）虽然城北塘角也曾兴盛一时，但由于繁荣时间过短，对城市空间发展方向的牵引力量较弱，因此，在1861年以前，武昌城市空间的扩展主要是向南进行，城墙以北的发展有限。1861年后，武昌城市空间的生长主要受到水运和铁路两种力量的牵引，开始合力向南、北两个方向作带状扩展，从而改变了原来较为规整的城市形态。其中，又由于汉口发展的强大辐射力的影响，武昌城市向北扩展的趋势又明显强于南向的扩展。

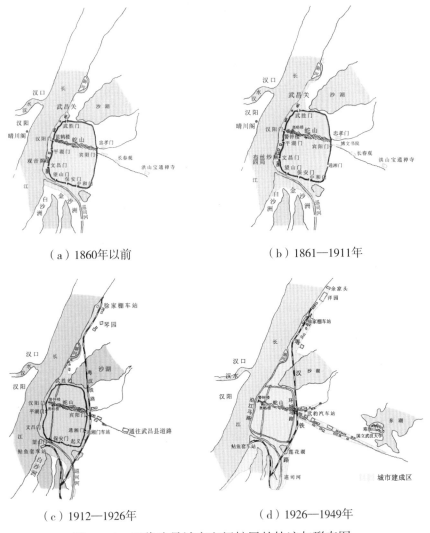

（a）1860年以前　　　　　　（b）1861—1911年

（c）1912—1926年　　　　　　（d）1926—1949年

图5-1-9　近代武昌城市空间扩展的轨迹与形态图

二，近代武昌城市空间除了沿交通线为生长轴向南、北带状扩展以外，在人为政治意图主导下还出现了跳跃式生长形式。1900年张之洞奏请清廷于武昌城北10里外沿江地方作为自开口岸，引领城市空间脱离老城区而另辟新区发展。虽然最后开埠之事不了了之，但是，商埠计划以及为此进行的一系列活动，如马路建设与土地储备等，还是为城市脱离老城区向北发展提供了指引以及空间支持。另外，大型项目——国立武汉大学的建设在客观上带动了武昌城市空间向东跳跃式扩展，并且带动了东湖风景区的开发。

三，近代武昌城市空间扩展受到自然环境条件的制约，根据地形地貌条件而进行，从而使城市空间表现出与自然环境相互契合的形态特征。例如，城市在其东北方向的扩展主要是在沙湖与长江之间的土地上进行，使得城市空间边界在这一段呈现出自然曲线式的形态特征。

二、城市天际线

城市天际线构成城市竖向度的形态，是城市空间中的各种实体要素以天空为背景所展现出来的叠加组合关系，是建立城市可识别性的起点与最重要的因素之一。它不仅是城市垂直形态的直观表征，而且反映了城市空间发展的动态过程。从视觉美学的角度来看，城市天际线是经由多个层次展现出来的，其最终效果是每个层次相关要素的耦合叠加。因此，对于不同层次天际线的解读能更好地把握城市总体的竖向形态。一般而言，滨水城市的天际线至少可以分为两个层次：一，背景天际线，是城市整体垂直空间层次的表征；二，前景天际线，是城市滨水界面景观形态的表征。

（一）背景天际线：城市的垂直空间层次

城市天际线绝不仅是一个静态的城市轮廓线，它是记录城市空间发展的一个"过程"，如同一部永未完成的乐章：上一章节末尾的强音，正是下一章节的序曲。它的发展演变，充分反映城市各个时期的面貌，折射出其潜在的社会政治、经济与文化特征。

古代武昌城市空间可以分为四个垂直层次：

第一层次是城墙内外的大量普通民宅（图5-1-10）。清政府规定总督以下的官员和百姓修建的房屋不得高于总督衙门，因此民国之前，武昌的民居大都只有一层楼。这些建筑数量众多，建筑高度低矮，构成城市垂直空间层次的基础。

图5-1-10　低矮的武昌民居

（资料来源：武汉市档案馆）

第二层次是城内外分布的官署、寺庙、书院和道观等（图5-1-11）。这类建筑数量也较多，尤以城内居多。由于武昌长期作为区域政治与文化中心，因此城内集中了总督署、藩司署、府学、县学等重要建筑群。这类建筑通常体量高大，建筑群局部有阁楼。

图5-1-11 高大的学署建筑
（武昌府学大成殿）
（资料来源：武昌区档案馆）

图5-1-12 高大而封闭的城墙
（资料来源：武汉市档案馆）

第三层次是城墙及其城门楼（图5-1-12）。中国古代城市的城墙是极其重要的形态要素，不仅在水平方向上划分城内与城外的空间领域，在垂直方向上也界定了城内外的空间。明清武昌城垣"高三丈九尺"，高于城内大多数的建筑物。城市空间由于如此高大的城墙围合呈现出封闭的形态特征。

第四层次是城内自然山体及其之上的楼阁、佛塔等城市标志性建筑物。由于武昌城内中部蛇山横亘、城北小丘连绵，借助于自然山体的海拔高度，山丘之上的观景楼阁等形成城市垂直空间的最高层次（图5-1-13）。例如，黄鹤楼位于蛇山西端黄鹄矶头，俯瞰大江，统揽全城，是武昌建城以来的标志性建筑（图5-1-14）。而城东建于元代的宝通禅寺塔（俗称洪山宝塔）（图5-1-15），位于洪山之上，塔高7层，44.1米，造型精美，长期以来是东来武昌城的"路标"。

图5-1-13 高大的城楼与低矮的民居
（资料来源：中国第二历史档案馆. 湖北旧影[M]. 武汉：湖北教育出版社，2001：142）

图5-1-14　城内蛇山之巅的黄鹤楼
（资料来源：武汉市档案馆）

图5-1-15　城东洪山宝通禅寺塔
（资料来源：武汉市档案馆）

　　步入近代以来，武昌城市的垂直空间层次逐渐发生变化。首先，在城北昙华林街区形成帝国主义的"文化租界"，大量西式教会建筑的修建使得城市空间中出现与传统城市不同的形态要素。这些教会建筑，包括教堂、教学楼、医院、领事馆等，多为两、三层的砖木结构建筑，有些高达四层，形成城市空间中的新节点（图5-1-16）。

（a）昙华林的天主教区

（b）嘉诺撒仁爱修女教堂

（c）文华书院博学室

（d）文华书院颜哥堂

图5-1-16　城市空间中的教会建筑

　　[资料来源：（a）武昌区档案馆；（b）作者自摄；（c）、（d）中国第二历史档案馆.湖北旧影[M].武汉：湖北教育出版社，2001：323]

其次，随着城市经济的发展，城市出现新式商业建筑，层数多为二至三层，沿街耸立高高的西式或中西合璧式的牌楼，形成层次丰富的垂直形态（图5-1-17）。当然，对主城区垂直空间层次改变最大的是1927年城墙的拆除，使城市空间由封闭走向开放。另外，张之洞督鄂大兴洋务，民初时期民族工业勃兴，使得武昌城自城南鲇鱼套至城北新河一带，厂房鳞次栉比、烟囱林立。这些大跨度、大体量的工业建筑带来城市近代化气息，形成迥异于传统城市的景观（图5-1-18）。

（a）长街两侧的商铺　　　　　　　（b）中西合璧的商业街景

图5-1-17　城市中的新式商业建筑

［资料来源：（a）葛文凯.今昔武昌城[G].武汉：武汉市武昌区档案局出版，2001：33；（b）中国第二历史档案馆.湖北旧影[M].武汉：湖北教育出版社，2001：317］

图5-1-18　新河两岸的裕华、震寰纱厂

（资料来源：武昌区档案馆）

1927年后，武昌主城区的垂直空间层次基本可分为三个层次。第一层次还是大量低矮的平民住宅；第二层是新式的商业建筑以及高大体量的教会建筑；第三层次则是城内诸山及其山顶上的楼阁与塔等城市标志性建筑。虽然大的层次划分减少，但这三个层次之间，由于没有城墙人工因素的隔断，空间层级变化的细微关联与有序完全暴露出来。从普通层级的低矮民居到节点层级的商业与教会建筑，再到标志层级的山顶楼阁，借助于自然山体的起伏，形成变化连续、丰富的剖面梯度，充分展现出山水城市天际线层次丰厚、连续的独特魅力（图5-1-19）。主城区之外的城郊的垂

直空间则可划分为两个层次：第一层次是大量简陋的棚户建筑；第二层次则是大体量的厂房建筑，超高尺度的烟囱成为近代工业文明的表征。

图5-1-19 城墙拆除之后的城市垂直空间层次

（资料来源：武汉市档案馆）

（二）前景天际线：城市滨江界面景观形态

城市历史地图、老照片以及民间写实性木雕为研究近代武昌城市滨江界面形态特征及其演变提供了极佳的素材。

位于湖北省红安县八里湾陡山村的吴氏祠的戏台"观乐亭"的楼檐台裙上有一幅平面浮雕的"武汉三镇江景图"（图5-1-20），采用长卷画的表现手段再现了光绪初年（约为1902年）武昌、汉阳、汉口的沿江景观。

从木雕中可以清晰看出，武汉三镇的格局与城市形态已经呈现出兼具传统中国城市和近代工商口岸城市特征的形象[1]。"江景图"中左边表现的是武昌城沿江景观：蜿蜒的武昌城城墙间或出现，高大坚固。从木雕中可明确辨认出三座城门（楼），经与历史地图比对，分别为武胜门、烟波楼与汉阳门。武胜门前有两座高台式的堡垒，为清军驻扎的营盘。两座营盘都面临长江，营外还有停靠船只的驳岸，有的营门直接临水。武胜门后依稀可见山峦起伏的城北诸山，右侧山腰中伫立着应山祠。应山祠右侧为烟波楼。烟波楼与武胜门之间的城外有不少码头与官署，其中的武昌关为两层西式风格的建筑格外引人注目。烟波楼与汉阳门之间临水建有码头与住宅。有些建筑及码头直接开有水门，方便船只直接进入及卸货，有些开有坡道一直延伸入水中。经过汉阳门之后就是雕琢细致、着力最多的黄鹤楼，可见创作时有意将之作为整体构图的中心。但其实，黄鹤楼早已于

图5-1-20 湖北红安吴氏祠木雕"武汉三镇江景图"（局部）

（资料来源：谭刚毅摄）

---

[1] 谭刚毅，雷祖康，殷伟. 木雕的武汉城记——湖北红安吴氏祠堂木雕"武汉三镇江景图"辨析[J]. 华中建筑，2010（5）：148-150.

1884年被焚毁，以后近百年未能重建。而当时警钟楼、奥略楼均未建成，黄鹄矶头仅余胜象宝塔。应该是作者认为没有黄鹤楼的武昌城是不完整的，因此参照早期的黄鹤楼画作或加入自己的记忆（或想象）而在此"重置"了黄鹤楼，成为武昌城市的标志与构图中心。由于当时新河一带纱厂尚未建成、粤汉铁路也尚未开工建设，因而"江景图"所展现的晚清武昌城市沿江景观基本上还是传统城市形象，城郭形制完整，沿江建筑多为官署、住宅与码头。古典形象的黄鹤楼还是城市的中心与标志。

摄于20世纪30年代的一组老照片则记录了武昌城市近代化转型之后的沿江界面景观。城墙拆除之后在旧城基之上修筑的临江大道与规整的临江驳岸、防水堤共同形成沿江界面底部明确、平整的视觉基面。沿江的一些码头以及码头的坡道延伸入水中打破了单一界面形式的单调感。基面之上的建筑形式多样，随自然山势起伏，层层叠叠鳞次栉比（图5-1-21）。

图5-1-21　20世纪30年代的武昌沿江界面景观
（资料来源：武昌区档案馆）

汉阳门外码头至黄鹄中矶一带是城市沿江空间层次最多之处。临江马路向江面延伸的平台加强了界面的水平方向特征，由此拾级而上的层层大坡道直通向蛇山之巅黄鹄矶头，借此完成由水平意向到垂直意向的过渡。传统由单一楼阁——黄鹤楼所控高的城市天际线由于黄鹤楼的被焚而产生一些改变：警钟楼与奥略楼建筑群共同组成城市垂直空间的最高层次。形态相异的各式建筑屋顶第次向陈、彼此相依，使得城市天际线的层次增加，变化增多，精彩纷呈，昭示了城市转型时期的文化交融特征（图5-1-22）。

主城区之外的沿江界面又是另外一番景象。由于经济发展的需要，沿江工业建筑的建设使得主城区之外的沿江界面呈现出与主城之内的沿江界面不同的形态特征。江边有坚实宽敞的石砌驳岸和码头，码头上耸立着起重机，装运货物的路轨直通厂内，江面上有轮船锚泊。厂区四周高墙环绕，门禁森严。象征工业文明的烟囱高高耸立，成为这一段天际线的制高点，昭告着城市由传统向近代的转型（图5-1-23）。以上种种，共同拼贴出近代武昌城市"传统与现代"、"东方与西方"共存的城市景象。

图5-1-22　20世纪30年代武昌蛇山黄鹄矶临江一带景观

（资料来源：武昌区档案馆）

（a）武昌第一纱厂　　　　　　　（b）汉阳门沿江以北的工业景观

图5-1-23　城北沿江的工业景观

［资料来源：（a）武昌区档案馆；（b）武汉市档案馆］

通过以上对城市垂直空间层次的分析以及城市沿江界面景观形态的描述，可以粗略描摹出城市天际线的形态特征：

从城市外部视角（如江面、江对岸的汉阳、汉口）来看，近代武昌城市的天际线展示出近代工业文明与传统城市古典景观的一种拼贴与并置，具有一种舒展的空间尺度。借助于自然山体的烘托，城市建筑群形成变化有序的剖面梯度。从城市最北端的洋园、徐家棚一带至新河和主城区边缘武胜门一带，低矮的棚户依偎大量较高的厂房、堆栈、码头、仓库、铁路枢纽等形成舒缓并略有起伏的天际线，展现了工业城市的基本面貌。徐家棚车站建筑以及第一纱厂办公楼的钟楼成为这一区段的两个节点。而数根高耸的烟囱则成为这一段天际线的制高点。主城区天际线从北端大堤口起至中部蛇山波状升高，至蛇山黄鹄矶达到高潮。建于城北昙华林花园山上的西式教会建筑成为这一区段重要的节点。大量依山而建的建筑形成层层递进的景观，使得这一区段的天际线具有丰富的层次，不仅是一层表皮，而且有血有肉，具有深度与立体感。黄鹄矶头的警钟楼和奥略楼等建筑群以丰富的体态与空间组合成为天际线的制高点，在各个层面上均具有令人满意的可识别性特征，成为城市的标志（图5-1-24）。

图5-1-24　城市标志性景观——警钟楼与奥略楼

（资料来源：武汉市档案馆）

自蛇山向南直至望山门附近，城市天际线渐次降低。沿长街北司门口至长街南省政府一带，新建的商业建筑鳞次栉比，栋栋相连，形成城市新的"景观带"。自望山门至鲇鱼套一段，天际线的变化趋于平缓，又是大量棚户与低矮的民宅与工厂、码头、堆栈相伴，数根高耸的烟囱则是这一段天际线的制高点（图5-1-25）。

（江对岸即武昌城，画面由左至右为武昌城北至南）　　　　（江对岸中部即为蛇山黄鹄矶）

（a）由汉口大别山远眺武昌　　　　　　（b）由汉阳城远眺武昌

图5-1-25　由江对岸观赏的武昌城市天际线景观

［资料来源：（a）天津社会科学院出版社. 千里江城：二十世纪初长江流域景观图集[M]. 天津：天津社会科学院出版社，1999：61-62；（b）武汉市档案馆］

从城市内部视角来看，从蛇山顶俯瞰城北一带因历为官署以及官绅住宅密集地，可见由"建筑的第五立面"——屋顶所组成的城市天际线波状起伏、层次丰富。远处花园山顶的西式教会建筑成为城市空间的节点。还可见到远处天际线的制高点——沙湖畔工厂的烟囱。从空间效果来看，城北天际线具有节奏感、整体性与延续性（图5-1-26）。城东南一带由于历为军营所在地，以及受地形所限民宅较少，因而建筑不似城北密集，所形成的天际线较为平缓，起伏较少，层次不如城北丰富（图5-1-27）。城南一带由于湖泊密布，围绕湖泊布置有住宅、学校等，由建筑屋顶所形成的城市天际线舒缓有致，疏密相间，层次丰富。一些大体量的西式学校建筑的屋顶突出于普通民宅的两坡屋顶，形成城市空间的节点。巡司河畔工厂的烟囱成为背景天际线的制高点（图5-1-28）。而从城市内部看蛇山，又是另外一种景象。借助于自然地形的起伏，自西而东胜象宝塔、警钟楼、显真楼、奥略楼、禹碑亭等建筑以各异的屋顶形态形成了蛇山山顶波状起伏、层次丰富、中西形态杂糅的天际线，成为城市内部最为亮丽的景观带，也昭示了城市转型时期的文化交融特征（图5-1-29）。

图5-1-26　由蛇山顶俯瞰武昌城北
（资料来源：武昌区档案馆）

图5-1-27　由蛇山顶俯瞰武昌城东南
（资料来源：武昌区档案馆）

图5-1-28　由蛇山顶俯瞰武昌城南
（资料来源：武昌区档案馆）

图5-1-29　蛇山顶的屋顶天际线景观
（资料来源：武汉市档案馆）

也许，将对武昌城市天际线的研究置于与汉口、汉阳相比对的环境中，更能把握武昌城市的风貌特征。两张珍贵的老照片记录了汉口与汉阳沿江景观（图5-1-30、图5-1-31）。

图5-1-30 汉口沿江景观

（资料来源：武汉市档案馆）

图5-1-31 汉阳沿江景观

（资料来源：武汉市档案馆）

将图5-1-30、图5-1-31与图5-1-19相比对，可知：近代武汉三镇中，武昌的城市天际线层次最为丰富，起伏最多，有着更为舒展的尺度。这在相当大的程度上得益于武昌城市"囊山"的地理环境特征。正是依托于自然山体，城市建筑群才形成了变化有序的剖面梯度。其中所反映出的尊重自然环境的思想尤应为现代城市规划与管理者所重视。而且，与汉口相比，武昌的城市天际线更多地表现出中西形态的相互糅合与交融、以及传统与现代的共存。西式建筑"插针式"地融入城市整体环境中，象征现代工业文明的烟囱也与山顶钟楼相映成趣，显示着城市转型时期的独特景观形态。反观汉口，由于沿江全为租界，表现出西方文化的"一枝独秀"，带有各宗主国特色的西式建筑群、整齐的驳岸、宽直的沿江大道形成殖民色彩浓厚的"外滩"，显示出其开埠城市的地位。汉阳沿江景观则展现出工业城市的面貌。虽然也有自然山体的依靠，但由于近代城市建设的成就主要集中于重工业的兴办，因而城市天际线完全被密集的烟囱所控制，传统老城在重压之下相形失色。

城市标志性景观作为城市天际线中最为重要的节点，最能显示城市的风貌特色。近代之前武昌城市的标志性景观是黄鹤楼，位于临江高岗，楼体高耸挺拔，占据了三镇演讲景观的制高点，既昭示了传统行政中心城市的地位，也凸显了山水城市的风貌。与之隔江相对的是汉阳的标志性景观晴川阁。同样依山傍水而立，只是无论从体量还是高度上都逊于武昌的黄鹤楼。而汉口，在近代之前则没有建立起任何标志性的建筑物，只有一望无际、繁忙的码头与船桅显示着其作为商业市镇的活力。1861年汉口开埠后，在长江与汉水交汇之处修建了雄伟的江汉关大楼。西方折衷主义风格的高大砖石建筑巍峨屹立，昭示其开埠城市地位，沿长江而下的租界"外滩"与沿汉水而上的"华界"传统建筑形成中西形态的对立与拼贴。汉阳的晴川阁虽然屡毁屡建，但在高耸的烟囱的重压之下似黯然失色。而武昌这边，作为城市标志的黄鹤楼"一去不复返"，黄鹄矶头新建了警钟楼与奥略楼，一中一西，相映成趣，成为武昌城市近代化发展的典型性与特殊性在城市形态上的折射，也似乎昭示了近代城市转型时期文化的包容或是困惑。虽然它们的体量与尺度不如汉口的江汉关，尤其是警钟楼造型对于西式的模仿也略显生硬，但由于有自然山体以及相邻建筑的衬托，这一切并不显得突兀，反而呈现出景观层次的丰厚。既有传统景观的积淀，又有时代景观的创造。这难道不正是一个可持续发展的城市所需要的么？

第二节　近代城市街道网络体系

一、近代城市街道网络

（一）晚清城墙内外的街道

1861年汉口开埠后，武昌开始受到西方文化的冲击，城市内部出现了"文化租界"。1889年张之洞督鄂后，开工厂、办学堂，修筑堤防等，使得城墙内外都发生了较大变化。在街道建设方面，张之洞也曾拟订过分年修筑马路的计划。但因为经费筹措困难，该计划未能全部实施，只完成城内和城外几条道路的建设。辛亥革命后，政权更迭、战事频繁，城市市政建设更是无法进行，以至于晚清至民国初期，武昌城墙内部的道路系统格局与清前中期相比变化不大，但城墙之外由于建设的发展而有所变化。

1883年，湖北善后总局出版的《湖北省城内外街道总图》以"道路为坊铺，计城中18铺，城外分4隅"，详细绘制了武昌城市内外的街道布局。1909年，徐秉书测绘的《湖北省城最新街道图》更是以大比例详细测绘了武昌城内外街道、建筑布局等，为本文的研究提供最佳佐证。将这两幅地图与1925年亚新地学社出版的文士员的《武昌要览》相对照，可以清晰理出晚清至民初时期武昌城市街道的网络体系（图5-2-1、图5-2-2）：城墙以内主要道路基本走向为南北向与东西向，形成长方形格网状的街道系统。主要东西向道路与南北向道路多呈丁字相交，东西城门不直接对应，南北城门也不直接对应。城中因蛇山横亘，分为山南（俗称山前）和山北（俗称山后）两个部分。

图5-2-1　1883年城墙以内街道网络体系

山南的主要东西向街道有：玉带街、弓箭街、方言街、宾阳门街、王府口街、官辕门街、读书堂街、文昌门街、保安门街、石灰堰街、通湘门街。其中通湘门街是联系城南中和门街与1906年因为修筑粤汉铁路而新辟的通湘门的主要街道，因而在1883年的《湖北省城内外街道总图》中没有，只出现在1909年的《湖北省城最新街道图》和1925年的《武昌要览》中。主要南北向街道有：兰陵街、芝麻岭街、望山门街、大朝街、黄土坡街、中和门街和千家街。其中千家街也是在增辟通湘门时而新建的街道，当时预期通湘门车站建设会引领商贸发展，计划在此安置千户人家，故名[1]。

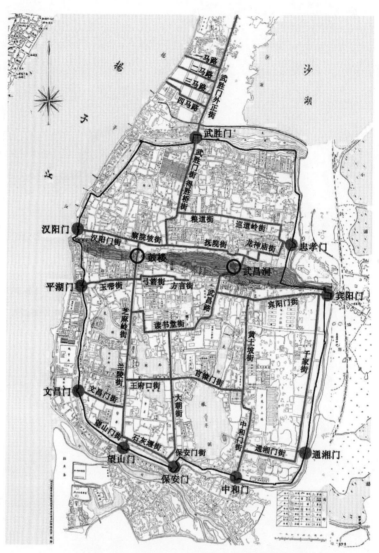

图5-2-2　1909年城墙内外街道网络体系

山北的主要东西向街道有：龙神庙街、抚院街、察院坡街和汉阳门街。这几条街道首尾相连，联系了城西的汉阳门和城东的忠孝门。另外还有粮道街、巡道岭街和棋盘街联系武胜门与忠孝门。主要南北向街道有武胜门街、得胜桥街和横街，北通向武胜门，南则通过蛇山"南楼"下的"鼓楼洞"联系沟通山南的芝麻岭街、兰陵街和望山门街，由此形成贯通城北武胜门和城南望山门的大街。

---

[1] 武汉市地名委员会. 武汉地名志[M]. 武汉：武汉出版社，1990.

南楼，是武昌城自宋代以来即有的名楼，俗称"鼓楼"，位于长街与蛇山的交汇之处。明末因蛇山横亘城中，南北交通不便，因而在鼓楼下凿石开洞，使鼓楼以南的长街穿过山洞延伸至山北的藩司衙门口。因洞处于鼓楼之下，故俗称"鼓楼洞"，是明清以来沟通蛇山南北唯一的通道。

清同治年间，鼓楼洞内以城砖砌墙和拱顶，加固了洞内的过道。1904年因鼓楼洞交通拥挤，张之洞令于蛇山中部新修了"武昌洞"，又称"蛇山洞"、"新鼓楼洞"，连接山南的阅马场与山北的抚院街。据《开通蛇山筑路记》石碑记载："蛇山横跨武昌城，山南为商业区，山北为万家民房。由于蛇山横贯城中，交通不便，车马不能通行，由总兵张彪负责派兵三千人凿石开路，打通蛇山，用期三十四天，修路一百七十丈，于光绪三十年（1904年）四月完工。"民国初年（1912年），又对洞内加以整修，用旧城砖衬砌洞拱，1913年竣工。武昌洞的开辟，成为沟通城市南北的第二个山洞，缓解了蛇山南北交通。

城墙以外的街道系由城市发展自发而形成，并不受礼制制约，因而从一开始就表现出沿交通走道布局形式，以利于商品的交换与利用水道的运输作用。主要道路在城门外沿江河顺水流走向（南北向）布置，其他次要街道则以东西走向为主，垂直于南北主要街道，向西延伸至长江边，街道的尽端往往就是码头。街道网络呈现出"鱼骨"状的形态特征（图5-2-3）。

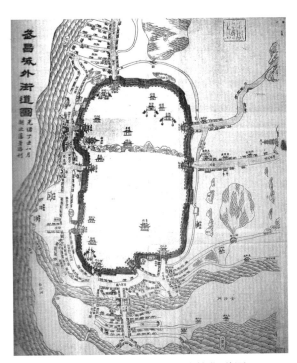

图5-2-3　1877年武昌城外街道图

（资料来源：武汉历史地图集编纂委员会. 武汉历史地图集[M]. 北京：中国地图出版社，1998：23）

城北武胜门外直抵青山、滨江一带地方，在1900年由张之洞奏准清廷拟自开商埠。为此，聘请英国工程师斯美利来鄂，令其丈量土地，对建设码头、填筑驳岸、兴修马路等工程进行详细勘测，绘制细图。虽然因种种原因，自开商埠计划不了了之，但张之洞整修了武胜门至沙湖边的道路（武胜门外正街），并由武胜门外正街平行向西、垂直于江岸建设了四条马路（一至四马路），成为近代以来武昌城市最早的马路建设。从1909年的《湖北省城最新街道图》来看，新建道路之间形成了非常规整的矩形地块，与周边道路空间肌理完全相异。民初以后成为第一纱厂厂址。

（二）民国中期城市道路系统的建设

1929年，武汉建市之后，市政府即着手现代城市道路的开辟与改造，武昌成立了武昌市开辟马路委员会。其职责是：规定开辟马路之计划，并督促工务局之进行；解决开辟马路进行时之一切困难问题。

1930年的《武昌市政工程全部具体计划书》按照武昌的天然形势及旧有街道情况研究，规划了城市道路干线31条（表5-2-1），并区分了道路等级。1935年的《湖北省会市政建设计划纲要》也提出"市街拓宽，为省会市政之先办实业"。虽然，因为政局与战事的影响，规划不能完全实施。但是，在民国中期1927—1937年的"黄金发展期"中，武昌还是陆续新修了沿江马路（张江陵路）、环城马路（中山路）和胭脂路等多条城市道路。除此之外，拓展（拓宽与延长）了武昌路、胡林翼路、中正路（长街）、张之洞路、平阅路、熊廷弼路等（图5-2-4）。这些道路的修筑，完善了武昌城市的道路系统，并且满足了城市发展的需要。

1930年的武昌城市规划道路干线　　　　　　　表5-2-1

序号	道路等级	规划道路干线路径	宽度（米）	备注
1	1	自中矶江边起，经鲇鱼套、文昌门、平湖门、汉阳门、大堤口、新河口（过上下新河建桥）、徐家棚至青山	45	上通金口，下接葛店
2	3	自中矶起沿武金堤经白沙洲入望山门经长街司门口、武胜门正街、出武胜门经二郎庙、候驾庙抵葡萄咀止，又由二郎庙分支经罗家墩至楠母庙对面	20	下接油芳岭通青山镇，上通金口，是为武金汽车道
3	3	自中矶阚家河沿老堤经金沙洲接望山门	20	
4	3	自小黄家湖边起，经乌家墩、唐家墩、越粤汉铁路，经水沙沟入保安门，通阅马场武昌路山洞，又分支接长街	20	
5	3	自李家桥经板桥通惠桥入中和门，经黄土坡通阅马场，又通宾阳门	20	

序号	道路等级	规划道路干线路径	宽度（米）	备注
6	3	自南湖南边的空心坳，经红庙、张吴家湾、老人桥接通惠桥	20	
7	3	自空心坳经高岭、叶家湾、下湖海接张吴家湾，与6号路线，又通板桥接5号路	20	
8	3	自南湖边，经空心坳的钱家湾、中咀、抵汤逊湖边	20	
9	3	自中矶内青菱湖边，绕小黄家湖，经张家墩接5号路	20	
10	3	自青菱湖边寺港边起，经官柴湖之西，一通张家墩接9号路，一通李家桥街5号路	20	
11	3	自中矶江边起，往内接9号路，联络1、2、3、9四条路线	20	
12	3	自江边起，经老白关，接9号路，联络1、2、3、9四条线路	20	
13	3	自江边湖南帮起，经张家湾与栏水庙之间接9号路，联络1、2、3、9四条线路	20	
14	3	自江边竹木征收局起，越夹套经武建营之北，接5号路，联络1、2、3、4、5五条路	20	
15	2	环城马路系就旧城基建筑成圆圈形，自大堤口起过武胜门外，经沙湖边绕城外至忠孝门、宾阳门，经通湘门、中和门、保安门、望山门、接沿江马路	30	
16	3	自南湖门经黄家湾、搭布桥、相国寺，接中和门	20	此路东通油芳岭
17	3	自东湖门起，经卓刀泉、街口头、洪山达宾阳门，经方言学堂街、玉带街至平湖门江边	20	此路东通豹子澥后经武昌市政会议通过改为一等路
18	3	自东湖滨经东湖门至南湖滨止，联络16、17号路	20	
19	3	自东湖滨经卓刀泉至南湖滨，联络16、17号路	20	
20	3	自沙湖边熊家湾绕水果湖滨经黄家湾、街口头，至付家湾南湖滨止，联络16、17号路	20	
21	3	自沙湖边王家湾经杨泗庙、徐家湾、涂家岭、螺丝地抵南湖滨，联络16、17号路	20	
22	3	自千家街经紫阳桥、王府口直出江边	20	
23	3	汉阳门起经察院坡、抚院街、龙神庙出忠教门，经车马岭洪庙、宋家岭，抵青山港的杜家桥止	20	通北湖、严西湖及葛店
24	3	武胜门外的四马路通至沙湖边，联络沿江马路及沙湖滨	20	

序号	道路等级	规划道路干线路径	宽度（米）	备注
25	3	自上新河口，经武昌庙至沙湖边，联络沿江马路2号路线，北及沙湖滨	20	
26	3	自洪关经杨罗湾抵沙湖边，联络沿江马路及沙湖边马路	20	
27	3	自徐家棚车站，经二郎庙、田家湾，抵东湖咀，联络沿江马路和2、23号路，及郭郑湖边	20	
28	3	自东兴洲，经王家墩，至汤林湖边的九连墩，联络沿江马路和2、23号路，及郭郑湖边	20	
29	3	自青山港口，沿青山港至杜家桥，联络沿江马路和2、27号路	20	
30	3	沙湖四周修马路环绕	20	
31	4	由铁路边起，入城经巡道岭至粮道街西头，拆屋经省公署至万年闸接沿江马路	15	为后山通江要道

［资料来源：（民国）汤震龙.武昌市政工程全部具体计划书[Z].民国19年（1930）：11，现藏于湖北省图书馆］

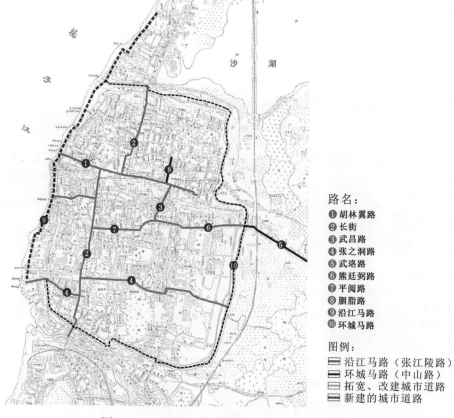

路名：
❶胡林翼路
❷长街
❸武昌路
❹张之洞路
❺武珞路
❻熊廷弼路
❼平阅路
❽胭脂路
❾沿江马路
❿环城马路

图例：
▤ 沿江马路（张江陵路）
▤ 环城马路（中山路）
▤ 拓宽、改建城市道路
▤ 新建的城市道路

图5-2-4　民国中期武昌城市街道系统建设图

1927年，市政府工务局规划兴修沿江马路。武昌临江一线原无道路，清末筑有武青堤，民国以后沿江堤陆续修筑成马路，1932—1934年先后陆续修建完成沿江堤的马路。1932年，由湖北省会工程处首先完成汉阳门至城北万年闸一段。1934年又向南延伸至文昌门外。1936年，紫阳路至前进路一段建成，命名为张江陵路。晚清以来，武昌城墙以外逐渐形成沿江工业带，工厂、码头众多，张江陵路的修筑满足了水运及陆路运输的需要。

1929年武昌城墙完全拆除后，提出了以城基和城土填没城濠为路基的"环城马路计划"："环城马路系就旧城基建筑成圆圈形。自大堤口起绕箍桶街、过武胜门外、经螃蟹岬之北麓、沙湖边、绕城外至忠孝门，因有蛇山阻拦，经城外至宾阳门、经通湘门、中和门、保安门、望山门接沿江马路为二等路，宽三十公尺；自望山门、文昌门、平湖门、汉阳门至武胜桥一段，不修环城马路，仅修支路者，以其近江边有宽广之沿江马路，无须再筑宽广之沿江马路与之平行也"[1]。从这段计划内容来看，环城马路的规划尽量利用原有城墙城基及原有道路，考虑地形地貌特征，道路选线与布局因地制宜，有效地减少工作量。1936—1937年，环城马路建设完成，定名中山路。它的修建，使原有的城内道路相互沟通与联系起来，由此完成了由古代街巷交通体系向近代环状路网交通体系的转型，基本奠定了近代相对完整的城市道路体系。

二、近代城市街道空间形态

（一）城市的新街道

1930年汤震龙编辑的《武昌市政工程全部具体计划书》中规定了规划新建道路的等级宽度、铺路材料，规定了在道路两侧设明沟或阴沟，并上盖麻石条。道路等级中包括城市老街道总共分为7等（表5-2-2）。

武昌城内街道宽度等级表　　　　　　　表5-2-2

街道等级	一	二	三	四	五	六	七	备注
宽度（米）	45	30	20	15	10	6	4	45米宽为沿江马路

［资料来源：（民国）汤震龙.武昌市政工程全部具体计划书[Z].民国19年（1930）：11，现藏于湖北省图书馆］

规划新建的道路等级除沿江马路为一等外，其余多为二至四等，三等居多。从道路规划的等级来看，当时已充分考虑了道路交通发展的未来需要。对于铺路材料，《武昌市政工程全部具体计划书》中提到："铺柏油路建筑费用过巨，武昌市现时无财力，因而除交通甚繁、载重车辆经过多

---

[1]（民国）汤震龙.武昌市政工程全部具体计划书[R].民国19年（1930），藏于湖北省图书馆.

的路面以外，其余均采用黄泥灌浆路面"。1931—1937年间，武昌城市新的道路，如中山路、张江陵路、胭脂路等均按规划进行了建设。其中，沿江马路（张江陵路）的建设甚至还考虑了滨江"观景"与"景观"要求，临江设置了专门的观景区，布置了街道家具。观景区与车行道路之间用宽阔的绿化带加以分隔，满足了不同的功能需求（图5-2-5）。

图5-2-5　20世纪30年代的沿江马路汉阳门段

（资料来源：武汉市档案馆）

1936年7月，中山路（环城马路）开始动工建造。总路段长6340米，筑30米（至武胜门正街处）和10米（武胜门以下）宽的黄泥碎石路，其中筑有人字沟、下水道、截泥井与人行道。人行道的建设表明了当时的设计已经对人车分流予以充分考虑。

胭脂路的建设也是如此。胭脂路是开辟城北胭脂山修筑的一条道路。自1929年武昌路扩洞建路竣工后，交通向北延伸为胭脂山所阻（原粮道街有屡坦巷可翻越胭脂山而行）。若开辟胭脂山修筑道路，路南端经抚院街斜对武昌路北端，可交错衔接组成武昌城区中部穿山的南北通道，因此，1935年开始了"胭脂路"的建设，年底竣工。南起抚院街，北至粮道街，全长280米，采用水泥混凝土车行道，宽10米，两侧建有水泥人行道和人字排水沟，人行道宽1.2米[1]。这是武昌最早修建的一条水泥混凝土路面。

（二）城市的老街道及其变化

武昌的老街大多历史悠久，空间狭窄（图5-2-6）。例如建于元代的长街，长期以来是城市商业集中地段，仅宽4～5米，"车行街中，侧身以避，不复能容人行"。狭窄之外，"路政不修，雨则泥淋没胫；晴则如履钉山，沙砾碍足；风则扬灰迷目；雪则积久不消"，以至于当时市民感慨："三镇市政之腐败，几非笔墨所能形容！"[2]因此，整修与拓展城市道路成为民国中期城市建设的重点。这一时期，武昌老街道空间的变化

[1] 武汉市政建设管理局.武汉市政建设志[M].武汉：武汉出版社，1988：20.

[2] 周以让.武汉三镇之现在及其将来[J].东方杂志第21卷第5号.

主要是在原有基础上进行拓宽与延展，并增设人行道和改善排水设施，以满足日益增长的车行及人行交通需求。

1927年武昌成立市政工程委员会后的第一项工程是修复武昌路山洞。始建于1904年的武昌洞在1916年因山水溶蚀砖拱发生脱落而崩塌，交通从此中断。1929年4月采用钢筋混凝土衬洞拱的武昌洞工程竣工。同期，武昌路全线新建了车行道与人行道。道路中间为5.4米的碎石路面，两边为各宽1.4米的水泥三合土路面的人行道（图5-2-7）。

图5-2-6　20世纪20年代的武昌老街巷

（资料来源：武昌区档案馆）

（a）武昌路山洞（民国时期）　　　　（b）武昌路山洞（2009年）

图5-2-7　武昌路山洞

［资料来源：（a）武汉市档案馆；（b）作者自摄］

1928年8月，武昌修筑了武汉三镇的第一条柏油马路——汉司路。起于汉阳门江边止于司门口的汉司路，原名汉阳门正街，是联系城内东西向交通以及通往汉阳门渡江码头的交通要道，原街宽约6米，终年泥泞、车马塞途。1928年，拓宽道路，总宽度为12.2米，两侧人行道各宽2.1米。车马道路面上铺2层柏油，人行道为水泥路面，道路两边设排水沟[1]。值得注意的是，伴随汉司路的拓宽，同时还进行了道路西端汉阳门轮渡码头及其附近堤岸的建设（图5-2-8）。码头两端以红石砌成滑坡，上部加砌3米高的拥壁。码头中部还设有观景平台一座，宽15米，以花岗石砌成。平台修建完工后，成为市民中元节看河灯的主要场所。道路与附属设施的不仅满足了人车通行要求以及观景的需要，还为市民的公共活动提供了空间。

（a）码头与平台　　　　　　　　　　（b）码头与堤岸

图5-2-8　汉阳门轮渡码头及其附近堤岸的建设

（资料来源：武汉市档案馆）

1932年，为配合国立武汉大学的建设以及救济1931年武汉大水受灾居民，由湖北省水灾善后委员会主持了武珞路的拓展工程。武珞路，原称大东门马路。该路阅马场至洪山宝通寺一段始筑于张之洞督鄂时。洪山至珞珈山一段则为土路。武汉大学成立后，该路拓宽改建为宽约6米的泥浆碎石路，并开通了由武昌城内（汉阳门）往返武汉大学的公共交通线路（图5-2-9）。

图5-2-9　由武昌城内（汉阳门）往返武汉大学的公共交通

（资料来源：武昌区档案馆）

---

[1] 武汉市政建设管理局.武汉市政建设志[M].武汉：武汉出版社，1988：11.

　　拓展与整修中正路是民国中期武昌道路建设的重要项目。中正路蛇山以南部分俗称"长街"，由南楼前街、芝麻岭街、兰陵街、望山门正街组成，是纵贯城南的一条古老街道。此路连通蛇山以北司门口的鼓楼洞开凿于明末，清同治年间以城砖砌筑了内墙与拱顶。原洞下以及前后的街巷仅宽4～5米。1935年武昌市政处提出了扩建长街并向两端延伸的"中正路"规划：南起巡司河与中正桥相接，北至箍桶街止，同时，废除鼓楼洞，改建过街人行天桥——南楼拱桥（俗称蛇山桥），以解决穿越蛇山长街过往人车巨增所带来的交通拥挤问题。1935年底，南楼拱桥先行动工，1936年竣工，是武汉三镇最早的钢筋混凝土过街人行拱桥（图5-2-10），拱桥跨度20米，宽6米。桥塊两边，均用旧楼拆下之麻石凿砌踏步，布置草坪坦坡，蒔花点缀。桥洞桥身及灯柱，均装有新式电灯。桥身表面及灯柱均采用假麻石粉刷[1]。中正路于1936年1月动工，全长3166米，宽12米，分3段兴工：自望山门外张江陵路起经兰陵街达百寿巷口接平阅路（彭刘杨路）为南段；自平阅路向北至司门口接胡林翼路为中段；自胡林翼路向北至箍桶街止为北段。中、南两段及北段之一部分（自胡林翼路之高家巷）铺筑12米宽的混凝土车行道。两旁利用旧路条石砌筑路沿，铺筑3米宽混凝土人行道及1米宽的草坪。北段经高家巷至箍桶街止为新辟路段，车行道铺设碎石路面，人行道等则与中南段相同。此路砌筑的下水道，中、南两段为蛇山山南地区之总干渠，北段为蛇山山北地区之总干渠。该路的建设对改善武昌中心城区的交通、商业、景观环境、卫生等开创了良好的先例。

图5-2-10　武汉三镇最早的钢筋混凝土过街人行拱桥——蛇山桥

（资料来源：武昌区档案馆）

　　总体而言，近代武昌城市老街道空间的改造，以近代先进标准为模式，既满足城市日益增长的轮轨交通的需要，同时注重人行安全及步行者活动的需求。滨江路段甚至考虑了景观与观景要求，为市民提供了公共活动空间。新的城市道路的规划与建设也基本达到近现代化水平，道路等级

---

[1] 濮世谷. 解放路、武昌路、燕冶路开山筑路史话[A]. 武昌区政协. 武昌文史第12辑：城建专辑[Z]，1999：16.

的划分、道路宽度的确定、道路绿化的设计充分考虑了城市汽车交通发展变化的需要，同时也考虑了人行要求以及城市排水的问题。

第三节　近代城市街区与公共空间

街区与公共空间作为城市中观层级的形态要素，在国外城市形态学与类型学理论中是被关注的主体，被认为是城市特色的重要载体。在本文对于近代武昌城市空间形态综合分析的研究框架中，街区与公共空间也是理解城市总体形态与建筑形态的一个重要媒介，城市典型性街区与公共空间的形态集中反映了一个城市的风貌特色。

一、城市街区

（一）街区的类型

一般而言，城市内部主要道路网络的分割，将建成区域化分为若干个街区。它们是组成城市空间的次一级系统。由于街区边界、内部街巷布局的不同以及建筑类型与形式的差异，每个街区都会形成自己独特的风格特征，从而构成城市总体形态的多样。武昌是一个典型的山水城市，城市内部处处山水显扬。这些山水环境在承担城市重要景观节点功能的同时，也参构到街区环境组织之中。一方面，武昌城市街区的边界除了由道路来限定之外，很多时候，是自然山体与湖泊的岸线限定了街区的边界。另一方面，一些街区围绕湖泊而展开，湖泊成为街区最核心的景观、最重要的节点。边界与中心的双重控制，使得街区的特征鲜明。在城市道路形态规整、单一、特征性缺乏使得城市观察者产生困惑之时，这些界定清晰生动、特色鲜明的街区在一定程度上弥补了道路系统的不足，成为人们城市生活体验中重要且令人满意的部分。

除了街区边界、核心景观之外，武昌城市街区多样性还可以根据功能类型的不同加以识别。除了居住功能之外，按照街区主要提供城市生活功能类型的不同，可以划分为不同的街区类型。武昌城市街区主要包括：文化教育街区，分布于城北武胜门正街与得胜桥街以东地区。其中，城北的昙华林街区是武汉三镇中历史文化最为集中、最具特色的一个街区；商业街区，分布于城南芝麻岭街两侧，以及城北汉阳门至司门口地区；行政街区，分布于兰陵街以西以及阅马场地区；工业街区，分布于城北新河以及城南白沙洲一带。除此之外，还有一些纯粹的居住街区，主要分布于城北武胜门正街以西、城南大朝街以西的地区以及综合了交通、商业、工业、办公、居住的综合性街区，主要分布于徐家棚车站新区。主导功能的不同，带来街区结构、用地形态的差异，从而导致街区空间形态的相异，而这些则共同形成了城市总体形态的多样性特征。

（二）典型街区：昙华林街区的分析

对城市每一个街区的单独分析在一本论文中显然力所不及，选取近代武昌城市中最具代表性的昙华林街区（图5-3-1）作为样本研究因而成为一个替代的选择，以"窥一斑而知全豹"之思想为指导，是本文在城市中观层级对于街区形态分析的一次尝试。

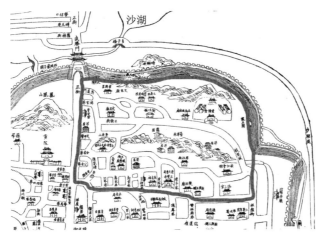

图5-3-1　昙华林街区范围

（资料来源：作者自绘，底图为1883年湖北省城内外街道总图，来自武汉历史地图集编纂委员会.武汉历史地图集[M].北京：中国地图出版社，1998：24-25）

昙华林街区位于武昌主城的东北部，西起得胜桥街北段，东至环城马路，北依古城墙，南至候补街，地处花园山北麓和螃蟹峡之间，随两山并行而成东西向布局形式。早期的昙华林街名只是指戈甲营出口的以东地段。1946年，武昌市政府将戈甲营出口以西的正卫街和游家巷并入统称为昙华林后，这个地名的涵盖便沿袭至今。现在的昙华林街东起中山路，西至得胜桥，全长约1200米，是明洪武四年（1371年）武昌扩城定型之后逐渐形成的一条老街，街区范围主要包括昙华林、戈甲营、太平试馆、马道门、三义村以及花园山和螃蟹峡两山在内的狭长地带。关于"昙华林"名称的来源有两种说法：一说是巷内有花园，多植昙花，聚而成林。古时花、华二字通用，故名昙华林；一说巷内多住种花人，一坛一花，蔚然成林，后"坛"讹为"昙"，称为昙华林。郭沫若在《洪波曲》中曾提到这一街名可能与佛教有关。"昙华"二字据说是印度梵文的译音，而"林"应该是"居士林"的简称，只是没有得到考证。但从城市老地图与历史文献来看，昙华林街区内的确有三官殿、三义殿、罗汉殿、罗祖殿、正觉寺、宝善古刹等众多佛教建筑，其中正觉寺还是清代武汉三镇四大佛教丛林之一，可见，"昙华林"因当地佛教寺院兴盛而得名这一点还是有根据的。

1. 昙华林街区边界与街巷空间

该街区北临沙湖，以凤凰山、螃蟹峡二山为北部自然边界，内含花园山，形成了"一湖三山"的自然格局。武昌老城墙东北端沿螃蟹峡山脊而建，昙华林街区也依城墙而展开，界定清晰。街区内不少建筑依山而建，远眺沙湖，充分利用了自然环境特色，营造了独特的街区景观，彰显了武昌山水城市特色。沙湖，历史上曾与武胜门外东城壕相连，是一个水域面积宽广的自然生态浅水湖泊，与近代武昌城市空间生长关系密切。花园山，又名崇福山，全长900米，海拔高度45.8米。明永乐年间（约1403—1424年）就有王府兴建于此，清代也曾建有名园——霭园，植被葱郁，风景优美。螃蟹峡是一座东西走向的狭长山体，因东端好似蟹钳形而得名。因古城墙依此山脊而成，又有"城山"之称。1927年城墙拆除之后，成为昙华林街区东北部边界。凤凰山，位于武胜门西侧，海拔高度44.9米，曾是城北的军事要塞，历来有"欲制武昌，先制蛇山；欲制蛇山，先制凤凰山"之说。晚清时期，张之洞曾于山顶设立炮台，在保卫辛亥革命武昌起义成果的战斗中发挥了巨大作用。它与武胜门正街一起构成昙华林街区的西部边界。花园山与螃蟹峡山体不大，但山形优美，起伏有致。昙华林街区东端的建筑大多以山而建，错落有致，台阶步道穿行其间，形成了独特的街区景观（图5-3-2）。

图5-3-2　昙华林街区内山道与依山而建的建筑

街区内原有道路主要包括东西向的游家巷、戈甲营街和昙华林街，南北向没有大的街道，只有通向地块深处的小巷，形成了类似鱼骨状的形态特征。随着城市建设的推进，街区西部与城市中心相近地块划分细致，街巷密度加大，形成了多条南北向小巷与东西向街道，形成了棋盘网络状结构。而且，相互平行的巷道恰好形成了从核心景观区向南扩散的通道，构成昙华林蜿蜒复杂却又结构清晰的街巷体系。

城区东部原多为政府附属设施用地以及山地，在近代城市发展过程中改换为教育用地，地块划分相对较大，尤其是昙华林街以南花园山北麓的大片区域为教会学校文华大学校园，因而道路密度较小，形态上也多沿山路蜿蜒，呈现出较自由的特征。1936年环城马路中山路建成之后，街区东端昙华林街、鼓架坡、云架桥与中山路相通，与城市其他区域联系更为通达（图5-3-3）。

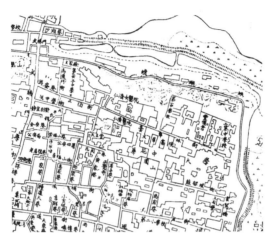

图5-3-3　昙华林街区街巷结构图

（资料来源：武昌市街图1936. 武汉历史地图集编纂委员会. 武汉历史地图集[M].北京：中国地图出版社，1998：86）

另外，从1909年湖北省城内外详图反映的昙华林街区的情况来看，区域西端沿武胜门正街和得胜桥街进入戈甲营和游家巷地段的建设密度最高，然后沿着昙华林街由西至东建设密度相应降低，尤其是昙华林街以南花园山北麓地区建设密度最低。由西至东的方向反映出街区自然生长的过程，而且在这个过程中，自然山体环境不仅没有受到大的破坏，而且还有意识地被结合入街区公共空间建构中。结合实地调研，发现区域西端建设密度最大的地方是建于清代的传统民居。它们整齐排列，沿街立面多为高耸的砖石实墙面，只有狭窄的门楼显示进入的方向，街巷空间感觉整齐与封闭。沿主街向东，依次经过原英国教会区、意大利教会区、瑞典教会区与美国教会区，沿途建筑依山而立，建筑与建筑之间因布局的不规整出现了一些饶有趣味的小的公共空间，如建于山脚的徐源泉公馆与建于半山的夏斗寅住宅（现武警大院）前有一处开敞的院落；东端文华大学（现湖北省中医学院）处，有一块较大的空地。这些公共空间承载了街区以及外来人群的交流活动功能，成为街区空间中重要的节点。关于这一点，郭沫若[1]在《洪波曲》"抗日战争回忆录"中就有记载："在文华大学的对

---

① 郭沫若曾于1938年2月任政治部三厅厅长，在昙华林主持工作。

面……空地很多，周围的树木也很多。……空地有时成为操场，有时成为戏场，差不多整天都有弦歌之声在浩大地激扬着……外来群众可以随意出入，不知道的人或许会以为是游戏场了"。

2. 昙华林街区建筑类型与布局

除了自然环境特色鲜明之外，昙华林街区还是一个多元文化并存的街区。作为一个近代历史事件的多发地，昙华林在中国近代史上占有非常重要的地位。武昌首义、南昌起义的爆发、全国抗战救亡文化中心——国民党政治部三厅的成立等都与此地有关。同时，它还是帝国主义在华中地区的传教中心所在地，各大教会势力云集。在传播宗教思想的同时，也是东西方文化交汇融合的城市空间载体。从现代城市历史保护的角度来看，这一区域还集中了数十处百年以上的老建筑，这些建筑所蕴含的文化内容就好似一部活的近代史书。而且，这些建筑虽经百年风雨，遭受不同程度的破坏，但基本风貌未有大的改变，有些还显示出相当优良的建筑品质，它们以实物的标本形式展现着武昌城市厚重的历史文脉。根据实地调研，目前街区内现存的历史建筑与遗迹共有48处，按照功能类型，可以主要划分为教育、宗教、行政办公、医院、居住（包括传统民居与近代公馆）建筑、遗迹等，种类丰富（表5-3-1）。主要建筑包括：文华大学建筑群、意大利天主教区建筑群、瑞典行道会教区建筑群、仁济医院建筑群以及传统民居和近代名人故居（包括刘公公馆、徐源泉公馆、石瑛旧居等）。

昙华林街区现存近代建筑类型　　　　　　　　　表5-3-1

类型	建筑物名称	建造年代（年）	建造地点	备注
教育建筑	文华大学文学院	1903	现湖北省中医学院8号楼	武汉市优秀历史建筑二级保护建筑
	文华大学法学院	1903	现湖北省中医学院7号楼	—
	文华大学教育学院	1903	现湖北省中医学院6号楼	—
	文华大学圣诞堂	1870	现湖北省中医学院5号楼	武汉市优秀历史建筑二级保护建筑
	文华大学翟雅各健身所	1919	现湖北省中医学院内	武汉市优秀历史建筑二级保护建筑
	文华大学颜母楼	1903	现湖北省中医学院14号楼	武汉市优秀历史建筑二级保护建筑
	文华公书林辅楼书库	1920	昙华林街138-139号	武汉市优秀历史建筑二级保护建筑
	懿训女校教学楼	1897	昙华林街101号	—
	武汉中学（真理中学）	1890	昙华林街115号	—

类型	建筑物名称	建造年代（年）	建造地点	备注
行政办公	国民党政治部三厅办公楼	—	现武汉市14中学内	武汉市文物保护单位
宗教建筑	基督教崇真堂	1864	戈甲营44号	—
	瑞典教区主教楼	1890	昙华林街95号	—
	瑞典领事馆	1890	昙华林街107号	—
宗教建筑	瑞典教区神职人员用房	1890	昙华林街88、97、108号	—
	圣家堂	1889	花园山2号	—
	嘉诺撒仁爱修女会教堂	1888	省中医学院附属医院内	—
	育婴堂	1928	花园山2号	—
	鄂东代牧区主教公署	1883	花园山2号	—
居住建筑	传统民居1	清末民初	昙华林街81号	—
	传统民居2	清末民初	戈甲营76号	—
	半园（正房）	1928	鼓架坡27号	—
	蔡广济旧居	1930	戈甲营94号	—
	刘公公馆	1900	昙华林街32号	—
	徐源泉公馆	1930	昙华林街141号	武汉市优秀历史建筑二级保护建筑
	夏斗寅宅	1932	昙华林街141号	武汉市优秀历史建筑二级保护建筑
	汪泽故居		太平试馆4号	—
	石瑛故居	1930	昙华林特1号	—
	卢春荣宅	1931	云架桥	—
	晏道刚故居	1932	高家巷17号	—
	钱基博故居	1936	现湖北省美术学院内	—
	徐氏公馆	1930	崇福山41街7～9号	—
医院建筑	仁济医院	1895	省中医学院附属医院17栋	武汉市优秀历史建筑二级保护建筑
其他	万婴墓	—	花园山2号	武汉市文物保护单位
	花园山天文台遗址	—	花园山2号	—
	武昌正卫衙门碑	—	现昙华林小学内	—

（资料来源：根据相关资料与实地调研整理）

191

从表5-3-1可知，昙华林街区内建筑类型除居住外，以文化教育和宗教建筑为主，体现了其多元文化并存的历史文化街区性质。在考察中注意到，街区内的建筑有西方古典式、哥特式、意大利文艺复兴式以及中国南方传统民居风格等多种建筑风格，更不乏众多的在特定历史背景下产生的中西合璧式建筑风格。整个街区不单单是一部浓缩的中国近代建筑史，每一幢建筑也不仅仅是一个单纯的偶然事件，其中更蕴藏着内在的时代脉络与发展逻辑，为解读近代武昌城市发展的历史过程提供了众多的例证、索引与突破口。同时，发生在其间的中国近代史上的重大历史事件，以及其在近代教育等领域的重要地位，大大丰富了街区自身的文化内涵，成就了其独特的地位，因而有学者认为："如果说武汉是'中国文化转型之都'的话，昙华林则是其重要的孵化器和力量源泉。[1]"

二、公共空间

城市公共空间是指那些供城市居民日常生活和社会公共生活使用的室外空间，通常由城市建筑及其他实体界定、围合而形成，有一定的边界。城市公共空间往往因城市发展、城市社会生活的变化而变化，因而可以说，城市公共空间的类型与形态对应着社会生活与城市社会功能的需要。近代武昌，一方面由于隔岸汉口的开埠以及张之洞施行"湖北新政"，强调"西器东用"而受到外来文化的影响，从而出现了新的生活、娱乐与社会交往方式；另一方面，由于武昌是近代诸多重要的政治事件发生的中心地，因此，城市居民的社会生活不可避免地与政治紧紧联系在一起。前者产生了近代城市休闲运动型公共空间，主要形式为城市公园与公共体育场；后者产生了城市政治集会型公共空间，主要形式为城市广场。当然，这两者其实在近代中国大城市生活中并无绝对的功能性质划分。城市公园、公共体育场也常常成为群众政治集会的场所。

（一）城市公园

武昌城可算是名副其实的"山水之城"。蛇山、洪山、珞珈山、磨山等呈串珠状分布于城中，另有花园山、胭脂山、梅亭山、萧山、双峰山等镶嵌在蛇山山脉的前后。城市内部与周边湖泊密布，著名的有东湖、沙湖、紫阳湖等。这些山水历来都是人们踏春、游览的好地方。近代以来，依附于这些自然山水，兴建了城市公园，成为城市新型的休闲公共空间。

"公园"这一语汇在古汉语中的出现最早见之于《魏书》，《景穆十二王·任城王传》中记载："（元澄）又明黜陟赏罚之法，表减公园之地以给无业贫民"。由此可见，古语的"公园"指的是古代官家花园，是

---

[1] 葛亮. 昙华林——革命大戏的后台背景[J]. 新建筑，2011（5）：30-31.

供皇族或特权阶层娱乐生活和庄园生活的一片土地，是与封建等级和特权紧密联系在一起的，这在很大程度上不同于西方作为公共空间的公园（Public Park）概念。西方的公园指的是社会大众都能去休闲和娱乐的地方，它们通常由城市、州或国家政府建立和管理。近代公园最初兴起于19世纪初的英国，以解决当时由于工业化及人口剧增而引发的一系列城市环境问题[1]。

　　在近代中国，由于西方的入侵，伴随着租界的建设，最早于19世纪60年代产生了公园的实体，公园的概念也随之传入中国。1868年，英美租界工部局在上海苏州河与黄浦江交界处的滩地开辟了一个30亩左右的公园。园内按英国的风格设计，有大草坪、高大的乔木，连片的灌木和花坛，路旁还安置了供游人休憩的座椅。这就是中国最早的公园——上海外滩公园。"外滩公园的原名是Public Park，当时译作'公家花园'"[2]。其后，上海的租界当局又陆续开辟了一些公园，都被称为"公家花园"或"公花园"，以区别于私家园林。1905年3月，《申报》登载了一条新闻："公园拓地：外大桥堍公家花园，自去冬田工部局禀准上海道袁观察将园外涨滩一方，填筑石驳，放充园基，于十月间动工，刻已将次日竣矣。"这条简短的新闻完成了从复合称谓"公家花园"到简单称谓"公园"的过渡。以后，"公园"这一称谓逐渐代替"公家花园"，在各种报刊杂志中的出现频率逐渐提高。民国以后，这一概念逐渐流行起来。

　　如果要给"公园"这个概念一个准确的定义，那么根据《汉语大词典》，公园是指"供群众游乐、休息以及进行文娱体育活动的公共园林"。这种"公园"最本质的特点是公众性和平民性，它是一个城市或地区近代化的重要标志之一。

　　晚清民国时期，随着汉口的开埠和租界区的建设，以及大量留学海外人士的归来，西方公园建设的理念与手法大量传来。无论是政府还是城市精英阶层都将公园建设作为推动社会进步的重要因子，在近代中国传统园林变革的大趋势下，武昌的园林建设进入到一个以公园建设为标志的新阶段，完成了从"只供少数人享用的私人空间"到"供社会大众使用的城市公共空间"的转型（表5-3-2）。

---

[1] 吴薇，刘红红. 西学东渐下的中国近代城市公园建设[J]. 古建园林技术，2011（4）：48-51.

[2] 上海通讯社. 上海研究资料[Z]. 上海：上海书店，1984：473.

近代武昌的城市公园 表5-3-2

公园名称	建设地点	建设时间（年）	建设者	建设概况	备注
首义公园	蛇山南麓	1923	初为首义人士夏道南筹建，后由湖北省建设厅整理扩建	1924—1928年，园内陆续建成首义纪念坊、陈友谅墓、革命纪念馆、中山纪念堂、中山纪念碑、西游厅、共和舞台、游艺社等	1928年，湖北省建设厅对公园进行整修，将公园与抱冰堂和蛇山林场整合为蛇山公园。1932年，湖北省建设厅将蛇山全部辟为武昌公园
琴园	城北郊沙湖畔	1916	官绅任桐	园中建有茶楼、戏院、照相馆、人工河等，"占地辽阔，亭台池榭布置得宜，花木菁密，足供游览"	至迟于1922年对公众开放，为此专门修建了一条由粤汉铁路徐家棚车站通往琴园的马路，名"琴园"路。还专设有渡江小轮船，接驳游客自汉口渡江至琴园
海光农圃	东湖西北岸	1930	民族实业家周苍柏	借鉴西方现代公园理念，建设有游船码头、游泳池、动物园、苗圃、林地等	建成之初即对公众开放

（资料来源：根据相关资料整理）

近代公园作为"具有优美环境、运动休闲的各种设施，同时又具有社会教化功能的城市公共空间"，在进入中国时既是作为"健康文明新生活"的象征，同时又是更深层次上的"殖民主义的空间"[1]。因此，当中国人建造公园时，在西方城市公园建立的原初功能——休闲娱乐基础上，又增构了有别于西方公园的社会教育与教化空间，使之成为兼具娱乐、教育与政治性质的特殊空间。这使得它无论是与中国传统园林比较，还是与西方公园相比较，都呈现出巨大的差异，显示出中西方文化的碰撞与交流。

首先，在空间模式的建构上，为体现近代公园"公共性"与"开放性"之涵义，大多采用西方园林开放式的空间模式。与中国传统园林借由主题意趣来串联各景观空间的手法和重抒情，忽而洞开、忽而幽闭的空间体验不同，近代武昌城市公园内一览无余的景致和开敞的空间建构以直白的风格表现出西方公园理念中的公共参与性与互动性（图5-3-4）。

---

[1] 吴薇，刘红红. 西学东渐下的中国近代城市公园建设[J]. 古建园林技术，2011（4）：48-51.

图5-3-4　首义公园景观与布局（1933年）

[资料来源：张天洁，李泽，孙媛. 纪念语境、共和话语与公共记忆——武昌首义公园刍议[J].新建筑，2011（5）：6-11]

　　其次，在空间功能的组织上，除了传统园林具备的观赏游览空间外，近代公园增加了休闲以及健身运动场所，"不仅供群众之娱乐，作憩息之所，并欲籍此增进其体质，陶冶其性情"[1]。例如，"琴园"修建了戏院、照相馆，还凿有10米多宽的人工河，配备两艘游艇供游客使用。到公园里游一游，逛一逛，成为新的城市生活时尚。1932年修建的武昌公园，设置了首义剧场、科学实验馆以及农林实验场等，冀望通过这些教化空间，对市民进行价值观的教育和灌输，以提高市民素质（图5-3-5）。周苍柏创办"海光农圃"，除了为广大市民提供锻炼身体、开展正当娱乐活动的场地之外，还聘请了一批有真材实学的农业技师来规划、实施、管理海光农圃。他们在此改良土壤，研究农艺、培养农业人才，使农圃成为农业新产品的实验基地，也令前来参观游览的市民"扩眼帘而增智识"。

195

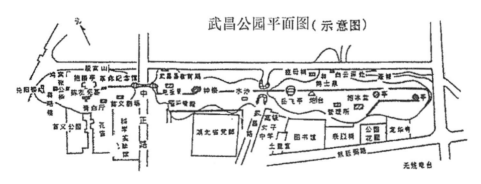

图5-3-5　武昌公园平面示意图

（资料来源：李军.近代武汉城市空间形态的演变[M].武汉：长江出版社.2005：133）

---

[1] 石瑛. 建设厅对于抱冰堂及蛇山林场扩充公园之提案[R]. 湖北省政府公报，1928（2）：60-61.

　　另外，在景观营造中，近代城市公园由于受到传统文化与外来文化的双重影响，表现出拼贴与杂糅的风格特征。

　　以首义公园为例。建于1923年的武昌首义公园为供民众纪念辛亥革命、追怀民国发祥之地而建，选址于清代臬署后花园——乃园，后又经历了扩充为蛇山公园（图5-3-6）、开辟武昌公园和整理首义公园的演变过程，是武昌城内最大的城市公园，虽然初创之时纪念主题十分明确，但在拓展营建中大众游赏的功能得以强化，园内"山水花木，引人入胜，游人甚多"[1]，而且，东西方造景要素的杂糅，在园内形成"集锦式"风格。如公园正门"武昌首义纪念坊"（图5-3-7），其四柱三间的结构横梁贯通，异于传统牌坊惯有的形制，更接近于西式的凯旋门。牌坊面阔三间，水平线脚，立柱两侧的壁柱采用类似爱奥尼式的柱头，中额枋类似于巴洛克式山花曲线。尽管这些西式元素的运用略显突兀，但体现了引入西方建筑式样的意图。而门楼正中的题书则成为唯一的"中国元素"。相似地，景点陈友谅墓南侧的牌坊，也是巴洛克式山花、哥特尖券、西方古典柱式与中国传统书法额枋的杂糅（图5-3-8）。1928年，为纪念孙中山先生，在总理纪念堂南侧建纪念碑（图5-3-9），顶部造型采用了方尖碑尖顶与中国传统带脊饰的盝顶的组合，碑座两面均有碑文，诉诸书法再次揉入了中国元素，中西各适其位，相得益彰。

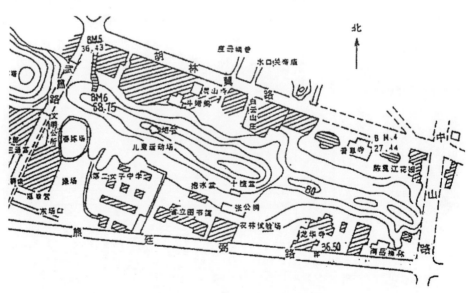

图5-3-6　蛇山公园平面示意图

（资料来源：李军. 近代武汉城市空间形态的演变[M]. 武汉：长江出版社. 2005：133）

---

[1] 首义公园游人多[N]. 民国日报. 1927-07-29.

图5-3-7　武昌辛亥首义纪念坊

（资料来源：武昌区档案馆）

图5-3-8　陈友谅墓牌坊

图5-3-9　总理纪念碑

（二）公共体育场

近代体育源于欧洲。18、19世纪，受资本主义市场竞争的道德规范以及基督教义的影响，英国人从原有的体育活动中发展了有组织的竞赛观念[1]。在英国的公立学校中，体育不再是无足轻重的游戏，而成为塑造性格、培养未来工程师以及帝国军官的有效方式。在法国革命后，体育更被视为紧密联系个人身体与民族存亡的一种纽带，在欧洲蓬勃发展[2]。1861年汉口开埠后，近代体育传入武昌。它不仅仅被当作一项休闲娱乐活动，更被视为一种训练身体和意志的有效工具[3]。当时武昌的文华书院不仅设有体育课，还于每日下午或晚饭后开展足球、棒球、田径运动等课外活动。在其示范之下，武昌的一些新式学堂也都开设有体育课程。1901年5月，文华、博文与博学3所教会学校在武昌文华书院举办校际运动会。

[1] Robert Crego. Sports and Games of the 18th and 19th Centuries [M]. Westport, Conn.: Greenwood Press, 2003: 43-44.

[2] Richard Holt. Sport and the British: A Modern History [M]. Oxford: Clarendon Press, 1993: 74-86.

[3] James Riordan. Sport, Politics, and Communism [M]. Manchester: Manchester University Press, 1991: 10.

1904年，江浙旅鄂学堂开办运动会。同年11月，张之洞在阅马场举办了参赛者主要为军人的"二万人之运动会"。运动会期间，"蛇山一带，观者人山人海，万人攒动，无一隙地，实为清末武昌一大盛举"[1]。运动会的举办，有力地促进了体育在武昌民间的传播与普及（图5-3-10）。

（a）教会学校的体育课

（b）1901年教会学校的校际运动会

（c）1918年武昌高师举办第5次运动会

（d）1947年湖北省第9次运动会

图5-3-10　近代武昌城市体育活动的开展

（资料来源：武汉市档案馆. 大武汉旧影[M]. 武汉：湖北人民出版社，1999：295，302，303）

在1923—1947年间，武昌举办过1次全国运动会、2次华中运动会（湘、鄂、皖、赣四省参加）以及9次湖北省运动会。其中1924年在武昌举办的第3届全国运动会共有13个省及马尼拉华侨篮球队参加，运动员500余人，观众超出5万。比赛规模的扩大，还促使了湖北省第一个公共体育场——武昌体育场（又称湖北省立公共体育场）（图5-3-11）的落成。

体育场建于原陆军学堂练马场，由汉口青年会体育干事郝更生负责设计。主要空间包括：田径场（含400米椭圆形跑道和200米直线跑道）、草地足球场、排球场、篮球场各1个、网球场6个、游泳池1座以及健身房1所。此外，场内还布置了电话系统和扬声器，设立了无线电台，以保障信

[1] 武汉市地方志编纂委员会. 武汉市志·体育志 [M]. 武汉：武汉大学出版社，1990：115.

息的有效传播。运动会期间，武汉三镇搭盖牌楼、张灯结彩，气氛胜过春节等传统节日，每日前往观看比赛的市民达四五万人[1]。比赛结束后，体育场便对社会开放，专职的体育工作者每日对来场参加体育锻炼的群众进行技术指导，或开办培训班传授专项技能。如1934年10月，武昌体育场举办了第一届男女田径培训班，有40余名市民参加。体育场还经常面向社会举办各种体育比赛。除田径赛和各类球赛外，还有自行车快慢赛、划船赛、象棋赛、围棋赛、踢毽子赛、放纸鸢赛、爬山赛、越野赛等[2]。仅1936年一年，武昌体育场即举行规模较大的比赛13次，参赛人数在3000以上。1933年12月，武昌举办第一届越野赛，有270人参赛，沿途观看市民达数万人。

（a）主场馆

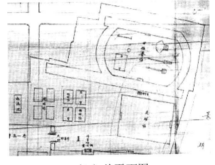
（b）总平面图

图5-3-11　湖北省立公共体育场（1924年）

［资料来源：（a）池莉. 老武汉：永远的浪漫[M]. 南京：江苏美术出版社，1998：105；（b）湖北省档案馆］

由此可见，经由运动赛事的举办，近代体育的概念已深入人心。公共体育场空间也成为近代城市市民所共享与乐享的新型城市公共空间。

（三）城市广场

近代之前，武昌城内最早的类似于广场的空间是演武场，即"阅马场"。演武场作为操演或比武的专门场所，在唐代，随着军事技术的发展和军制的完善而产生。至明清时期，演武场的设置已经十分普遍。武昌的演武场始建于明代，原为楚王府的演武厅，清代时成为练兵演武的校场以及每三年武闱大比（选拔武举人、试马步箭）的地方，称为"阅马场"。作为军事性操练的场所，阅马场的空间形制比较简单，仅以高墙围绕一方空地，内有高台以便于检阅其下阵容。由于占地广阔，一度还曾建有清绿营兵的营房。

清末实行新政之时，为推行立宪，清廷下诏在各省设立咨议局。1909年，湖北省咨议局大楼在阅马场正北面建成，占地1.87公顷。咨议局是不

［1］武汉市地方志编纂委员会. 武汉市志·体育志[M]. 武汉：武汉大学出版社，1990：166.
［2］武汉市地方志编纂委员会. 武汉市志·体育志[M]. 武汉：武汉大学出版社，1990：113.

同于封建政权机构的新机构。议员不是由封建官吏凭个人意志指定或任命，而是由具有选举权的公民按自己的意愿选举产生，这使得部分社会阶层开始参与政治。同时，模仿西方资产阶级议会制度而进行的一些活动也对资产阶级和民众施行了民主教育与训练。另外，咨议局大楼建筑（又称红楼）采用了西方的建筑形式，以低矮的栅栏、宽敞的院落、集会讲演的会堂等展现出开放的形态。为营造宽阔而开放的前庭空间，拆除了阅马场四周环绕的高墙。这一切外在的、内在的变化使得阅马场作为封建专制统治的空间性质发生了微妙的变化。1911年辛亥革命后，咨议局大楼成为中华民国军政府鄂军都督府。为保卫"共和"的胜利果实，武阳夏战争期间，黎元洪曾在大楼前的开敞空间搭设"拜将台"，并举办了隆重的拜将仪式，推举黄兴为战时总司令。仪式的举办，为阅马场成为今后城市重大政治事件集会的中心拉开先声。1919年5月4日"五四"运动在北京发端后，5月18日，武汉学生联合会就在阅马场举行了声势浩大的露天游行与演说，听众成千上万。

国民政府时期，红楼成为湖北省国民党总部。1931年10月，在武昌首义20周年之际，孙中山铜像在红楼前、阅马场空间的中心位置落成（图5-3-12）。铜像立于4米高的石质基座和3层环形台阶之上，围绕基座布置有环形绿化带，植以低矮冬青。在中国，传统雕塑大多为宗教或陵墓雕刻，19世纪末因社会变革而日渐式微。20世纪初在西方文化影响之下，保存公共记忆和民族记忆的西方纪念雕塑引发了中国民族主义者的极大热情。当时的政府由于认识到公共雕像能带给社会自豪感和爱国主义意识，因此将公共雕像纳入到城市改造计划中。1936年，武昌还曾有过以铜像为视觉中心的阅马场公园计划的提出。虽然，公园计划未能实施，但纪念性雕像的设置已经使阅马场具备西方城市广场的形制特征，并被赋予了政治意义，从而成为近代城市政治集会公共空间（图5-3-13）。

图5-3-12 红楼与孙中山雕像
（1931年）

（资料来源：武汉市档案馆. 大武汉旧影[M]. 武汉：湖北人民出版社，1999：37）

图5-3-13 1927阅马场·湖北省第一次农民大会

（资料来源：葛文凯. 今昔武昌城[G]. 武汉：武汉市武昌区档案局出版，2001：31）

第四节　近代城市建筑

建筑是构成城市空间形态的基本要素，建筑与建筑之间的空间形成了城市空间。建筑选址、布局、建筑形态及建筑造型特征反映了城市空间形态的某些重要方面。建筑类型问题是城市的客观存在，它能够实现对于城市空间结构的解释，因此对于建筑类型的研究是城市空间形态研究的主要内容。近代时期的武昌随着西方文化影响而产生了新的建筑类型，反映了市民生活和观念上的变化。城市的公共性大为增强。与此同时，作为构成城市面貌基本元素的最大量的住宅建筑也在变化，从而形成了独特的形态特征。

一、公共建筑

（一）公共建筑的类型与特征

汉口开埠后，资本主义资本与文化渗透到武汉地区。武昌在外来文化和清政府主动求变的双重影响下，城市建设发生巨大变化，出现了许多新的公共建筑类型。如因西方教会势力的渗透与扩张，产生了教堂、教会学校、医院等建筑；晚清"湖北新政"与民国武汉市政府的建立，催生了近代工业建筑与教育建筑，行政办公建筑也有所发展。另外，辛亥革命的爆发，促成了一些烈士陵园、纪念性建筑的出现。同时，武昌固有的古代建筑形式继续存在与发展，由此而形成了城市建筑类型的多样性（表5-4-1）。

近代武昌建筑中的中国古典建筑类型与代表性建筑　　　　表5-4-1

序号	类型	代表性建筑	建造年代	地址	说明
1	宫室殿堂	长春观太清殿	1863（1931年重建）	大东门外双峰山南麓	砖木结构，面阔5间，进深5间，抬梁、穿斗混合构架，重檐歇山顶
2	亭台楼阁	奥略楼	1907	蛇山山顶西端	传统木结构，重檐歇山顶
		岳飞亭	1937	武路路47号	木石结构，高6米，底径6米，六角攒尖顶
3	塔	洪山宝塔	始建于元，1871重建	洪山宝通寺后部	平面八角楼阁式空心砖塔，7层，塔身自下而上逐层收分
		太虚法师舍利塔	1947	城南千家街	纪念太虚法师1922年创办武昌佛学院而建，砖混结构，变形喇嘛塔型制

（资料来源：根据相关资料与实地调研整理）

按照西方近代建筑类型学方法，从功能类型来看，武昌的近代公共建筑类型及其代表性建筑物如表5-4-2所示：

近代武昌建筑中的西方近代建筑类型与代表性建筑　　　　表5-4-2

序号	类型	代表性建筑	建造年代	地址	说明
1	行政办公	湖北省咨议局大楼	1908	阅马场	俗称红楼，现为辛亥革命武昌起义纪念馆。建筑占地18694平方米，建筑面积6050平方米，西欧古典建筑风格
2	工业	湖北丝麻四局	1890—1906	平湖门、文昌门和望山门外沿江一带	机器和厂房在日军侵华时被毁
		商办第一纺纱有限公司	1919	城北上新河曾家巷	总占地面积112723平方米，厂房总建筑面积44720平方米。办公主楼为"新巴洛克建筑"
3	文化教育	武汉大学历史建筑群	1928—1935	珞珈山	校园代表性的建筑物包括：法学院、文学院、理学院、图书馆、斋舍、体育馆、教师独立式住宅等
		文华书院文华大学建筑群	1871—1921	昙华林	现址为湖北省中医学院，校园代表性的建筑物包括：翟雅各健身所、文学院楼、法学院楼、圣诞堂等
		湖北省立图书馆	1936	阅马场	现为湖北省图书馆特藏部，占地面积1450平方米，建筑面积2000平方米，中国古典复兴式风格
4	宗教（教堂）	鄂东代牧区主教公署与主教座堂	1889	昙华林	又名花园山圣家堂。罗马式建筑风格，平面三廊巴西利卡形制，可容500多名教徒祈祷
		基督教崇真堂	1864	戈甲营	中西合璧式风格
5	医院	仁济医院	1895	昙华林	呈三合院布局，主楼为西式二层砖木结构，两侧辅以二层外廊式配楼

（资料来源：根据相关资料与实地调研整理）

从以上列表可以清楚看到在武昌近代建筑的发展过程中，中国古典建筑类型与西方近代（主要是资本主义）建筑类型并存。从功能类型来看，武昌近代建筑既有宫室殿堂、亭台楼阁等类型，又有行政办公、工厂、医院、学校等类型；从结构类型来看，武昌近代建筑既有中国传统建筑的大木作结构，又有近现代砖木、砖石混合结构和钢筋混凝土结构；从建筑风格类型来看，既有中国传统的如晚清学宫式、中国古典复兴式，又有西方的折衷主义、哥特式等。这些现象不仅在同时期以不同的建筑风格出现，而且在同一栋建筑中也时有发生。例如文华大学翟雅各健身所与湖北省立图书馆建筑，它们的功能类型和结构类型是西方资本主义的，但它们的风格类型却是中国古典复兴式的。因此，武昌近代建筑的类型特征体现着东西方不同功能类型的杂存与不同形式类型的交织。

另外，武昌近代建筑的发展还存在着功能类型分布不均的特点。从功能类型的建设数量与质量来看，文化教育类建筑成为武昌近代建筑中的主体（表5-4-3）。从与汉口、汉阳近代建筑发展的横向比较来看，武昌的文化教育类建筑发展也依然领跑于武汉三镇，而商业金融类建筑则无论从数量还是质量上看都远远落后于汉口（表5-4-4、表5-4-5）。

武昌现存优秀近代建筑类型与数量[①]　　　　表5-4-3

建筑类型	序号	项目名称	现保护级别	项目数量（个）	占总量的百分比（%）
文化教育建筑	1	武汉大学历史建筑群	国家级文物保护单位，武汉市一级保护建筑	10	81.8
	2	文华大学历史建筑群	武汉市二级保护建筑	6	
	3	湖北省图书馆	省级文物保护单位，武汉市一级保护建筑	1	
	4	中华循道公会弘道（付家坡小学）	武汉市二级保护建筑	1	
合计：18					
居住建筑	5	刘佐龙官邸	武汉市二级保护建筑	1	9
	6	夏斗寅、徐源泉公馆	武汉市二级保护建筑	1	
合计：2					
工业建筑	7	第一纱厂	武汉市二级保护建筑	1	4.5
医院建筑	8	仁济医院	武汉市二级保护建筑	1	4.5
合计				22	100

（资料来源：根据相关资料与实地调研整理）

[①] 表中的统计数据是以2010年统计的武汉市保留历史优秀建筑项目为依据，虽然由于各种主客观因素如战争、洪灾、现代城市建设等影响，许多建筑都已湮灭，此数据并不能精确反映当时的实际建设项目数量与质量，但也能从一定程度反映当时近代建筑建设的某些特征。表5-4-5亦同。

武汉三镇现存近代教育建筑项目统计表（按实地调研）　　　表5-4-4

序号	地区	项目数量（个）	占总量的百分比（%）
1	武昌	41	77.3
2	汉口	10	18.9
3	汉阳	2	3.8
合计：		53	100

（资料来源：根据相关资料与实地调研整理）

现存优秀近代武汉三镇建筑类型与数量　　　表5-4-5

序号	建筑类型	地区	项目数量（个）	占本类型总量的百分比（%）
1	商业金融建筑	武昌	0	0
		汉口	36	100
		汉阳	0	0
		合计：	36	100
2	文化教育建筑	武昌	18	90
		汉口	2	10
		汉阳	0	0
		合计：	20	100
3	居住建筑	武昌	2	10.5
		汉口	17	89.5
		汉阳	0	0
		合计：	19	100
4	工业建筑	武昌	1	25
		汉口	3	75
		汉阳	0	0
		合计：	4	100
5	其他建筑	武昌	1	2.7
		汉口	36	97.3
		汉阳	0	0
		合计：	37	100

（资料来源：根据相关资料与实地调研整理）

造成这种功能类型分布的不均，主要原因有以下三点：

一是武昌在明代就已奠定了区域政治文化中心的地位。作为封建王城封地，以及府、县各级治所所在地，教育基础设施完善，文化底蕴积累丰厚。二是晚清张之洞督鄂推行新政，在其"以兴学为求才治国之首务"思想的指导下，掀起了书院改制与新式学堂兴建的高潮。三是汉口开埠后，帝国主义传教士逐步对武昌开展"文化侵略"，到处设堂传教，开办教会学校，传播西方神学与文化，形成"文化租界"。最终，这种种因素反映在城市空间形态上，大量教育建筑的建设使其文化中心的特色更加突出。

（二）公共建筑与城市空间

1．建筑尺度与城市空间

随着社会的发展，为了满足城市生产与生活的需要，近代武昌城市中出现了一些大体量与大空间的建筑，如近代工业厂房、体育馆、行政办公楼等。建筑的尺度加大，带来了大尺度的城市空间，有别于传统城市中主要由院落与小型建筑组合而形成的小尺度空间，使城市空间肌理产生了由细腻向粗糙特征的转化。

例如，晚清张之洞在武昌城墙外创设的湖北丝麻四局，厂区占地广阔，厂房均为大尺度的单层建筑。织布局厂区在江边还建有码头供轮船停泊、码头设有大型吊装设备，铁轨由码头铺至厂内。建筑、码头与铁轨形成了粗糙的城市空间肌理，非常鲜明地表示出与城墙之内空间肌理的差异。

1903年，在兰陵街（今解放路南段）创建的两湖劝业场，内设南北二陈列馆，中间建中心公园。商场功能空间齐备，考虑周全，不仅有商业活动场所，更考虑了当时主要的娱乐设施——戏院，并给顾客提供休息的场所，拓展了城市公共空间。

大尺度的建筑与建筑群是近代城市空间扩展的关键，围绕这些大尺度的建筑与建筑群，出现了城市新的增长点。

例如，武汉大学校园大型建筑群（图5-4-1）的建设，不仅使武昌城市文化教育职能进一步加强，同时，也带动城市空间向东的扩展。武汉大学建设之前，珞珈山一带属于武昌郊区。从城里到珞珈山，不仅不通车，而且连像样的路都没有。武汉大学的建设，作为当时大型建设项目，客观上引领了城市跳跃式扩张。大学建成后，修筑了武昌城外通向大学的道路，还开设了由武昌城往返武汉大学的公共交通线路，带动了交通沿线地段的开发，由此促成了城市空间的东扩。由于武汉大学毗邻东湖，因此，它的建设同时也促成了东湖风景区（图5-4-2）的开发。

2．建筑形式与城市空间

1861年，汉口开埠，西方宗教势力随着政治经济的入侵而开始在武汉三镇大量活动，为武昌带来西方文化的影响。随着传教士的进入与活动，建成了一批西式风格的建筑，如鄂东代牧区主教公署、武昌天主教圣家堂、仁济医院、文华书院等。这些教会建筑分散于武昌城内，使得传统城市空间出现了新的空间要素，表现出洋风初入的景象。1900年之后，清末新政的影响、官方建筑的全盘西化；西方教会文化入侵的加强以及西学的普及，使得新建的西式建筑数量增多、规模加大，在一定程度上改变了原有的城市空间风貌。

图5-4-1　国立武汉大学校园建筑群

（资料来源：李晓虹，陈协强.武汉大学早期建筑[M].武汉：湖北美术出版社，2006：58）

图5-4-2　东湖风景区与武汉大学建筑

［资料来源：武汉市武昌区地方志编纂委员会编.武昌区志（上）[M].武汉：武汉出版社，2008：5］

二、居住建筑

近代武昌的居住建筑分为三类：一类是历史悠久的传统住宅，一类是里分住宅；一类是独立式住宅。后两类都是20世纪20年代从汉口传入的。

（一）传统住宅

1. 院落式民居

院落式民居是我国南北各地都具有的传统居住建筑形式，随着地域的不同，院落式住宅表现出一定的差异性。武昌的传统民居一般为沿南北轴线展开的带院落（或天井）的住宅。进门是轿厅，后为天井（前院），两侧为厢房。天井后是一明两暗三间屋，中为厅堂，侧为厢房。之后，又是天井（后院）及厨房、厕所等次要用房（图5-4-3）。规模大一些的住宅可以沿轴线有两到三进院落。一般来说，这些院落尤其是后院尺度非常小，有些院落实际上就是天井，南北轴向短，东西轴向长。这主要是因为武昌夏季炎热潮湿，采用东西轴向长的空间形式可以避免阳光的过度暴晒。另外，小的天井还可以成为建筑的"拔风筒"，有向上抽风的作用，从而改善居住环境小气候。或许，城市内用地紧张也是造成院落狭小的一个原因。这些住宅一般采用木构架支撑或砖木混合结构，外墙为青砖砌空斗墙，内墙多为木板隔断。屋顶形式多为悬山式，双坡落水，正屋瓦脊中间略低，两侧略高，稍起"翘角"（图5-4-4）。

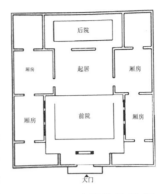

图5-4-3　武昌传统院落式民居布局示意图

图5-4-4　武昌传统院落式民居屋顶形式

（资料来源：武汉市档案馆）

2．茅草棚屋

清代以来，武昌的近郊有大量的棚户区。作为一种便宜而又简易的居住形式，它们中的大多数为流民使用的临时住宅。当洪水季节来临，人们会弃屋离去，大水过后再重新搭建。民国时期，由于工业的发展以及粤汉铁路的通车，产生大量的劳工阶层。因此，在工厂集聚的武昌城北曾家巷至徐家棚车站一带茅草棚屋遍布，居住者多为纺织工人与码头工人。这些建筑多采用竹木支撑，覆以茅草、竹席、油布等，入口低矮，进出都得弯腰。棚户内往往没有床铺，只在地上铺以稻草、布片等，居住空间简陋。加之棚户区没有下水道与公厕，居住状况异常恶劣。

3．吊脚楼

吊脚楼式的木板楼或竹楼居住房屋在武昌城市西面临江一带以及南面巡司河两侧多见。因为每年夏秋，江河水涨，低洼的江滩与河滩之地极易积水，因此兼具避免水患和防潮功能的吊脚楼得以被沿江河居民广泛采

207

纳。湖广通志中的"黄鹤楼图"显示在武昌城外黄鹤楼以南沿江一带吊脚楼林立的壮观景象。吊脚楼一半在岸上、一半打木桩于水中，然后在吊脚上搭上木板或竹架形成房屋。对于这些吊脚楼的形态，英国传教士亨利埃塔·梅林在1885年5月1日的日记中曾写道："这些房屋像英国木偶戏中驼背角色那样，较矮的部分有木桩支着，很多房屋倾斜得很厉害，经常一起倒下来；不歪斜的即使有，也少得可怜"[1]。这段话反映出当时的吊脚楼质量非常低劣，属于城市下层民众使用。

4．商住混合的住宅

传统的商住混合式的住宅建筑是我国清代城市住宅中常见的一种类型。近代武昌城南商业繁盛的长街两侧、中和街两侧、城北司门口地区分布较多。由于该路段寸土寸金，因而建筑首先考虑的是商业空间的需要，而居住空间则明显处于从属地位。建筑多为一层、两层的砖木结构，临街而立，前一进为店堂，店堂后墙有门通往后面的天井或院落式民居。屋顶覆瓦，多采用硬山屋顶以方便彼此连接，也有采用封火山墙以利于防火。商店门面临街而立，门面有全敞的，所有店门为活动可拆卸的；也有门面为半开敞的，临街只打开一扇店门（图5-4-5）。

208

图5-4-5　晚清武昌商住混合的住宅形式

（资料来源：武汉市档案馆. 大武汉旧影[M]. 武汉：湖北人民出版社，1999：197）

民国之后，武昌城市民用建筑"西风"日盛。因此，在一些商业街中出现了沿街立面"洋化"形式（图5-4-6）。多采用巴洛克式牌楼形式，有些加以简化的古典柱式或罗马拱券形式，形成了"表皮西化、内核中式"的拼贴式特征。

---

[1] 皮明庥. 近代武汉城市史[M]. 北京：中国社会科学出版社，1993：116.

图5-4-6　20世纪20年代武昌的街景

（资料来源：武汉市档案馆）

（二）近代里分住宅

里分住宅是武汉地区对于移植于上海的里弄住宅的地方名称。早在唐代，武汉地区就有了"里分"的称呼。古代聚居于城内的邑民，以多户人家，如每25户，或100户，即称作"里"。旧时的里，也作为县以下的行政单位。"分"则处于武汉地区的方言，意为小范围的居住区域。当时的里分多集中于市场中心周边，而且多为世家居住，很少出租。其布局多采用传统三合院、四合院对称布置形式[1]。

近代武汉的里分住宅主要是指19世纪末至20世纪上半叶，在武汉较普遍建造的一种多栋联排式住宅。首先产生于开埠之后发展迅速的汉口。由于城市人口的急剧增长以及城市用地的紧张，促使一些商人在城市中购买土地，仿效上海的里弄建设成片住宅出租或出售以谋求利润。里分住宅由于住宅平面与空间组织紧凑、占地面积小、节约用地，且适于统一施工建设、建造周期短，造价也低，因此发展迅速。

20世纪30年代初，武昌沿江一带的纱厂资本家建设职工居住区多采用这种住宅形式，例如，第一纱厂建设的汉城里、汉安里；裕华纱厂建设的华安里、华兴里、华康里等。另外，因粤汉铁路的通车而发展起来的徐家棚车站周边也有一些里分住宅，如粤汉铁路公司的职工居住区——粤汉里、房地产商肖怡和所开发的诚善里、合记里等。武昌老城区里则有曾任国民政府湖北省财政厅厅长的魏联芳建造的中和里。至1949年，武汉三镇已有里弄208条，里分建筑3294栋[2]。其中，大部分在汉口以及武昌的沿江工业区地段。

[1] 李百浩，徐宇甦，吴凌.武汉近代里分住宅研究[J].华中建筑，2000（3）：116.
[2] 武汉市地方志编纂委员会.武汉市志·城市建设志（下）[M].武汉：武汉大学出版社，1996：973.

　　武昌的里分住宅，与汉口相比，规模较小，因此规划布局多采用简单的"主巷型"，其特点是只有一条主巷与城市街道相接，住宅大门直接面向主巷。如位于平阅路（彭刘杨路）一侧的中和里（图5-4-7），占地面积2738平方米，由一条主巷（乾福巷）与彭刘杨平阅路相接，巷道口设一座巴洛克式的牌楼。主巷两侧均为住宅，采用行列式布局，36栋砖石结构的两层住宅栋栋联列。巷道宽约5米，水泥路面，环境整洁。

图5-4-7　武昌中和里

（资料来源：徐建华.武昌史话[M].武汉：武汉出版社，2003：171）

（三）独立式住宅与公馆

　　独立式住宅与公馆是近代武昌高级住宅的主要形式。武汉三镇最早的独立式住宅来自于外国人在租界区的建设。20世纪20年代，武昌的一些官绅及大资本家也纷纷效仿洋人兴建带花园的私人宅邸。这些建筑在总体布局、细部装修以及庭院绿化等方面多采用传统做法，但在建筑主体形象方面则多仿西方古典建筑形式，有些也具有现代建筑简洁的风格特征。

　　如1930年建于昙华林的徐源泉公馆（图5-4-8），主体为西式建筑风格，局部采用地方做法。两层砖木结构，立面对称，中间设有古典爱奥尼柱式门廊，女儿墙采用青瓦砌成空栏花样。建于胭脂路三道街的刘佐龙公馆（图5-4-9），呈院落布局形式，前后两栋楼房用两层连廊连接，从功能上看，有前堂后寝之分。建筑立面采用山墙形式，中间入口采用古典爱奥尼柱式，顶部为中式牌楼加西式巴洛克山花。大门入口则沿用传统木雕形式。1935年建于珞珈山南麓的曹家花园住宅（图5-4-10）则具有现代建筑简洁的风格特征。

图5-4-8　徐源泉公馆

图5-4-9　刘佐龙公馆　　　　　　　图5-4-10　曹家花园

（资料来源：武汉市档案馆）

1928—1930年间，国立武汉大学也为知名教授建有独立式住宅（图5-4-11）。这些住宅一般为3层并带有屋顶阁楼，内部功能非常完善。底层为厨房、佣人房、卫生间等辅助空间；二层为起居室、书房与客厅；三层为卧室，屋顶阁楼为储藏间，充分满足了教授生活与工作的需要。建筑造型也采用近现代西方别墅风格，屋顶为两坡或四坡顶，阁楼开设老虎窗，尺度宜人。

（a）半山庐　　　　　　（b）周恩来故居　　　　　（c）郭沫若故居

（d）20世纪30年代武汉大学教授别墅群

图5-4-11　国立武汉大学教授住宅

（资料来源：李晓虹，陈协强. 武汉大学早期建筑[M]. 武汉：湖北美术出版社，2006：92）

三、大型建筑组群：国立武汉大学校园规划与建筑

1928年秋的一天，两位自带干粮、骑着毛驴的学者在踏遍武昌城内外的山山水水后，终于将目光锁定在与东湖毗邻的落驾山（后经闻一多改名为"珞珈山"）麓。这里山清水秀、风光旖旎，虽有一些坟头遍布其间，但两位学者却独具慧眼相中这块"风水宝地"，并由此在近代中国大学校园建设史上书写了浓墨重彩的不朽名篇。这两位骑着毛驴的学者就是地质学家李四光、林学家叶雅各，他们选定的就是日后国立武汉大学的校址。

（一）国立武汉大学的创建过程与选址

依据史料查证，武汉大学前身为光绪十九年（1893年）湖广总督张之洞于武昌城内铁政局旁创办的湖北自强学堂[1]。1903年，自强学堂改为方言学堂，校址迁至武昌东厂口正街原农务局旧址，东厂口正街又称方言街。1912年，民国北洋政府教育部发布《师范教育令》，划定全国为六大师范区：直隶区、东三省区、四川区、广东区、江苏区和湖北区（包括湖北、湖南、江西三省），每区设立高等师范学校一所。1913年，贺孝齐在方言学堂基础上组建武昌高等师范学校。1923年，按教育部国立高等师范学校改办师范大学或大学的规划，国立武昌高等师范学校改名为国立武昌师范大学。次年11月，又改国立武昌师范大学为国立武昌大学。1926年12月，武汉国民政府以原国立武昌大学为基础，合并湖北省立文科大学、商科大学、法科大学、医科大学，组建了国立武昌中山大学，1927年2月在原武昌大学旧址举行了开学典礼。武昌中山大学是国共合作和北伐战争的产物，从诞生之日起就是一所进步的、革命意义上的大学。1927年大革命失败后，武昌中山大学被勒令解散。1928年初，目睹华中地区高等教育的缺失，湖北省教育厅厅长刘树杞提议在原国立武昌中山大学基础上组建武汉大学，得到蔡元培、王世杰、李四光、王星拱等一大批有识之士的大力支持。时任南京国民政府大学院院长的蔡元培认为新的武汉大学不能局限于湖北地区，必须面向整个华中地区，力争办成华中地区学术文化的中心，决定武汉大学为国立大学，与北京大学、中央大学等并重。1928年7月，南京国民政府大学院正式决定筹建国立武汉大学。要办一流的大学必须要有一流的校舍。由于原国立武昌中山大学校址狭窄，屋宇陈旧，条件简陋，学校的发展受到极大限制。而且，校园周边已发展成为城区，要扩大已无拓展余地。于是，1928年8月成立武汉大学新校舍建筑设备委员会，李四光就任委员长，负责勘选新校址。在骑着毛驴踏遍武昌城郊的山山水水后，最终选定了武昌东湖之滨的珞珈山作为武汉大学的新校址，再现了中国传统书院的精神。

---

[1] 校长办公室.武汉大学百年校史考[J].武汉大学学报（社会科学版），1993（6）：34-36.

中国古典大学的选址分为两类：城市型与山林型。官学选址多在城市，书院选址多在山林。前者为"治国平天下"的政治实践提供方便，后者则更多考虑"藏、修、息、游"的需要。书院的选址模式对中国近现代大学影响很大。同校园选址毗邻政府机构的官学相比，选址山林的书院所营造的清幽环境更适合于学子孜孜于圣贤之道，更容易发展西方那种"不问政治"的学术。近代由国人主办的大学基本上倾向于书院模式。究其原因，一方面是书院选址传统的延续；另一方面，由于时局动荡，大学选址山林、远离城市，也可以避开险恶的政治风云，给师生提供安心治学的环境。早在维新运动时期，《钦定高等学堂章程》中就规定："高等学堂建设地面应选择清旷处所，及空气通而水泉美者，于卫生有益为宜"[1]。民国时期，无论是政府主办的大学还是私人主办的大学，也都倾向于给大学谋求一个远离政治漩涡的安静所在。无论是罗家伦的国立中央大学"三山二水"之梦，还是马相伯的复旦"太湖畅想"，都可以看到处于新与旧、中与西之间的近代中国知识分子倾向于从书院的模式理解西方大学。

负责勘选武汉大学新校址的李四光早年留学于英国伯明翰大学——一所城市大学，但在校址选择上并没有受到其影响，而是保持了中国传统知识分子的理念。新的校址位于武昌城郊珞珈山，距离武昌城约7.5千米，原为一片荒山郊野，选址于此建校，可不占农田，投资少，建设快。且范围辽阔，为学校的建设和长远发展提供了足够的空间。同时，丰富的自然风景资源也有助于校园营造优美的环境空间。校园的东、北两面被东湖环绕，西面是名为茶港的湖汊，在东湖的磨山和曾家山还有200余公顷的农林场。校址临湖岸线约2km，校区内有珞珈山、火石山、侧船山、团山、廖家山等，山形起伏有致。地面极端标高20.5m（湖滨）至118m（珞珈山）之间，校园占地200多公顷。校园内视野开阔舒展，湖光山色交相辉映，在这样一个风光旖旎、山明水秀的环境内营建高等学府，显然是得天独厚的。据记载，李四光在校址踏勘中，一眼就看上了这处山水胜地："他激动地从毛驴上跳下来，紧紧握着叶雅各的手，一遍一遍地说：'没有比这更漂亮的地方了'"[2]。郭沫若在《洪波曲》中也写道："武昌城外的武汉大学区域，应该算得上是武汉三镇的世外桃源吧。宽敞的校舍在珞珈山上……山上有葱茏的林木，遍地有畅茂的花草，山下更有一个浩渺的东湖。湖水情深，山气凉爽，而临湖还有浴场设备……。有人说，中国人在生活享受上不如外国人，但如到过武汉大学，你可以改正你的观念。我生平寄居过的地方不少，总要以这儿最为理想了……。太平时分，在这

[1] 钦定高等学堂章程，转引自潘懋元，刘海峰. 中国近代教育史资料汇编（高等教育）[M]. 上海：上海教育出版社，1993：569.

[2] 刘双平. 李四光与武大[A]//龙泉明，徐正榜编. 老武大的故事[M]. 南京：江苏文艺出版社. 1998：46.

213

里读书、尤其是教书的人，是有福了。"1928年10月，武汉大学建筑设备委员会正式聘请美国建筑师凯尔斯（F·H·Kales）为新校舍建筑设计师，另聘凯尔斯在麻省理工学院同窗好友缪恩钊为新校舍监造工程师，负责施工技术监督。工程建造分别由当时著名的汉协盛、袁瑞泰、永茂隆等营造厂及上海六合公司承建。第一期工程于1929年3月正式破土动工，至1936年，文、法、理、工学院大楼、图书馆、体育馆、学生宿舍（斋舍）、教师宿舍、学生餐厅及俱乐部、实验室、工厂、校门牌楼、珞珈山水塔等建筑相继完成。这样工程浩大的建筑活动，在中国近代建筑史上可谓罕见。

（二）校园规划布局与空间组织

国立武汉大学坐落于东湖边的一片丘陵地带，校园总设计师凯尔斯根据三面环山、西向开敞的地形，以珞珈山为主体进行了校园功能划分（图5-4-12）。

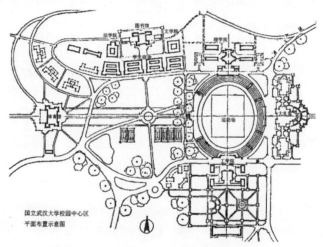

图5-4-12　国立武汉大学校园规划布局

［资料来源：李传义.武汉大学校园初创规划与建筑[J].华中建筑，1987（2）：69.］

山北面为教学区，山南面为教职工生活区，山坳中的一块西向开口的洼地则被用来布置校园下沉式中心花园与运动场。在功能分区的基础上，凯氏因地制宜，凭借山势布置了校园主体建筑群，并以运动场为中心，形成了两条轴线。其中以洼地的中分线形成东西主轴线，控制礼堂、生物楼、物理楼与体育馆；南北轴线控制理学院与工学院两组建筑群，两条轴线的交汇处则为运动场的中心。下沉式的具有环形跑道的运动场与花园与周边建筑形成了一个规模巨大的三合院落，并在其中自然形成了公共活动空间。

校园规划采用开敞的三合院式布局在美国大学校园中采用较多。近代西方的大学校园主要有两种规划布局的方式。一是以牛津大学和剑桥大学为代表的从中世纪修道院沿袭而来的英国式大学校园布局方式：学校由一组相对比较独立的学院构成，各个学院形成了较为封闭的方院，院内设教堂、讲堂与食堂，并有教师及学生宿舍，师生共同生活，学校本身大多与城市系统融合在一起。校园建筑大多体现出哥特式教堂的形态特征，常以教堂的高耸体量作为构图中心来统率全局。这种起源于英国的寄宿学院式布局手法经过不断发展，成为西方大学校园的一种典型布局方式。另一种就是在民主自由的精神影响渗透之下，以开敞的三合院为主要特征的美国式校园布局：不再采用欧洲寄宿制学院封闭的分区方式，而将共同使用的图书馆、行政办公、宿舍楼等集中起来统一设置，学院的概念被弱化到建筑层面，楼房外的所有用地都是公共领域。以托马斯·杰弗逊（Thomas Jefferson）设计的弗吉尼亚大学（University of Virginia）（图5-4-13）为代表，校园采用开敞的三合院布局，以绿地为中心，南面开敞使师生与大自然建立密切关系，东西两面对称平行排列教室与宿舍，三合院的轴线在北端结束于图书馆。这种尽端开放的三合院形制，打破了修道院式的封闭感，有利于师生的相互交流与身心健康，被描述为"美国建筑史上最伟大的校园设计"[1]。

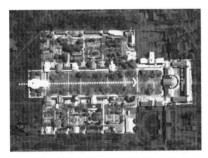 

（a）美国弗吉尼亚大学校园中心院落　　　　（b）中心院落主轴线端点的图书馆

图5-4-13　美国弗吉尼亚大学校园布局

（资料来源：http://www.douban.com/note/215347991/）

武汉大学的设计师凯尔斯毕业于麻省理工大学，对美国式大学规划自然了然于胸，因而，由他设计的大学校园以美国大学校园布局为蓝本并不出奇。况且，在凯尔斯开始武汉大学的设计之前，他的美国同行莫非已经在中国进行了多所大学校园的规划设计，包括最负盛名的燕京大学校园的规划设计，都是采用的这种开敞的三合院布局。事实上，这种美国式的三合院形制与中国传统宫殿的院落式布局颇为相似，其中轴对称、主体建筑位于轴线尽端的格局符合传统伦理、等级的纲常文化，因而在近代中国获得广泛认同，成为中国近代大学校园的基本形式。只是，凯氏对于这种三

[1] 姜辉等.大学校园群体[M].南京：东南大学出版社，2006：57.

合院空间的组织因为考虑到了地形地貌，因地制宜，而显得更为精妙。也许以下这段话更能表现凯氏的规划布局初衷："在山上建大学，就要推平一些山坡，才能有地方建那么多的校舍。推下来的土会很多，找地方存放是很麻烦的事，运走也是很费钱的一桩事，我们把推下来的土就近推到山谷，又省事又省钱，土就会在谷里堆出一个很大的操场，在操场四周是美丽的校舍，一个很美、很好、很有气魄的大学就在你的面前"[1]。

在校园空间的组织上，凯尔斯尊重了中国民族传统，抓住了"群体建筑空间"这个灵魂，在设计中运用了因山就势、轴线对位、对景与借景等多种手法。因山就势本是中国风景区空间构景的传统原则，是处理建筑与环境关系的普遍手法。作为一位来自美国的建筑师，凯氏在了解与运用这一手法时，对校园内的山势特征以及校园外东湖的自然环境是做过详细考察的。在其巨大的三合院落中，周边建筑均可凭借山势俯瞰中心花园与运动场，而且建筑群之间相互构成了对位与对景关系，最大限度扩大了环境空间形式。笔架山顶的理学院建筑群与火炉山顶的工学院建筑群均以山麓为背景，构成生动的借景画面，并且通过运动场形成一条长达400米的轴线，二者遥相呼应，互为对景。在狮子山东北两面可远眺东湖，从东湖亦可见狮子山山顶轮廓，凯尔斯遂将图书馆置于狮子山山顶，文学院、法学院在其左右对称布局，顺山势掩映于树木之中。学生斋舍利用狮子山南向坡依山就势布置，层层迭落。在这里，自然风景资源成为宏观的空间渗透因素，山势成为建筑景观的陪衬与补充，广阔的水面成为建筑的背景与向导，人文景观与自然景观融为一体，丰富了环境景观的内容与层次。建筑师对环境的深刻理解，对地形的巧妙利用，为武汉大学校园幽雅空间奠定了基础（图5-4-14）。

（三）校园建筑

国立武汉大学校园的建筑设计，在"坚固、避免奢华、富有民族的美术性"的总体思想指导下，将当时先进的工业技术与中国传统建筑式样相结合，意欲展现中国悠久的传统文化和西方现代科学的融合，是中国近代建筑史上较早采用新结构、新技术、新材料仿中国古典建筑之型的成功之作。

校园建筑的设计表现出两个明显的特征：讲求建筑群体的整体布局以及建筑单体形式的多样。西方古典建筑注重单体美，型同雕塑；而中国古典建筑则讲求群体美，形如绘画。凯尔斯在设计中，融合了中西建筑之长：一方面，传承中国传统建筑文化理念，讲求建筑群的整体布局；另一方面，又运用西方建筑手法，塑造了单体建筑的造型美。

1. 学生斋舍、文学院、法学院与图书馆建筑群（图5-4-15）：

---

[1] 李晓虹，陈协强. 武汉大学早期建筑[M]. 武汉：湖北美术出版社，2006：15.

216

（a）20世纪30年代校园鸟瞰

（b）20世纪30年代校园建筑与下沉式花园、
运动场

（c）从工学院看理学院

（d）从理学院看工学院

图5-4-14 国立武汉大学校园群体建筑空间

［资料来源：（a）、（b）李晓虹，陈协强.武汉大学早期建筑[M].武汉：湖北美
术出版社，2006：23，76；（c）、（d）作者自摄］

（a）建筑群鸟瞰

（b）由斋舍台阶看图书馆

（c）斋舍罗马券拱门

（d）20世纪30年代的图书馆

（e）斋舍屋面与图书馆

图5-4-15 学生斋舍、文学院、法学院与图书馆建筑群

［资料来源：（a）李晓虹，陈协强.武汉大学早期建筑[M].武汉：湖北美术出版社，
2006：58；（b）、（c）、（e）作者自摄；（d）武汉市档案馆］

　　这一组建筑群是武汉大学校园中心区的主体建筑群，其中，图书馆是武汉大学的标志性建筑，武汉大学的精神象征。在设计中，为突出其主导地位，采用了多种手法：其一，置于山顶，是狮子山上最高的建筑。其二，左右分设文学院与法学院建筑，形成拱卫之势。其三，充分利用山坡下的学生斋舍建筑群突出主体建筑。斋舍建筑以顺应山势为主要特征，借助斋舍的116级台阶的仰视效果，使图书馆建筑形象得以升华。同时，斋舍屋顶平面的高度与图书馆地面相平，成为图书馆前广场，使图书馆虽处山顶并不显地形局促。其四，采用中国传统"宫殿式"建筑形式，建筑尺度与体量超群。图书馆建筑主楼顶部采用八角重檐、单檐双歇山式，上立七环宝鼎。屋顶南面两角立有云纹照壁，其间设护栏形成"围脊"。主楼前后东西两翼附楼屋顶也采用歇山形制，从外观上看，体现了中国宫殿式建筑的严整与统一。

　　作为这一建筑组群的入口，学生斋舍建筑依狮子山南坡顺山势而建，采用"地不平天平"的设计手法，四栋宿舍由三座罗马式券拱门联为一体，并在入口处修建多层阶梯以突出其导向性。在此基础上，拱门上部增加一层，形成单檐歇山式亭楼，与整体建筑协调。更为精妙的是，中间拱门的亭楼与图书馆位于一条轴线上，形成了建筑建良好的对位与对景关系，极大地丰富了建筑空间层次。

　　2. 理学院建筑群（图5-4-16）

（a）理学院全景（1930年）　　　　　　（b）理学院附楼西侧面（1930年）

（c）理学院主楼（2009年）

图5-4-16　理学院建筑群

［资料来源：（a）、（b）李晓虹，陈协强．武汉大学早期建筑[M]．武汉：湖北美术出版社，2006：65，66；（c）作者自摄］

理学院建筑群位于狮子山东部，紧邻图书馆建筑群。大楼北面东湖，南面与工学院建筑群相望，中间形成了一条400多米的轴线，对位借景关系明确。建筑群依山就势而建，由中间主楼与两侧附楼组成。主楼设计运用了对东西方建筑文化多元重构的方法，采用八角形墙体上覆拜占庭风格的穹顶，与轴线南端的工学院建筑方形墙体和玻璃重檐四角攒尖屋顶相呼应，体现出中国传统环境观中"天圆地方"（北圆南方）理念。两侧配楼的屋顶采用中国传统庑殿顶形式，以绿色琉璃瓦为基调，色彩与图书馆建筑群相协调，以达成教学中心区建筑群体的统一。

3. 工学院建筑群（图5-4-17）

工学院建筑群坐落于火石山顶，南依珞珈山，北面与理学院相望。建筑群体布局采用了"轴线对称、主从有序、中央殿堂、四隅崇楼"的中国传统建筑组群形式。主楼平面正方形，屋顶形制为重檐四角攒尖。比较特殊的是，采用钢结构与玻璃构造了一个"玻璃中庭"，在内部形成5层高的"共享空间"，在当时实在是大胆的构想，又克服技术困难付诸实现，在中国建筑民族形式的探索历程上留下了一份宝贵的遗产[1]。主楼四角的附楼采用歇山屋顶形式，它们与主楼前方的两座罗马式附楼相组配，形成了典型的"中西合璧"式建筑。

（a）工学院设计手稿　　（b）工学院远景（1930年）　　（c）工学院主楼前的附楼

（d）工学院建筑群主入口（2009年）

图5-4-17　工学院建筑群

［资料来源：（a）、（b）、（c）李晓虹，陈协强. 武汉大学早期建筑[M]. 武汉：湖北美术出版社，2006：61，62；（d）作者自摄］

［1］李晓虹，陈协强. 武汉大学早期建筑[M]. 武汉：湖北美术出版社，2006：22.

这三组建筑群采用了不同的平面布局方式，并具备不同的主体建筑造型特征，形成了不同的艺术特色，充分体现了"美就在于整体的多样性"。在此基础之上，对于中国传统屋顶的大量使用，又使这几组建筑群统一协调，很好地体现了中国古典建筑"群"体意蕴。

值得注意的是，凯尔斯对于传统建筑屋顶形制的运用，以歇山顶为最高型制等级，用于校园中心的主体建筑，如图书馆的构图，庑殿、攒尖顶次之。对于屋顶的最高型制等级，中国古典建筑历来以庑殿为第一，歇山次之。凯尔斯的做法与此正好相反，也许这并不能完全归于西方审美情趣或建筑师个人偏爱，也有功能与技术方面的考量。中国古典建筑的屋顶空间一般没有实用价值，单层的采光通风问题意义不大。而作为大学校舍一般为室内小空间建筑，屋顶的通风散热必须加以考虑。同时，尽可能利用屋顶下的有效空间，也符合功能主义的设计原则。因此，端部耸起的歇山屋顶由于可以开设窗洞，相较全封闭的庑殿更为适用。中国古典式歇山顶端部全封闭，而凯尔斯设计的歇山屋顶端部均是尽可能开足窗洞，安装可开启的玻璃窗扇。其实，利用歇山顶端部采光通风，并非凯尔斯的首创，至少墨菲在1921—1923年的金陵女子大学设计中已经采用了这种做法，凯尔斯只是充分强调了这一合理性。

武汉大学的建设，不仅使武昌城市文化教育职能进一步加强，同时，也带动城市空间向东的扩展。武汉大学建设之前，珞珈山一带属于武昌郊区。从城里到珞珈山，不仅不通车，而且连像样的路都没有。武汉大学的建设，作为当时大型建设项目，客观上引领了城市跳跃式扩张。大学建成后，修筑了武昌城外通向大学的道路，还开设了由武昌城往返武汉大学的公共交通线路，带动了交通沿线地段的开发，由此促成了城市空间的东扩。更为重要的是，武汉大学优美的环境与建筑彰显了武昌城市风貌。武昌城在黄鹤古楼缺失后一度丧失城市标志，武汉大学校园环境的建设，以及"宫殿式"风格的恢宏建筑使武昌城市再度回归国人视野，成为武昌城市新的标志。

第六章 近代武昌城市空间形态
演变的影响因素

第五章对近代武昌城市空间形态演变的综合特征进行了分析与总结，这一章是对近代武昌城市空间形态演变的影响因素进行综合分析。目前，学术界关于城市空间形态影响因素的研究方法可以概括为两类：一类是单影响因素分析法。即紧扣某一时期内影响城市空间形态的主导因素，就影响因素自身发展和城市形态演变之间的关系进行深入、细致的分析。另一类是多影响因素分析法。从地理环境、社会文化、交通方式、经济增长方式等多个角度来研究城市空间形态演变的影响机制。单影响因素分析法由于简化影响城市空间形态的各种因素，集中关注某一个主导因素，因而能从一个侧面较深入地解释城市空间形态形成的机制。但是由于城市自身是一个复杂的巨系统，多影响因素分析法更能全面探究城市空间形态演变的内在机制。因而，本章采用多影响因素分析法，从政治政策与军事、经济技术、环境与防灾以及社会文化四个方面对近代武昌城市空间形态演变的影响进行综合分析。

第一节 政治政策与军事

城市从产生到发展，每一个过程都与政治、政策相关联。政治、政策对于城市形态的影响主要表现在两个方面：一是统治阶级思想意识的空间体现；二是政权统治的功能需要。

一、政治政策

（一）政治意识与空间干预

作为区域政治文化的中心城市，政治因素在武昌的城市发展中扮演了很重要的角色。在前述章节中提到的影响近代武昌城市空间形态演变的重大历史事件，从自开商埠、粤汉铁路的建设到拆除城墙等等，背后都是政治因素在起作用。此外，当权者的政治思想意识，通过更为具体的政令、规划与措施影响城市的发展与建设，从而形成不同的空间形态特征。

1. 晚清政府的"自强"与"主权"意识

在内忧外患的历史背景下，先后经历了两次鸦片战争的大清"天朝大国"的迷梦惊醒，中国开始重新审视诸多"蛮荒之国"，有识之士开始探索救亡图存的真理，提出了"自强"、"求富"、"中学为体、西学为用"等口号，开展了洋务运动、晚清新政等的改革自强运动。作为洋务运动的"殿军"的张之洞，在1889年至1907年督鄂的18年间，以武昌为推行"新政"、实现民族"自强"的舞台，开工厂、兴商业、练新军，在近代化建设方面，取得了相当的实绩，掀起了这一运动后期的高潮。

张之洞认为"中国不贫于财而贫于人才，故以兴学为求才治国之首务"，为实现民族自强，张之洞在督鄂的18年间，推行新式教育改革，创建新式学堂100余所，包括从初等小学、高等小学等普通教育以及高等学堂的高级专门人才的培养等。这些教育机构大多位于城内，有些是在城内空地上新建，有些是利用旧有建筑改建，有些则是通过拆除旧有建筑获得用地而新建。大量教育空间的插入与替换，使城市内部空间形态发生了改变。

兴办教育的同时，张之洞还倾全力于近代机器工业的兴办。痛心于传统棉纺业的衰微，张在武昌文昌门、望山门、平湖门外建设湖北织布局、纺纱局、缫丝局和制麻局，其用心，在光绪十五年的"拟设织布局"折中说得很明白："棉布本为中国自有之利，自有洋布、洋纱，反为外洋独擅之利。耕织交病，民生日蹙，再过十年，何堪设想！今既不能禁其不来，唯有购置机器，纺花织布，自扩其工商之利，以保利权"[1]。四局的建设，开创了武昌比较完整的近代纺织工业体系，对武昌近代化城市功能的形成，沿江地区的开发利用具有相当大的推动作用，并直接引领了武昌城外沿江工业带的形成。

自1898年始，清政府为杜绝外人觊觎，保全主权，在人口众多、交通便利、商业繁兴的地区主动陆续开辟了一些口岸。这些口岸与按照不平等条约被迫开放的"约开商埠"相对而言，被称为"自开商埠"。中国近代自开商埠共35个，武昌系其中之一。1900年秋，"庚子国变"接近尾声，中外开始议和。张之洞因获悉各国有内地任便通商之请，又因拟议中的粤汉铁路计划以武昌为起点站，张之洞预期其交通商务必当兴盛，为避免"外人冒购势必又蹈租界"，"侵我统辖地方之权，其流弊后患怠不可问"[2]，乃于是年11月上奏朝廷，请将武昌城北十里滨江之地辟为"自开商埠"。他在《请武昌自开口岸折》中云："查湖北省城武胜门外，直抵青山、滨江一带地方，与汉口铁路码头相对。从前，美国人勘测粤汉铁路时，即拟定江关一带为粤汉铁路码头，将来商务必臻繁盛，等于上海。……近年洋行托名华人私买地段甚多，各国洋人垂涎已久，此处必首先通商无疑。此处若设租界，距省太近，营垒不能设，法令不能行，有碍

---

[1] 张之洞. 张文襄公全集·卷二十六· 奏议二十六[Z]. 沈云龙主编 近代中国史料丛刊第四十八辑[M]. 台北: 文海出版社, 1970: 2003.

[2] 张春霆. 张文襄公治鄂记[M]. 武昌：湖北通志馆, 1947: 2.

防守。查岳州系自开口岸，名通商场不名租界，自设巡捕，地方归我管辖，租价甚优，年年缴租，各口所无，一切章程甚好。前三年奉旨，令各省查明可开口岸地方奏办。窃拟趁此条款尚未宣布之时，即请旨准将武昌城北10里外沿江地方作为自开口岸，庶不失管理地方之权"[1]。当时，武胜门外江堤筑成，涸出大片土地。为开发这片土地，繁荣商务，张聘请英国工程师斯美利来鄂丈量地段，对建筑码头、填筑驳岸、兴修马路等工程进行详细勘估，绘制细图。将武胜门外至徐家棚一带规划了1∶5000的武昌商埠全图（图6-1-1），分甲、乙、丙、丁四区123块，并规划了驳岸、马路、沟渠等配套设施。

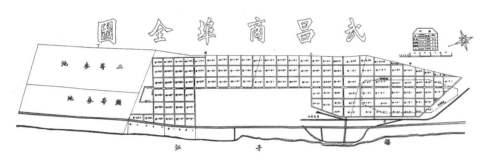

图6-1-1　武昌商埠全图（1918年）

（资料来源：湖北省档案馆）

223

虽然由于粤汉铁路的修筑与通车一再后延以及时局动荡、利益纠纷等种种原因，开埠之事不了了之。但是，商埠计划为武昌城市空间向北拓展提供了一种引导作用。当时平整土地后规划建设了四条马路（即一马路、二马路、三马路与四马路），是近代武昌城市最早的马路建设。在原准备开埠的地区，民国时期陆续开办了第一纱厂、裕华纱厂、震寰纱厂等多家近代企业，城北新河江滨一带在自开商埠基础上形成新兴工业区，同时带动了积玉桥一带居民点的建设。

2. 国民政府的"现代"意识

国民政府成立后，致力于建立现代国家的构想，其现实途径是向西方城市社会学习，具体在城市建设上，表现为政府试图通过西方科学的、合理的技术手段来进行空间规划，从而达到社会改良的政治目的。在此背景之下，西方现代城市规划思想及其制度被引进到近代城市建设之中。城市规划在当时实际上是一个新的领域，正处于逐步专业化和正规化的过程之中，直至19世纪末20世纪初，专业的规划实践才发展成为社会组织和政治治理的重要组成部分。正如奥姆斯特德所言："城市规划是一种尝试，它

[1] 赵德馨.张之洞全集[M].武汉：武汉出版社，2008：1333-1334.

代表市民对城市物质环境整体发展施加深思熟虑的控制"[1]。

辛亥革命成功之后，武汉三镇成为备受国人瞩目的"首义之地"。1918年，孙中山在其所著的《建国方略》之《实业计划》中首次提出了将"武汉"作为"武昌、汉阳、汉口"三联市之名，并将武汉城市定位为："实吾人沟通大洋计划之顶水点；中国本部铁路系统之中心；中国最重要之商业中心；中国中部、西部之贸易中心；内地交通唯一之港。"在此基础之上，提出了以大交通来引导城市发展的规划策略①（图6-1-2）。同时，为解决武汉三镇交通问题，孙中山计划"在京汉铁路于长江第一转变处，应穿一隧道过江底，以联络两岸。更于汉水口以桥或隧道，联络武昌、汉口、汉阳三城为一市。至将来此市扩大，则更有数点可以建桥，或穿隧道。"可以说，孙中山以政治家、实业家的视野和气魄为武汉制定的发展计划，指明了武汉百年发展的长远目标，成为国民政府重新塑造武汉城市"现代"新社会的纲领性文件。

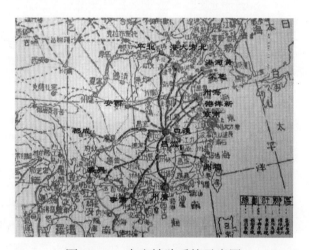

图6-1-2　中央铁路系统示意图

（资料来源：吴之凌，胡忆东，汪勰，等.百年武汉：规划图记[M].北京：中国建筑工业出版社，2009：43）

自1927年至1937年间，武汉曾多次编制过三镇一体或单独的武昌市

---

[1] Frederick Law Olmsted Jr. "introduction" in City Planning: Aeries of Papers Presenting the Essential Elements of a City Plan [M]. John Nolen. New York and London: D Appleton and Company. 1916: 1-2.

① 晚清张之洞都鄂之时，已经注意到武汉在全国的区位优势，为贯通武汉与四方的联系，计划修建向北的平汉铁路、向南的粤汉铁路、向西的川汉铁路，这3条铁路与向东的长江水道在武汉形成了"十字形"的主干交通线。孙中山在张之洞所构建的基础之上进而提出修建"中央铁路系统"，除已建的平汉、粤汉及计划中的川汉线之外，建设"放射型"的铁路网络，将南京、西安、北方港（天津附近港）、黄河港（黄河入海口）、芝罘（今山东烟台）、海州等与武汉联结起来，形成以武汉为中心的铁路运输系统。

（或省会区）的城市规划，其中蕴涵着一些现代城市规划的先进理念，如功能分区、公园规划等，充分体现了国民政府的"现代"意识（见第四章）。虽然由于种种原因，这些规划并没能全部实施，武汉三镇也在飘摇的民国政权中分分合合，但这些规划还是在一定程度上引领并决定了城市空间的发展。例如，1929年的《武汉特别市工务计划大纲》与《武汉特别市之设计方针》划定了武汉市区界限，同时也规划了武昌城区北向与东向拓展的方向（与汉口的拓展方向隔江对应）。对武昌物质空间形态发展影响最大的是民国十九年（1930年）由湖北省工程处主任汤震龙署名编著的《武昌市政工程全部具体计划书》，其中有关土地利用的分区使用、道路建设计划等部分在其后武昌的城市发展中得以实施。规划按照现代城市功能分区的原则，将市区划分为行政区、商业区、住宅区、教育区与军事区。其中，城市工业区布局从中矶开始沿江北行至青山；由文昌门沿江至李家桥；再沿粤汉铁路到鲇鱼套。的确，武昌城市的工业正是在上述地段发展。规划中，将洪山附近至东湖一带风景优美之处划分为教育区。1929—1935年国立武汉大学也是在这一地段正式开始建设，从后来武昌城市形态来看，城市用地布局及城市空间拓展方向也是按照这个规划实现的。分区计划之外，规划还提出了城市道路系统规划。在旧有街道基础之上，规划了城市道路干线31条，基本采用东西南北横直相交的形势，局部考虑天然地势采用斜线相交形式，由此形成了武昌城市方斜混合式交通系统，并区分了道路等级。同时，配合城墙的拆除，计划书提出了环城马路计划。1930—1937年间，武昌路、胭脂路、中正路（长街）、张江陵路（沿江马路）和中山路（环城马路）等道路按照规划完成了建设，基本奠定了近代城市道路交通系统的格局。

　　抗日战争胜利后，与其他许多城市颁布法规与图则来指导战后的具体重建事宜不同的是，（武昌）武汉的战后规划从战前的"武汉市"城市规划跃升到"大武汉"区域的规划。虽然1946年成立了独立的武昌市政府，但直至中华人民共和国成立前，再没有做过单独的武昌市的规划。与此相对应的情况是，1945年11月就成立了我国近代规划史上第一个区域规划机构——"武汉区域规划委员会"以统筹武汉三镇的规划事宜。在朱皆平、鲍鼎等人的努力下，相继出台了"武汉区域规划"的4个规划成果：《大武汉建设规划之轮廓》、《武汉区域规划实施纲要》、《武汉区域规划初步研究报告》、《武汉三镇土地使用与交通系统计划纲要》，提出了"大武汉"的规划概念（图6-1-3）。

　　从1929年的规划开始至1949年，一系列以三镇为整体统一编制的规划的出台，充分说明在国民政府的"现代"意识中，统一的武汉市是三镇发展的唯一目标。大武汉区域规划的提出，更是将这一目标推向更高一层阶梯。虽然由于当时国内时势原因，武汉区域规划活动在几年后即宣告终

225

止，所出台的文件也大多限于宏观层面的论述，具体的规划方案并不明确，更无法在现实层面上指导战后城市的具体建设，只能说是一次未完成的"区域规划试验"，但因为规划的预见性与科学性，对建国之后武汉的城市规划与建设产生重要的影响作用。正如武汉城市规划局刘奇志所说："一个规划，可能在一定时间内不会实施或影响城市，但这个规划你做出来了，会影响很大。1946年的规划（即武汉区域规划）作出来之后，国民党无暇顾及。但这个规划已经'规划'了一批人的观念与思想，如长江大桥选址、过江隧道、港口码头等等。可以说，这个规划对后来武汉的城市建设有着深远的影响，在很大程度上决定了今天的武汉城市建设格局"[1]。

图6-1-3　武汉三镇土地使用与交通系统计划纲要总图

（资料来源：吴之凌，胡忆东，汪勰，等.百年武汉：规划图记[M].北京：中国建筑工业出版社，2009：63）

3. 日伪政府的"殖民"意识

日据时期，武昌是日军多次组织兵力进攻长沙的后备军事基地。出于军事防御以及殖民统治目的，日军将武昌城市空间划分为难民区、日华区、军事区与轮渡区。其中，军事区占据了城市主要水运码头、粤汉铁路

---

[1] 长江日报世纪珍藏版，武汉百年——城市规划.三镇宏图，今朝更好看！[N]. http://www.cnhan.com/other/bn/whqh.htm. 转引自李百浩，郭明.朱皆平与中国近代首次区域规划实践.城市规划学刊，2010（3）：105-111.

以及城中地势最高的蛇山及其周围地区，而且，城市滨江一线大部分被军事区所占据。可以说，军事区控制了城市水陆交通的枢纽以及城市的制高点。日军军事机关都设置在此区域内。日华区实质上是日本人的商业和居住区，通过对长江水运的控制，日华区内只有日商经营的商行进行垄断式经营。难民区内居住的则是武昌市民，由日军发给"难民证"。为加强殖民管理，难民区"街巷首尾两端立木栅，定时开放。每日上午九时开，下午三时即刻封闭"。周围宪兵密布，俨然如同军事监狱。

日伪政府对武昌长达7年的殖民统治对于城市空间的影响是，原来繁华的司门口地段因位于军事区内，成为军事打击目标。抗战胜利后，汉司路、胭脂路、复兴路等几成废墟。原本满山的林木葱郁的蛇山，只剩下诸多的碉堡、炮台等残骸，诸多园、楼、山水景点等面目全非，首义公园更是一片苍凉。而随着难民区内人口增多，商业随之发展。抗日战争胜利之后，八铺街一带成为城区新商业区。

为满足军事需求，日伪在武昌城内还兴建了一些军事设施，包括徐家棚军用机场等，抗战胜利后，一度作为民用机场使用，与粤汉铁路的联运城市北向拓展的动力。另外，在日本人居住的空间中，出现了一些日式风格的建筑与装饰。

（二）政权更替与空间发展

近代中国是政权变化频繁的时期，经历了从传统中央集权到地方分权再到现代中央集权的政治转型过程。武昌由于是近代政治与军事事件多发地区，地方政权更替更为频繁。尤其是辛亥革命之后，既有城市行政建制上的反复变更，又有地方统治者的频繁变动。民国时期，包括武昌在内的武汉三镇的行政建制变化在中国近代城市发展中是最为频繁的。武昌时而为省辖市，时而又划归为省会区。另外，武昌与汉口、汉阳之间也是分分合合，时而三镇合为统一的武汉市，时而一分为二（武昌市和汉口市，汉阳隶属汉口市），时而一分为三（武昌市、汉口市与汉阳县）。在地方统治者方面，则先后有湖北军政府、北洋政府王占元"鲁人治鄂"与萧耀南"鄂人治鄂"、武汉国民政府、南京国民政府、日伪湖北省政府等依次行使建设与管理城市的权力。政权每一次的更替便意味着城市施政重点的转移。各个时期的统治者都从自身利益出发来规划、建设与管理城市，甚至为了自身政治利益而恣意破坏城市建设，从而造成了城市空间发展的不连续性。例如，在粤汉铁路的修建问题上，由于线路所经过之鄂湘粤三省由不同政治势力所占据，各派政治势力出于维护自身利益需要，或主张或反对粤汉铁路建设，甚至还摧毁已经建成的铁路以保全自己的武力控制区。北洋军阀王占元治鄂时期，爆发湖北自治运动，武昌兵变，湘军援鄂，造成湘鄂两地间长达数月的南北混战。刚刚建成通车的粤汉铁路武长线就在双方攻防战中被摧毁，此后十多年都未能恢复通车，"历年缺乏维修，以

227

致枕木腐朽不堪，已不能维持行车"[1]，以致日后国民政府对于铁路湘鄂段的整理工作无异于对该路段的重修。对城市空间发展影响最大的是1938—1945年日军殖民统治时期，军事区、轮渡区、日华区、难民区的人为空间秩序划分，使得原本城市的繁华中心司门口区域衰落下来，正处于发展初期的徐家棚车站新区也停止了进一步发展的脚步，城市的北拓停滞，整体经济发展受到严重破坏。

其次，由于在位时间过于短暂，地方统治者关于武昌城市发展与建设的许多设想都只能处于构想阶段，难以付诸实施。例如，为沟通长江两岸，实现三镇统一，从1913年始自1948年，总共提出过四次修建长江铁桥（或过江隧道）计划（见第三章）。但都因政权变动以及战事变动，设想未能实施。直至1949年，政权完全稳定之后，中国人民政治协商会议第一届全体会议上通过了建造武汉长江大桥的议案，并于1950年3月成立了武汉长江大桥测量与设计组，1957年武汉长江大桥建设完成并正式通车，武汉三镇才得以完整地结合在一起协同发展。另外，作为武昌城市标志性建筑黄鹤楼的重建也颇能反映政权变动对于城市发展的影响。自三国孙权建城以来即有的黄鹤楼，在唐宋时期即已成为武昌城市的标志，在漫长的封建统治时期，对它的维修与修缮受到历任地方官员的重视，仅清代就对黄鹤楼进行了八次主要修葺（含重建）活动。1884年9月，清代最后一座黄鹤楼被大火焚为灰烬。之后，从张之洞到孙中山、蒋介石，以及湖北省政府等都曾动议重建黄鹤楼，1929年以及1945年的规划中对黄鹤楼的重建也有提及，但最终因为政事变迁，始终"只见文章不见楼"。

二、军事战争

武昌由于"地居形要，控接湘川，边带汉沔，历代常为重镇"，"自来南北用兵未有不以此地得失为成败的"[2]，清顾祖禹谓之"东南得之而存，失之则亡"。武昌的军事战略地位，使得它在近代深受战争荼毒。太平军三占武昌城、辛亥首义、南北军阀混战以及抗日战争武汉大会战等都对武昌城市的发展产生重大影响。

（一）战争对城市的破坏

战争对城市的破坏主要表现为对城市物质空间环境的毁损、城市人口的减少、城市经济发展脉络以及内在运行机制的中断与破坏等。

晚清时期，太平军三占武昌城，双方交战致使城墙内外一片焦土，黄鹄矶头的古迹观音阁亦化为灰烬，成千上万居民无处栖身。辛亥首义武阳夏之战，清军将领冯国璋火烧汉口，"使锦绣之场，一旦化为灰烬"。清

[1] 刘统畏.铁路修建史料第一集1876—1949[M].北京：中国铁道出版社，1991：485.
[2] 陈博文，陈铎.湖北省一瞥[M].北京：商务印书馆，1928：1.

军在龟山架炮轰击武昌，致使许多建筑物与公用设施损毁，蛇山周边满目疮痍[1]。

北洋政府时期，王占元担任湖北督军期间，祸国殃民，致使湖北境内爆发10多起兵变。1921年5月，武昌兵变，致使武昌城内"自王府口、芝麻岭一带至司门口、察院坡、汉阳门等，悉遭焚毁，精华殆尽。……城外如保安、望山门大街，受灾尤重，不可收拾"、"公私财产损失数千万元，300余户房屋被焚"[2]，"全城重创，十年难复"[3]。兵变之后，造成了武昌社会的动乱，并引发了湘、川两路军阀与北洋军的混战。期间，不仅城内驻军恣意破坏建筑与公共设施，而且，每一次溃败，武昌城都会遭受一次洗劫。

抗日战争中，武昌城市更是遭受严重破坏。1937年南京失陷后，日军就凭借其制空权对武汉三镇进行狂轰滥炸。从1937年秋至1938年10月25日止，日机侵入武汉三镇61次，共946架次，投弹约4590余枚，炸死居民3389人，炸伤约5230人，毁掉建筑物4900余栋。仅1938年3月27日一天，日机就出动40余架在武昌徐家棚、余家头、南湖附近投弹140余枚，炸死平民110余人，伤114人，毁房60多间[4]。武昌沦陷后，日军对城市的破坏更加变本加厉，致使城市建筑、公共设施等损毁严重。其中突出的有：蛇山因被划为军事区，成为军事打击的重点，蛇山公园亭池全被夷为平地，"树木均被日军伐尽，遍地荒凉，游人兴叹"[5]。1945年战争末期，日军竟然在一夜之间将全城的下水道井盖全部取走运回国，致使国民政府在接收武昌城之后不得不赶制井盖以障民生。1945年抗战胜利后，"全市人口，由近30万之众，竟变至不及5万之多矣。徐家棚、司门口等繁华街区尽成废墟"[6]。

（二）城市军事设施的建设

作为区域政治与军事的中心，古代武昌城市的布局以及重要的城市建设活动都与军事防御有关。以明初周德兴监修的武昌城来看，城墙高耸，壕堑宽深，城周还设有垛眼4168个，城铺93座，城楼13座。西端城楼黄鹤楼自三国建城始就是军事瞭望楼。城墙东、南、北面外围有一道水面深阔的护城河，城西濒临长江。明嘉靖十四年（1535年）还对武昌城各城门加建了瓮城。至此，城墙、护城河与大江等共同组成了武昌城的城池防御体系。

229

[1] 湖北革命实录馆. 武昌起义档案资料选编（上卷）[M]. 武汉：湖北人民出版社，1981：267.
[2] 中国第二历史档案馆. 北洋军阀统治时期的兵变[M]. 南京：江苏人民出版社，1982：209-210.
[3] 涂文学. 武汉通史·中华民国卷（上）[M]. 武汉：武汉出版社，2006：34.
[4] 皮明庥. 近代武汉城市史[M]. 北京：中国社会科学出版社，1983：510.
[5] 整理首义公园公产（1946）武汉市档案馆 全宗号18，目录号10 案卷号471：28-35.
[6] 李泽，等. 武汉抗战史料选编[G]. 武汉：武汉市档案馆编印，1985：245.

近代以来，随着战争逐渐由冷兵器时代进入热兵器时代，使得作为军事防御设施的城墙的重要性大为降低，而城市经济的发展和城市规模的扩大，又使得城墙成为城市交通发展的阻碍。于是历来捍卫城池的武昌城墙被当作封闭与落后的象征，被新兴的南方政权毅然决然地拆除了（见第四章）。武昌逐渐发展出新的军事防御体系。1935年3月，国民政府在武昌设立军事行营，建设了南湖军用机场、高射炮阵地以及雷达站等近代军事设施，并成立了湖北省防空协会和武汉防空司令部，开始普及防空知识[1]。1937年8月21日，日机首次空袭武汉。9月24日，日机第7次轰炸武汉，损失惨重。三镇市民开始感觉到防空掩蔽之重要，并自主构筑防空设施。武汉防空司令部也召集汉口、武昌各界代表开会，讨论筹集防空建设经费问题，并要求按照人力、财力所及，在住所附近空地构筑防空壕、地下室或挖掘山洞。至11月底，武昌、汉阳城区共构筑防空壕280处[2]。

除此之外，在近代频繁的战争中，为保障兵力运输转移以及军队补给的及时与充分，交战双方都致力于城市军事交通通信方面的建设，客观上促进了城市交通通信的现代化。中日甲午战争之后，朝野有识之士都认识到铁路修建的迫切性，认为出于运兵运粮、节约军费考虑，粤汉铁路作为纵贯南北的大动脉的修筑迫在眉睫。张之洞就认为如果铁路造成，战局不会落到如此地步。1911年辛亥革命爆发后，武昌都督府购买了日本飞艇，并在武昌南湖修建了飞艇库。抗日战争爆发后，为与日本空军抗衡，国民政府在武昌修建了南湖机场作为空军基地。1943年，为从关东运兵快捷以应付长沙会战，日军在武昌又修建了徐家棚机场。电信方面，1914年，武昌就建成了长波无线电台，用以收发官电。1936年交通部在武昌建立了无线电话收发信台以方便军事联系以及收集军事情报。

第二节　经济技术

社会经济的发展和技术的进步使城市中出现了新的功能或导致原有的部分功能衰退，使城市形态与城市功能产生矛盾，从而推动了城市形态的演变。

一、经济地位、结构与运行环境

作为军事堡垒而建设的古代武昌在三国建城之始，就已初步形成"城港一体化"的经济结构。唐代以后，经济中心的功能更加显现并逐步成为

[1] 武汉市武昌区地方志编纂委员会编. 武昌区志（下）[M]. 武汉：武汉出版社，2008：765.
[2] 武汉市地方志编纂委员会. 武汉市志·城市建设志（下）[M]. 武汉：武汉大学出版社，1996：1105.

区域经济中心。手工业和长距离的商业贸易的发展成为城市主要的经济形式，并由此形成了城内为官署衙门、寺庙及居住，城外为商市的空间形态特征。明代中叶，汉水改道，武汉三镇鼎立的地理局面正式形成。位于汉水北岸的汉口发展十分迅速，至清代一跃成为超级市镇，经济辐射力的强大在一定程度上抑制了武昌的发展。英法联军侵华后，订立天津条约，汉口辟为商埠，成为帝国主义在华中地区对中国进行经济掠夺的基地，在经济上的重要性很快超过作为区域政治统治中心的武昌（图6-2-1）。汉口开埠以后，贸易额一度跃居全国第二位，仅次于上海，有"东方芝加哥"之称。从汉口延伸的运输线和全国许多地区联系起来，如四川、云南、陕西、山西等，成为华中地区的商业中心。

图6-2-1 以汉口为中心的长江中游商业圈

失去区域经济中心地位的武昌，在张之洞督鄂时期，城市经济结构开始有所调整，实现由之前的以商业为主的单纯消费性城市向以工商并重、工业为主的生产型城市转变。因监修卢汉铁路而来到武昌的张之洞力主兴办洋务，并依据三镇自然条件以及发展现状的不同，分别设置了三镇职能：武昌以教育为主，兼及轻工业；汉口以商业为主；汉阳以重工业为主。

湖北自古以来棉纺业发达，以家庭为单位的手工纺织业占有全省手工业经济的大半，武昌也不例外。但近代以来，洋纱、洋布的倾销给本土造成很大冲击。因此，引进近代工业，提高纺织业的整体发展水平势在必行。在"亟应官开其端，民效其法"的指导思想下，1892—1899年间，张之洞分别在武昌文昌门、望山门、平湖门外建设湖北织布局、纺纱局、缫丝局和制麻局，形成华中地区最早也是最大的近代纺织工业群。甲午战争之后，筹办民族工业以拯救民族危机成为一股潮流，武昌的商办工业也随之发展。在汉口商贸经济发展中攫取了"第一桶金"的洋行买办开始投资工业，创设了为数不少的民族资本主义工厂。1915—1919年间，汉口商人在武昌相继创办了武昌第一纱厂、裕华纱厂和震寰纱厂等，至1936年，武昌的民营工业企业发展至58家。这些工厂大多分布于从城南白沙洲至城北新河一带的沿江地区，形成了一条非常明显的沿江工业带。

民营工业除纺织业外，还有造船业与印刷业。早在三国时期武昌的造船业就已发端，明代之后，武昌的造船业已颇具实力。在明陈组绥《皇明职方川海地图表》中就有"武昌厂造船一千一十二"的记载。民国初期，经济与贸易的发展，刺激了内河造船业的发展。1929—1933年是造船工业发展的兴盛时期，当年武汉三镇有造船企业22家，其中武昌就占有13家（表6-2-1），主要位于城南白沙洲、鲇鱼套以及城北新河等内河港口一带。

1933年湖北建设厅武昌地区造船厂调查表						表6-2-1
厂名	地址	工程师数（人）	固定职工（人）	生产能力	本年工作状况	
					承造（艘）	改造（艘）
江汉造船厂	鲇鱼套	3	40多	500吨以内	4	20余
朱万顺船厂	白沙洲	1	4	100吨以内	1	1
游兴发造船厂	—	1	5	100吨以内	1	4
宋长兴造船厂	白沙洲	1	6	100吨以内	1	1
李同兴造船厂	白沙洲	1	8	100吨以内	1	6
胡长盛造船厂	鲇鱼套	1	5	100吨以内	无	2
宋祥发造船厂	下新河	1	5	100吨以内	1	2
宋义兴造船厂	白沙洲	1	3	100吨以内	无	3
胡万盛造船厂	白沙洲	1	2	100吨以内	无	1
胡万盛造船厂	下新河	1	5	100吨以内	无	1
万声记铁船锅炉厂	下新河	无	30	500吨以内	无	3
胡文发船厂	中新河	1	4	100吨以内	无	3
朱银记船厂	武丰堤边	1	14	350吨以下	2	无

［资料来源：武汉市武昌区地方志编纂委员会.武昌区志（上）[M].武汉：武汉出版社.2008：334］

与工业相比，近代武昌的商业发展由于受到汉口商业经济的辐射影响，发展相对缓慢。虽然早在1900年，张之洞即已奏准清廷自开城北10里外沿江地方作为通商口岸，终因粤汉铁路的修筑与通车一再后延、时局动荡、利益纠纷等种种原因，开埠之事不了了之。但由于武昌城是两湖地区的行政中心，作为省、府、县三级政府所在地，大量因政治力量而聚集的人口形成了强大的消费群体，保证了城市内部商业的繁荣。清代，因衣、食、住、行以及公务的需要，武昌城西的长街发展成为城内最繁华的街市，十里青石铺路，两旁店铺排列密集，银楼、金号及服装、百货等商业店面咸集于此，形成沿街"一层皮"式的布局特点。1901年，张之洞召集武昌工商界人士于长街以东之兰陵街创办两湖劝业场，内分三场，每个场有店面79间，场前场后又设摊位42处，堪称近代商品交易会的典型。它的建设，使武昌城市的商业布局形态呈现出由线形的"街市"向块状"街区"发展的趋势（图6-2-2）。民国时期，长街的商业愈加繁盛，一些商业活动开始沿着与长街平行的横街、垂直的汉司街一带街巷扩散，形成类似"格栅"状的布局形态，这就是现今的司门口商业片区，维新、伍亿丰、金同仁、金城银行、湖北省银行等知名商号与金融网点在此扎堆经营，仅百货业就有400余家店铺，市肆繁盛。

233

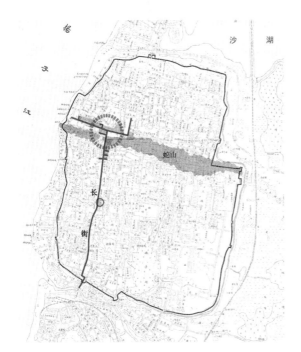

图例：
▭ 商业街
○ 司门口商业片区
▭ 商业街区
○ 两湖劝业场
（注：1927年后改为武昌市政处）

图6-2-2　近代武昌城市商业布局形态示意图

但由于武昌的商业活动多为满足本城居民所需，大宗商品长距离的贸易多集中在汉口，因而武昌商业在近代发展十分有限，这也决定了城内商业街区的形态基本还是保持"一层皮"式的线性生长特征，只是在司门口地区才出现了集中的商业片区。而由于地价等因素，一些居住和行政用地等逐渐从司门口片区中排斥出来，从而实现了近代武昌城市内部空间结构的重组。原本城内为政治中心、城外为商业中心的"单中心"结构，逐步演变为城内政治行政中心和商业集聚中心并置的"双中心"格局（图6-2-3）。

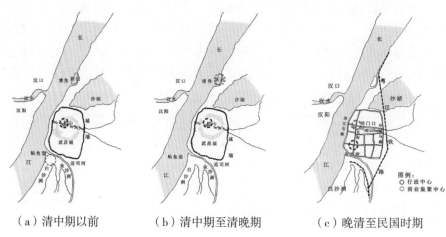

（a）清中期以前　　　（b）清中期至清晚期　　　（c）晚清至民国时期

图6-2-3　武昌城市内部空间结构演变示意图

此外，商业的发展也促使市场的逐步专业化。武昌城内的一些街巷里，店铺或作坊等按照行业类别积聚，形成规模效应。筷子街集中了全城的筷子生产与销售。横街集中了文化用品业。解放桥、文昌门一带集中经营绸缎、布匹等。平湖门一带则集中了丁福顺、刘洪兴等16户猪行。明伦街一带多为陆路鱼行。鲇鱼套、王惠桥一带以及城北大堤口一带专营水路贸易，如蔬菜水果行、鱼行等。

商业的发展，人口的聚集，同时导致了服务娱乐业的兴起。近代各种大型剧种如京剧、汉剧以及西方电影等迭次进入武昌。为适应其演出及放映的需要，武昌开始出现了专门的剧院建筑，全部分布于城内商业集聚地段（表6-2-2）。

近代武昌主要剧院建筑一览表（1920—1949年）　　　表6-2-2

剧院建筑名称	建设地点	开办时间（年）	备注
劝业场剧院	兰陵街劝业场内	1921	
共和大舞台	首义路	1924	今为黄鹤楼剧场
汉兴舞台	首义公园内	1931	后改称武昌大戏院

续表

剧院建筑名称	建设地点	开办时间（年）	备注
省立民众剧场	长街	1937	后改称民众会堂，今为人民电影院
明星戏院	武昌玻璃厂内	1940	——
东方剧场	八铺场	1940	——
易俗戏院	徐家棚	1947	——
雄楚大戏院	长街	1948	今为江汉剧场

（资料来源：根据相关资料与实地调研）

除了经济地位与结构的变化外，近代武昌城市工商业发展还受到社会经济环境的影响。良好的经济运行是城市健康、有序发展的基础。而近代武昌因为战乱、政局动荡等原因，经济运行缺乏稳定的机制，城市曲折发展，城市形态的演变也呈现断续和明显的波动特征。

1889年，张之洞就任湖广总督期间，兴办工业、发展教育、开拓铁路事业、自开商埠与劝业场，使城市工商业发展呈现繁荣景象。兴建了包括布纱丝麻四局在内的十余家工厂。这些企业在全省、全国都有较大影响，奠定了武昌近代工业的基础。城市形态表现为跳跃式地越过城墙，在城外沿江地带线形延展。

1907年，张之洞入参军机。他的离去，使湖北武汉地区，尤其是武昌的近代化势头锐减。官办工业大多亏损严重，生产难以为继，被迫转为商办或官商合办。1911年，辛亥革命爆发。受到驻扎军队与战事的影响，城市工商业发展严重受滞。而奠定武昌近代工业基础的布、纱、丝、麻四局也在武昌起义爆发后停工，"员司星散，机件耗散甚多"。

辛亥革命后武汉地区出现兴办工业的热潮，武昌的民营工业也有了长足发展。第一次世界大战期间是武昌城市工商业发展的一个"黄金期"。由于西方列强先后卷入战争，无暇东顾，减少了商品侵销与资本输出，武昌以纺织业为主的民营工业得到快速发展。

北洋政府时期，湖北掀起自治运动引发武昌兵变。城内"自王府口、芝麻岭一带至司门口、察院坡、汉阳门等，一路焚毁不少，抢劫一空。造币厂、官钱局亦遭浩劫，其余金店、钱庄、银号、缎号、洋货铺等，悉遭焚毁，精华殆尽"，"全城重创，十年难复"。

1926年，武汉三镇被北伐军攻克以后，国民革命的政治中心由广州转移至武汉。1927年，武汉国民政府成立。战争的重创稍微平复，本应是发展经济的大好时机，但武汉国民政府是在严重的财政危机背景下诞生的，成立不久又遭宁汉对峙，获得帝国主义以及地主买办阶级支持的蒋介石南京国民政府对武汉实行了经济封锁与军事破坏，致使武汉经济在内外交困中呈风雨飘摇之势，危机日益深重。据商民部对武昌总商会的调查报告称："已倒闭者钱业居十分之九、典当业十分之六、木业十分之五"[1]。工业方面，也是遭受重挫。大量工厂停工，工人失业。据1927年6月6日《汉口民国日报》"武汉失业工友统计"数据，总计为141024人。庞大的失业队伍增加了国民政府的财政负担。国民政府发行的纸币及各种债券数量巨大且难以兑现，贬值速度惊人，至1927年6月，武汉财政经济濒于崩溃[2]。战乱频仍，工商衰落，城市的建设也停滞不前。人们不愿投资兴建新的建筑，许多在建的也不得不停工，承包建筑的营造厂等也大多关闭，城市形态几乎停滞发展。

1927年7月，宁汉合流，南京国民政府实现了对武汉的统一，武汉地区才迎来一段相对安宁的发展时期。1935年后，国民政府采取鼓励民族工业发展的"救济政策"，提倡"使用国货"，武昌地区工业出现短暂繁荣。至1936年，棉纱供不应求，各纱厂迅速增加纱锭数量，扩大生产规模，获利丰厚。除纺织业外，造船业、印刷业等也有较大发展。1935—1937年，抗日战争前夕，大量工厂内迁，先到达武汉，使武昌在短暂的时间内有了很大的发展。工厂企业在城市周围不断侵蚀土地，或是在城市建成区内见缝插针占用土地，城市形态伴随着工业用地的扩展而发生变化。城市内部形态也因商业的发展、商户的增多而形成了集中的商业片区。

抗日战争时期，武汉会战前，日军凭借其航空制空权对武汉三镇进行了狂轰乱炸，武昌的工商业受到严重摧毁。1938年10月沦陷前，武昌大部分工厂及其机器设备内迁到川、湘、陕、桂、黔等地，规模较大的工厂中，除第一纱厂因英国债权洋行干涉未迁走外，其余均分别迁往西南、西北、华南等地。沦陷后的武昌几无现代工业。商业经营更是困难，战前最繁华的商业街——长街与司门口地区，因为划为军事区，已人去楼空，毫无商业可言。只有城南八铺街一带因为划为难民区，设有市场和贩卖部，反而逐渐发展起来，成为城市新的商业点。

抗战胜利后，武昌的工业生产恢复与发展也十分缓慢。在美国"援华"物质大量侵销与官僚资本的双重打击下，民族工业大量破产。至1949年6月武汉解放前夕，武昌商业仅有59个行业，1938家商户，从业人员3782人，不及1935年的一半[3]。城市形态的发展再次几近停滞。

[1] 武昌总商会的调查报告，1927年6月。转引自涂文学. 武汉通史·中华民国卷（上）[M]. 武汉：武汉出版社，2006：153.

[2] 涂文学. 武汉通史·中华民国卷（上）[M]. 武汉：武汉出版社，2006：154.

[3] 武汉市武昌区地方志编纂委员会. 武昌区志（上卷）[M]. 武汉：武汉出版社，2008：370.

二、近代交通与营造技术

科学技术作为重要的生产力，推动着社会经济的发展，引发着区域与城市空间的演变。不仅如此，科学技术发展所带来的物质环境变化和营造技术的水平还直接作用于区域与城市空间的结构以及空间建构方式[1]。科技的进步从多方面对城市的空间形态产生影响。其中交通技术的发展与城市形态的演变关系最为明显。

（一）近代交通技术

由于武昌地处长江、汉水两江交汇处，早在东汉时期就已成为"导财运货、懋迁有无"的水路商埠。从古代武昌的发展历程来看，可以说是一个水运主导型城市。步入近代之后，城际公路的兴修、粤汉铁路的建设，使城市空间逐渐离岸向陆地纵深方向拓展，摆脱了过于依赖水系的状态，形成了多条发展轴，城市形态更为开放、灵活分散。近代武昌城市沿着水运交通线、铁路交通线、公路交通线同时发展，呈现出"手指"状的形态特征（图6-2-4）。

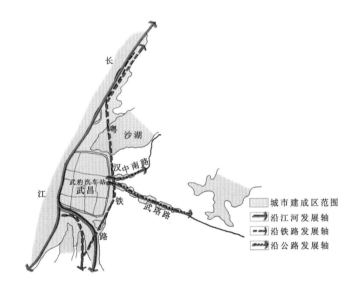

图6-2-4 城市空间沿交通线的发展示意图

清末，汉口开埠后，由木排、竹排、帆船主宰了千百年的长江航运历史被来自西方、以蒸汽机为动力的轮船彻底打破，一场水运技术的革命正式开始，扭转了武昌江岸自1621年因长江河势改变，水流湍急，不利于船舶起卸货物的不利局面。在动力强大、船身坚固的轮船引入之后，武昌的水运步入到一个新的发展阶段（图6-2-5）。

---

[1] 段进.城市空间发展论[M].南京：江苏科学技术出版社，1999：49.

图6-2-5　武汉三镇江面的木船与轮船运输

（资料来源：武汉市档案馆）

　　轮运的发展、位置的便利以及地租的低廉，使武昌江岸边工厂、堆栈林立，货运发达。货运的发展，带动了沿江码头的建设，以及码头装卸业的发展。至1947年，武昌从城南望山门开始至城北徐家棚共有码头68个（图6-2-6），工人2393人[1]。工厂、码头的建设以及随之而兴的服务业的发展，使武昌城市空间形态发生巨大变化。鳞次栉比的厂房、林立的烟囱、坚实宽敞的石砌驳岸和码头改变了城市沿江界面的形态特征。为方便运输与服务，城市的道路系统也随之发展。沿江码头与城市内部之间形成了多条垂直于长江流向的马路。沿着岸线，还修建了沿江马路，沿线联系各工厂与码头。民国时期，城墙拆除之后，原来的内城外港逐渐形成港市一体的空间格局，港口水域陆域面积不断扩大。

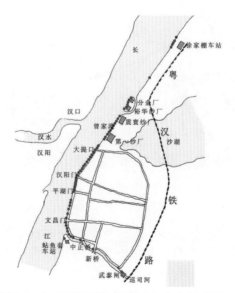

图6-2-6　近代武昌主要码头分布示意图

---

[1] 武汉市武昌区地方志编纂委员会.武昌区志（上卷）[M].武汉：武汉出版社，2008：317.

　　清光绪二十二年（1896年）以蒸汽机为动力的轮渡的引入武汉三镇之间交通联系。由于机器轮渡比划渡过江安全，速度快，载客量大，三镇之间的交通明显增多，具体表现为轮渡航线的增加以及码头建设的发展。汉阳门、平湖门、徐家棚、曾家巷等地都有多处直通汉阳、汉口的轮渡码头，仅汉阳门地区就有上、中、下三码头，分别用于不同的航线。从1896年机器轮渡引入始至1957年长江大桥建成通车以前，除短暂的中断外，过江轮渡都是跨越三镇的交通脊梁，为市民出行与日常生活提供了巨大便利。

　　机器轮渡的发展，也为水陆联运提供了必要的技术支持与保障。三镇之间大规模的水陆联运始自粤汉铁路武长段通车后。由于受长江阻隔，粤汉铁路不能与平汉铁路接轨。为了沟通两路，铁路管理局就多次购买渡轮，又分别在武昌徐家棚和汉口江边设立码头，以渡轮衔运车厢过江，转入平汉路轨，以使南北客货运输得以联接。

　　1936年粤汉全线即将贯通之际，客货运输日渐繁盛，为此又"订购最新式轮渡一艘，长一百五十英尺，宽三十英尺，吃水七英尺，速度每小时十海里，舱位能容头等旅客一百人，二等旅客二百人，三等旅客七百人"[1]。

239

　　粤汉与平汉联运的关键是长江轮渡与火车之间的"过轨"。当时的做法是：渡船靠着钢架，石墩上架设钢轨。待渡船靠稳，船上的钢轨与石墩上的钢轨对接后，列车由蒸汽机车牵引，缓慢上下渡轮，由此实行了粤汉与平汉线的水上对接。在正常气候条件下，火车渡口每天能接转六、七对火车过江，一列火车过江耗时约2～3小时。这种水陆联运方式一直持续至1957年武汉长江大桥建成通车。至今，在徐家棚粤汉码头地区还可见到火车轮渡过轨码头的钢架与铁路基桩遗存。为适应长江水位的涨落，连接渡轮的钢架、石墩依水位高低分为数组，整齐排列，错落有致（图6-2-7）。

（a）连接渡轮的钢架与石墩　　　（b）依据长江水位涨落可调节的滑道

图6-2-7　粤汉铁路徐家棚车站现存的一组连接渡轮的钢架与石墩

［1］本路拟订造最新式渡轮，粤汉铁路旬刊，1932（3）：27.

正是有赖于交通技术的发展，才第一次在武昌与汉口间建立了大规模人流与物流的交流关系，使两地成为纵贯中国南北的平汉、粤汉两路的起点与终点，从而显示出铁路枢纽的巨大城市功能。

粤汉铁路的修筑与通车，催生了码头的建设，并带动了周边街巷的形成以及商业的繁荣。随着铁路修筑而产生的车站、铁路线、机车厂、材料厂等附属设施改变了城市已有的空间景观与尺度，从而体现出近代城市空间特征。铁路运输还促使产生了车站工人以及依靠车站谋生的码头工人，这些工人为数众多，形成大量的居住需求，合记里、诚善里等居民区相继建设。使得徐家棚车站附近地区从以前一个人烟稀少的荒野郊区发展成为一个聚居人口达到2万的人员密集地区，形成城市空间结构中的新节点。铁路还牵引着城市空间的北拓，车站与老城区之间的空白地带被迅速填补，城市沿江带状扩展的形式愈加分明。

明清时期，武昌城市主要交通工具是马、马车和轿子。晚清时期，开始出现近代交通工具。人力车、自行车、三轮车、汽车的陆续出现，对城市道路提出了新的要求，也影响了城市形态的演变。首先，汽车运输的发展促成了新式公路的兴修，运输线路的开辟成为城市新的增长点，引领了城市空间拓展的方向。1923年，随着武昌至金口、武昌至豹子澥的公路建成通车，公路两侧的城市空地开始有所建设，城市空间形态呈现出向东的拓展。其次，人力车、汽车等应用于城区交通，也促使了城市内部道路形态的演变。近代交通引入之前，武昌的街道大多为青石铺路，狭窄曲折，这样的道路显然不能满足近代城市生活的需求，于是道路的拓展与新修成为近代城市建设的主要内容。例如城市主要的商业街长街，仅宽4～5米，因而交通非常拥挤。"仅人力车每小时即有一两千辆通过，行人往往被车堵住，如不巧正好驶来一辆当时称为'飞虎'的汽车，行人只得进店铺躲避了"[1]。因此，除了将蛇山南楼下的鼓楼洞扩宽加固以分散行人车辆外，1935年湖北市政工程处还开始了拓宽长街工程。新的道路宽度扩展至12米，并在道路下敷设了下水涵管。与此同时，还修建了一座跨度20米，造型新颖的过街人行天桥——南楼拱桥。除了长街之外，民国时期武昌拓展与新修的道路还有汉司路、武珞路、环城马路、临江大道、胭脂路等，"马路平治，与汉市无异"，城市"气象迥殊"[2]。

（二）近代营造技术

城市空间的物质形态深受营造技术的广泛影响。这种影响可以通过单体建筑、建筑组群、建筑材料、施工技术等而形成不同的城市景观，从而影响城市空间的尺度、肌理、界面和构成方式。

[1] 方明，陈章华.武汉旧日风情[M].武汉：长江文艺出版社，1992：47.
[2] 王葆心著.陈志平等点校.续汉口丛谈[M].武汉：湖北教育出版社，2002：55.

随着近代营造技术的发展，武昌城市中出现了一些大体量与大空间的建筑，改变了原有城市细密、均质的空间肌理。另外，新型材料，如钢、混凝土、玻璃等的运用，使建筑外部形态、城市空间构成等发生变化，从而凸显了近代城市空间面貌。

在武昌，真正带动建筑的近代起步的是洋务工业的兴办。因为新兴机器工业生产技术和管理都是学习西方的，因而建筑本身也以西式为主要效仿对象。以湖北丝麻四局为代表的大空间、大体量的近代西式工业建筑的出现开始真正改变城市传统的面貌。1890—1899年，张之洞主持兴建的湖北布、纱、丝、麻四局的厂房均谓大尺度的单体建筑，单层钢结构，铁瓦屋面，梁柱全采用钢料制作，由广东广祥利营造厂来汉施工。1916—1922年间，城北上新河一带相继建成第一纱厂、震寰纱厂和裕华纱厂。这些工厂厂房建筑都是采用现代钢筋混凝土框架结构，三角形桁架式屋架承重。

除了工业建筑之外，一些公共建筑，如湖北省立体育馆、湖北省图书馆、武昌善导女中教学楼等也采用近代营造技术建设。国立武汉大学校园建筑群从建筑材料、建造技术、建筑装饰、组群组合等诸多方面充分体现了近代营造技术的发展（图6-2-8）。

在20世纪30年代，大跨度钢架结构、钢筋混凝土框架结构、三铰拱、共享空间、玻璃中庭等新材料、新技术、新形式在当时西方建筑界尚处探索阶段，而在国立武汉大学校园建筑群中就已创造性地成功使用了这些先进营造技术与设计思想。其技术成就不仅体现在新奇、宏伟、坚固的建筑外部形态上，如工学院采用钢结构与玻璃构造了的"玻璃中庭"、理学院的"现代穹顶"、图书馆的钢筋混凝土与组合式钢桁架结构体系、水工试验所的弧形钢梁屋架等等；也体现在建筑内部的设备设施方面。图书馆、理学院、工学院及教授别墅都安装了采暖设备，理学院大楼配置了幻灯、电影放映设备，尤其是电化教学设施堪称国内首创。20世纪30年代初，一位来华旅游的美国外交官问胡适："中国究竟进步没有？"胡适回答："你如果要看中国怎样进步，去武昌珞珈山看一看武汉大学便知道了"[1]。

近代营造技术的进步也促进了城市市政设施的建设。例如，1927年武昌市政工程委员会着手修复武昌洞，采用钢筋混凝土衬洞拱，成为武汉三镇最早是用钢筋混凝土的隧道工程。武昌洞修复后至今已70余年，仍在发挥贯通蛇山南北交通的功能。

[1] 刘双平. 李四光与武大[A]. 龙泉明，徐正榜编. 老武大的故事[M]. 南京：江苏文艺出版社. 1998：46.

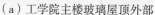

（a）工学院主楼玻璃屋顶外部　　（b）工学院主楼共享空间　（c）共享空间顶层结构

（d）理学院主楼穹顶内部结构　　　　　（e）理学院阶梯教室内部钢筋混凝土结构

（f）20世纪30年代体育馆结构三角拱施工现场　　（g）学生俱乐部钢筋混凝土结构

图6-2-8　国立武汉大学校园建筑

［资料来源：（a）～（e）作者自摄；（f）、（g）李晓虹，陈协强．武汉大学早期建筑[M].武汉：湖北美术出版社，2006：84，89］

第三节　建设环境与防灾

一、建设环境

建设环境分为自然地理环境与人为建设环境。两种环境都对城市形态的演变产生直接或间接的影响。

（一）自然地理环境

自然地理环境是城市发展的物质承载。任何一个城市，从选址、建设发展到空间特色都与自然地理环境有着密切的关系。地质、地貌、水文、气候、动植物、土壤等自然条件都综合影响着城市形态拓展的方向、速度、潜力、模式以及空间结构。在有些时候，甚至成为城市形态演变的"门槛"[1]。

1. 山水形势与城市职能

因地理环境优越，武昌自东汉建城起即为水路交通枢纽和军事重地。交通地理方面，居长江、汉水交汇之滨，上可溯巴蜀，下可达吴越，"湖湘唯鄂渚最为要地，盖南而潭、衡、永、邵，西而鼎、澧、荆、安、复、襄，数路客旅商贩，无不所以当辐辏鄂渚"[2]。军事地理方面，"实荆襄之肘腋，吴蜀之腰膂，淮南江西，为其腹背，四通五达，古来用武之地"[3]。因"地据重要，且四通八达，自来南北用兵未有不以此地的得失为存败的"[4]，使得武昌成为区域的政治与军事中心。唐安史之乱后，因地处交通要津，水运发达，成为江汉漕运的枢纽，城市经济职能大为加强。元代以后，北京经武昌、长沙至广州的驿道成为全国交通网的纵向中轴；长江也由于西南地区的开发以致水运交通作用加强而成为全国交通网的横向中轴。武昌因位于这两条交通中轴的交汇处，城市地位进一步提升，成为长江中游江汉流域的政治、经济与文化中心城市。明代中叶，汉水改道，武汉三镇鼎立的地理局面正式形成。位于汉水北岸的汉口发展十分迅速，至清代一跃成为超级市镇，经济辐射力的强大在一定程度上抑制了武昌的发展。

晚清汉口开埠后，成为帝国主义在华中地区对中国进行经济掠夺的基地，在经济上的重要性很快超过作为区域政治统治中心的武昌。武昌城市的经济职能为何在晚清之后弱化？当然，这是一个庞大且重要的问题，其间的原因十分复杂，然而在这纷繁复杂的诸多因素中，至少有一点是显而易见的，那就是与武昌所处地理环境的改变有关。从区域环境来看，汉口和武昌都位于中国的内陆中心，到东西南北的距离悬殊不大，同时，两者也都位于黄金水道——长江两岸。汉口位于江北，武昌位于江南。陆路上，汉口主要连接北方，武昌主要连接南方，在水陆交通上是各有其利。但汉口除滨长江水道外兼有汉水之利，因此水运不止东西之便，还能沿汉水向北纵深。另外，汉口地势平坦开阔，在较远的北面才有丘陵，北方诸

[1] 杨荣南，张雪莲. 城市空间扩展的动力机制与模式研究[J]. 地域研究与开发，1997（2）：2.

[2] （南宋）王炎《双溪集》.

[3] （宋）罗愿：《鄂州小集》卷五《鄂州到任五事札子》，丛书集成初编本.

[4] 陈博文，陈铎. 湖北省一瞥[M]. 北京：商务印书馆，民国17年（1928）.

地和川、黔、滇的交流都以其为主要经过之地。不若武昌，背靠岭南大山，陆路相对艰辛。虽有洞庭湖的水运之利，但在近代海运发展起来之后，其作用大打折扣，两广物质大都利用海运，以上海为中转中心向内陆转运，武昌作为物质转运中心的地位已式微。从城市周边地理环境来看，长江主流线的变化，尤其是龟蛇二山节点之下河段的变化，对武昌与汉口的经济发展走向有重大影响。20世纪初，龟蛇二山节点之上长江主流线基本稳定，而节点之下的主流线则向南摆动，汉口段主流线稳定地靠近北岸，边滩淤长，为轮船的靠岸停泊提供了方便，因而开埠后的外国洋行、渡口码头都在汉口长江沿岸布局，与长江主流岸线一致，汉口因此能由一个国内货物转运中心发展成国际贸易商埠。反观武昌，由于长江主流线的向南摆动，使武昌江段水流湍急，不利商船停泊。因此，20世纪之后的武昌江岸，大都作为工厂堆栈与专业码头用地，商业发展自难与汉口相衡。

2．山水环境与城市建设

城市发展在受到地理交通影响之余，山水环境更为深入地影响着城市建设的诸多方面。一方面，城市始终注重利用自然山水营建城市景观，甚至在注重经济效能发展的民国中期，也依然注重自然山水景观的营造，依托自然环境而成的城市公园等成为最佳的佐证。在城市漫长的发展过程中，对于山水环境的利用，经历了一个以山水为屏障到以山水为景观，进而以山水为城市骨架、以山水为城市文化的发展过程。在千年的变迁中，长江与蛇山（黄鹄山），以及建于蛇山上的楼阁始终是构成城市景观的主要元素与城市文化的表征。另一方面，山丘和湖泊是影响城市空间建设的主要地理因素，决定了城市空间拓展的方向并影响了城市内部街巷与建筑的布局。

东汉末年，武昌建城时，城池南倚黄鹄山、北面沙湖、西临长江，取其地理环境依山负隅，易守难攻。北朝郦道元谓之"凭墉藉阻，高观枕流"。北宋时期，城池扩建。因北面沙湖与郭郑湖阻滞，地势低洼，洪患频仍，城市只能越过蛇山向南拓展。明初兴修武昌城时，也是因同样的原因，城池在宋元旧城的基础上分别向东、南两方面拓展。城区范围东起双峰山、长春观；西至黄鹄矶头；南起鲇鱼套口；北至塘角下新河岸贴邻沙湖。近代之后，武昌城市空间的拓展，北面主要在沿沙湖与长江之间展开；南面在沿长江与南湖之间的空地上避开小黄家湖与青菱湖发展；东面向东湖方向拓展。从1952年武汉市区地图上所显示的武昌已建成区范围来看，城市空间的拓展明显受到丘陵与河湖水网的制约（图6-3-1）。

武昌城市呈现出河湖交错、山水相间的地貌特征，对此民间有"九湖十三山"之说。这些山、水影响了城市内部街道与建筑的布局，使城市空间形成了山水交融的形态特色。武昌城市被蛇山划分为南北两个区域。城北有三座不大的山，即花园山（又称崇福山、梅亭山）、胭脂山与凤凰山，城北的主要街道和建筑多围绕这三座山形成。城南则散布着大小湖泊9个，城南的主要街道和建筑多沿湖畔建设，布局形态相对自由。围绕湖泊，还出现了滨湖游憩区，例如，墩子湖（又称紫阳湖）就是近代武昌城市居民常去的游览地带。1936年的《武昌市街图》就显示湖的北岸与长湖相通，有年代久远的霸王井、紫阳桥等诸多名胜；西岸有全皖会馆、武昌丁栈。晚清张之洞在湖的东南建设有湖心亭（荷亭）与曲桥。大部分湖岸则向城市敞开，供公众游憩（图6-3-2）。

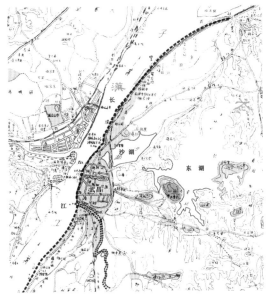

图6-3-1　近代武昌城市空间拓展分析图

图6-3-2　武昌城南墩子湖环境平面图

（资料来源：李军.近代武汉城市空间形态的演变[M].武汉：长江出版社.2005：134）

城墙以外建设也呈现出与滨江的地理环境相适应的形态特征。主要的街道在城门外沿江顺水流走向（南北向）布置，其他次要街道则以东西走向为主，垂直于南北主要街道，向西延伸至长江边，街道的尽端往往就是码头。街道网络呈现出单边"鱼骨"状的形态特征。

（二）人为建设环境

人为建设环境，即建成环境，是指城市中非自然形成的人造环境，是由城市中已建成的城墙、街道、桥梁、建筑物、构筑物等构成。城市，作为一个连续生长和不断更新的有机体，大部分的城市空间发展都与建成环境相关。在城市空间形态的演变过程中，建成环境从两方面对城市新空间的形成施加影响。一方面，建成环境为新空间的生成提供基础，促使新空间在发展方向、功能选择、设施布局等方面与原有建成环境发生关联。另一方面，建成环境又在一定程度上制约新空间形式的产生。近代武昌城市空间就在很大程度上延续了明清时期所形成的城市空间肌理。

1. 城市街道网络的延续

明清时期的武昌城池营建受到中国传统礼制"营国制度"和以管子为代表的重环境求实用思想体系的双重影响。作为区域政治中心城市，为体现封建王权统治下的等级秩序，街道网络基本呈现"棋盘"状布局，城市主要干道基本走向为南北向与东西向，主要东西向道路与主要南北向道路呈丁字相交。但由于丘陵起伏、湖泊密布的地形地貌特征，城市一些街巷也随山形水势而灵活布局。如城北正卫街和鼓架坡沿凤凰山势而蜿蜒，墩子湖边的小朝街则顺应湖岸线而弯曲。

晚清之后，虽然城市空间所有拓展，但基本延续了这种长方形格子状布局，局部辅以自由街巷的街道网络格局。1929年的《武汉特别市之设计方针》就指出："三镇各有其地形条件及已建和未来情况，各地街道的干支系统，应略有区别"。1930年的《武昌市政工程全部具体计划书》也基于武昌的天然形势及旧有街道情况研究，提出"旧有街道已成格子形，新辟区域的街道沿江上下或东西横贯亦可成格子形，再加数条斜街道，街道即可称便利"。在此基础之上，规划了城市道路干线31条，基本采用东西、南北横直相交的形势，局部考虑天然地势采用斜线相交形式。民国时期新的道路建设就按照此规划进行建设的，体现出原有城市街道格局对于城市发展的影响。

2. 城市旧建筑的改造与利用

近代武昌因政局动荡、灾祸频繁等原因，地方政府对于城市空间难以进行大规模的建设，除一些大型的工业厂房以及国立武汉大学校园建筑群、湖北咨议局等公共建筑外，其他许多建筑与空间的生成来源于对城市建成环境，包括旧建筑的改造与利用（图6-3-3）。例如张之洞督鄂时期开办的新式学堂大多利用城市旧建筑改造而成，如东路高等小学堂最初设于贡院，后移至昙华林街区原湖广总督林则徐修建的丰备仓旧址。1906年，此地又创办了湖北军医学堂，1907年，湖北工业中学堂也办在了这里。北路高等小学堂是利用黉巷原马王庙旧址改建而成。第二文普通中学在昙华林利用旧民宅改建。武昌府中学堂则由原勺庭书院改建。

（a）在武昌贡院旧址上改建的湖北省立法政专门学校（1920年）　　（b）在两湖书院旧址上改建的国民党中央陆军军官学校武汉分校（1927年）　　（c）在两湖书院旧址上改建的湖北省立医院病房楼（1947年）

图6-3-3　城市旧建筑的改造与利用

（资料来源：武汉市档案馆. 大武汉旧影[M]. 武汉：湖北人民出版社，1999：263，266，317）

除了建筑之外，城市一些公共空间也来源于对旧有城市空间的改造，如作为城市广场的阅马场自原清军练兵比武的校场改造而成；首义公园的建设基于清代臬署后花园——乃园；环城马路（中山路）在城墙拆除之后的基址上修筑而成。城市发展的不同时期的建成环境都有其自身特点，由此形成相应的空间肌理。城市通过对建成环境的改造与再利用而形成新的空间，在一定程度上延续了城市旧有的空间肌理。

二、城市防灾

（一）城市防洪

据吴庆洲《中国古城防洪研究》统计，武昌城的洪灾主要有南宋嘉定十六年（1223年）、明嘉靖四十五年（1566年）、清道光十三年（1833年）等数次。而近代以降，武昌城市水灾有上升之势，究其原因，与长江流域人口剧增，水土流失加重；围湖造田，湖泊面积萎缩；以及城市扩大，建成区向江边、湖边低洼地带发展有密切关系[1]。

1. 近代主要城市洪灾

武昌地区河流湖泊密布，围绕长江、汉水干、支流形成了庞大发达的河网水系，构成了城市四面环水的特殊自然环境，历史上常遭洪水威胁。明代后期起，为长江流域大洪水期。在明清两代近540年间有文字记述的

---

[1] 吴庆洲. 中国古城防洪研究[M]. 北京：中国建筑工业出版社，2009：130-195.

水灾年为92次，平均每6年发生一次大水。晚清时期，比较严重的城市水灾有清道光二十八年（1848年）"戊申大水，江夏城内深丈许，舟泊小东门"；清道光二十九年（1849年）"武昌城内水深丈余……，水及门楣，舟触市瓦，灾民栖身于胭脂山等高处"[1]。以后民国时期1931年、1935年的两次大水灾情更为严重，给武昌城市带来巨大损失（图6-3-4）。

（a）大水中的汉阳门正街口　　　　　　　　（b）大水中的黄鹄矶头

（c）大水中的大中华酒楼附近　　　　　　　（d）大水中的明伦街

图6-3-4　大水中的城市空间

［资料来源：（a）武昌区档案馆；（b）、（d）中国第二历史档案馆. 湖北旧影[M]. 武汉：湖北教育出版社，2001：354；（c）武汉市档案馆. 大武汉旧影[M]. 武汉：湖北人民出版社，1999：252］

　　1931年入夏，阴寒多雨，上游川、湘、陕、豫，干、支流域雨水汇注，江河俱涨。武昌从5月起阴雨连绵，水位直线上升，至8月19日，江汉关水位增至28.28米，创汉口水文记录66年来的最高水位。7月24日，武昌城南武金堤白沙洲附近溃口，此后武惠、武丰、武泰、筷子堤、青山堤等先后溃决，江水倒灌涌入武昌城，最后仅大东门、通湘门外一带和城北凤凰山、中山路等山前一隅高地未淹。本城及汉口至邻近县、乡灾民大量涌入此处，人数在20万左右。武汉三镇受灾面积321平方公里，其中武昌受

[1] 武汉市地方志编纂委员会. 武汉市志·城市建设志（上）[M]. 武汉：武汉大学出版社，1996：351.

灾面积215平方公里、被淹农田4367.3公顷，受灾人口24719，死亡4人。

1931年大水过去后4年，1935年武昌又遭水患。6月下旬，汉江上游普降大雨，洪水倾注，下游水位骤涨。7月14日，江汉关水位达27.5米。武昌自鲇鱼套至下新河沿江一带，街面水深尺余。武青、武金堤和城区筷子堤等，曾一度吃紧，以后水势渐趋平稳，市区才幸免于难。

2．城市的防洪设施建设

中国古城，称为"城池"，其一大空间特色就是城墙围绕城市，外绕以护城河，设水门、水闸。城池兼具军事防御与防洪的需要，即中国古城是军事防御与防洪工程的统一体。此外，城墙外加筑堤防形成堤防、城墙两道防洪屏障[1]。明清时期的武昌城即是如此。

武汉三镇修筑堤防以武昌为最先。北宋政和年间（1111—1118年），鄂州、知州陈邦光在城西的平湖门外修筑了一道拦江长堤，名"长堤"，亦名"湖心堤"①南宋光宗绍熙年间（1190—1194年），在鄂州城西南，长堤之外加筑了一道外堤，名"万金堤"②。明正统七年（1442年）修筑了武昌临江驳岸，随后相继建有熊公堤、草湖堤、赛湖堤、保善堤、武泰堤、武丰堤、西北湖堤、莲花堤等。

近代以来，因原有防洪设施残缺破损严重，已无法承担防洪重任，自1899年起逐步重修、扩展了一些堤防，形成了一个规模宏大的堤防体系（图6-3-5）。

（a）晚清时期的堤防建设　　　　（b）民国时期的堤防建设

图6-3-5　近代堤防体系

（资料来源：吴之凌，胡忆东，汪勰，等.百年武汉：规划图记[M].北京：中国建筑工业出版社，2009：20，57）

[1]　吴庆洲.中国古代城市防洪研究[M].北京：中国建筑工业出版社，1995.

①　宋代明月湖位于今平湖门内，故名。明月湖以后逐渐干涸消失。明嘉靖《湖广图经志书》卷二《武昌府·山川·江夏》"长堤"条："在平湖门内。《旧志》云，政和年间，江水泛溢，漂损城垣，知州陈邦光、县令李基堤以障水患，至今赖之。"

②　《舆地纪胜》卷六六《鄂州·景物》"万金堤"条："在城西南隅，长堤之外，绍熙间役大军筑之，仍建压江亭其上。"

（1）修筑堤防

1899年，张之洞拟定计划修筑武昌南、北大堤。武昌北堤首先于1899年2月动工，由红关（下新河）至青山，全长15公里，分8段修筑，竣工后称"武丰堤"，今称"武青堤"。同年秋修筑武昌南堤。自白沙洲至金口，全长25公里。1900年5月竣工，初称"武泰堤"，现称"武金堤"。南、北堤修成后，张之洞又令在堤外沿江种植杨柳与芦苇以抵挡风浪而保护堤防。堤防的修建，保障了城市的安全，同时，涸出官地民田20万亩，其中一部分作为自开商埠用地。另外，居民村舍等也相继在堤内出现，武昌城市空间得以拓展。

（2）修建堤闸

考虑到内湖水需要宣泄，1906年7月，在巡司河上建"武泰闸"，在北堤北端建"武丰闸"。两闸建成后，水涨闭闸防汛，枯水时则开闸排水。内可以排南湖、汤逊湖、黄家湖、青菱湖、沙湖与郭郑湖之水入江，外可以抵御江水倒灌。铁别是"武泰闸"的建设，不仅发挥着抗洪排涝的巨大作用，而且因闸面为宽7米的桥，成为武昌南大门的交通要道，便利了交通运输（图6-3-6）。

图6-3-6　武泰闸

（资料来源：葛文凯.今昔武昌城[G].武汉：武汉市武昌区档案局出版，2001：29）

（3）修筑驳岸

1902年，对沿江驳岸进行了比较全面的培修。"省城附廓一带，江岸十余里，向来旧有石驳岸之处，尺寸较低，且不尽有驳岸，……故将沿江旧有石驳岸之外增修加高……并于武胜门外未有驳岸处一律加修驳岸，其南、北两端与新筑南、北长堤之处，则加做高厚土堤，俾与大堤相等"[1]。至此，武昌城区沿江全线修成砂石驳岸，采用麻石压顶，高程

---

[1]《谕折汇存》，转引自武昌区政协主编.武昌文史第12辑[Z].1991，藏于武昌区档案馆.

27米。民国年间，对沿江驳岸做了补修。《武汉市政公报》载："武昌沿岸石工，上自缫丝局敦义码头起，下至下新河滑坡止，长一千五百九十五丈，有红庙矶一座，有码头二十九所，石驳岸九所。""民国四年、六年、九年、十年补修四次"，"民国时期年修竣万年闸"[1]。1932年，国民政府按1931年28.28米洪水位超高1米的标准将万年闸至大堤口段驳岸加高2米。1936年，又在自武泰闸起经巡司河抵大堤口段旧城垣的基础上修建了钢筋混凝土防水墙，墙顶高程29.6米，补足因城墙拆除后防洪薄弱的缺损。沿江驳岸以及防水墙的修建，与南、北大堤共同组成了武昌城市沿江堤防，同时规整了城区沿江空间界面，使之具有了近代城市空间特征。

（4）排渍工程

城市防洪，抵御江水入侵固然重要，也不能忽视城市内部的排渍工程。武昌城市排雨污的设施，始于宋、明，近代以来加以了完善。由于城中蛇山横亘，形成了山南、山北两部分排水地势。山南多低洼湖地，雨污就近宣泄；山北多山，地势高于山南，雨污先流入城内湖中，再流入城外江中。为利蓄洪，晚清时期在城门或附近修建水闸9座。枯水时期，城内各街巷阴沟、明渠收集的雨污经由这些水闸泄入城外江湖中。1905年，张之洞饬令组织民工加修、疏通城内各处阴沟与下水道。此后，武昌城内街巷90%都建有阴沟。沟底与边墙均用砖砌，上盖麻石条。此举不仅完善了城市排渍，同时美化了城市空间环境。在维修阴沟与下水道的同时，在墩子湖东端的城墙上新辟了通湘门，疏导蛇山南面的雨污经通湘门闸流入赛湖和南湖。

3. 城市防洪的反思与启示

中国古代城市防洪体系由障水系统、排水系统、调蓄系统、交通系统共四个系统组成[2]。这四个系统的完善可以保障城市在大水之年不至遭受大的城市水灾。而近代以来，为何武昌城市水灾如此惨重？

由以上记述可知，虽然晚清与民国时期进行了大规模的城市防洪设施建设，在障水系统、排水系统以及交通系统方面均有所注重，但是，对于城市防洪的调蓄系统方面不仅未加重视，甚至为了空间发展的需要而破坏了城市天然调蓄系统。调蓄系统的主要功用是调蓄城内洪水，以避免雨潦之灾，由城内的湖池、河渠、环城壕池以及城市附近的湖泊畦地等组成。从史料记载可知，古代武昌城市防洪的调蓄系统就是由环城壕池以及与之相通的城内外大大小小的诸多湖泊构成。由于当时人类尚未具备对自然大刀阔斧改造之能力，因而湖泊可以原始自然之形态在城池内外安然而存。那个时候的湖泊除了被作为文人墨客、往来商贾的游乐之地外，虽也不乏

251

[1] 转引自武汉堤防志[Z].武汉市防汛指挥部办公室编印，1986：41.
[2] 吴庆洲.中国古城防洪研究[M].北京：中国建筑工业出版社，2009：494.

湖边垦作之实例，但这都是一些顺应自然的活动，对于湖泊的调蓄功能并无大碍，反而给城市带来独特的景观形态。而近代以来，为获取更好的生存方式，强调自身对生存的需要、安全性的要求以及城市土地扩展带来的经济效益等诸多因素造成了调蓄系统的破坏。首先，城墙拆除，环城壕池填没。城市调蓄系统的沟联被人为破坏。其次，由于城墙的障水作用消失，防御洪水只能全赖堤防。因此，我们可以看到，自晚清之后，武昌发生了大规模的筑堤行为。这些堤坝的建成，虽然能发挥一定的障水功能，但却使得众多的敞水湖变为内陆湖。由于这些湖泊本属于浅水湖，隔断了江湖联系后逐渐被泥沙淤积，从而逐渐消亡，原来的水面变为陆地，使得城市水系调蓄容量变小。另外，随着城市近代化发展，人口集聚，向湖泊"要地要粮"的现象日益突出，造成湖泊面积缩小，防洪调蓄容量降低。在晚清自强运动时期，以及期望通过追求经济效能、重塑城市求得国家富强与独立的国民政府时期，武昌城市众多的湖泊不再是文人墨客游览消遣的风光场所，而成为政治家、实业家眼中的发展储备用地。这一点，在孙中山《建国方略》中就有："诸湖沿水路之各区，将来均可因其填塞，成为耕地"一说；1935年《湖北省会市政建设计划纲要》更计划"将（武昌）山前山后之菱湖、都司湖、筷子湖等一一填成广地，即可得数十倍于今日之市场，以供数十年市场之发展"。所幸由于时局原因，这些规划并未能大规模实施。但武昌城内的筷子湖还是因修筑沿江马路而填没，都司湖与紫阳湖也因滨湖居民私将沿湖地段填土建屋而面积日益缩小，以至"水道壅塞，一经大雨辄至泛滥四出，淹坏民房"。城郊的黄家湖与青菱湖也因填湖耕作而面积锐减。虽然在近代时期，由于湖泊面积仍很浩大，围垦部分滩地对水利等影响当时看来不大。但历史发展至今日，围湖造田、填湖建设的弊端已经大大凸显，湖泊的面积锐减，地表径流调蓄大为困难，因而一遇暴雨就易形成内涝洪灾。当然，在近代时期也有一些关于湖泊保护利于防洪的设想，例如张之洞曾下令"凡系官湖地段，不准任意侵占"，并提出了"逐细丈量造册绘图详记，先订木桩以示限制，一面刊刻石碑，明定界址，不得再有填占"[1]的具体保护实施办法，但可惜这些规定在巨大的经济利益面前沦为仅限于文书上的白纸黑字，无法实施。如果在那时就能注重对城市水系在调蓄、洪涝、灾害方面的作用，并加以严格管理与实施，也许至今日我们就不必年年遭受巨大的损失、耗费巨大的人力与物力资源投入抗洪与抢险，也不是只有在历史文献或历史图集中才能看到一些已经消逝的湖泊的名字与景观。在唏嘘之余，必须认识到：在现代城市环境恶化、城市洪涝灾害频繁的情况下，吸取近代城市建设经

[1] 苑书义，孙华泽，李秉新. 张之洞全集·第六册（卷一百五十四）[M]. 合肥：河北人民出版社，1997.

验教训，借鉴古代城市防洪的历史经验，从根本上改变现代城市排水系统以及增大调蓄系统容量，加强管理清淤，才能防止城市内涝灾害。

（二）城市防火

发现与利用火是人类社会进步的重要标志，然而在对火的运用中若失去时间和空间的控制，就会酿成火灾，给人的生命财产造成巨大损失，给城市带来极大破坏。

武昌历史上有关火灾的记述层出不穷。比较著名的一次，应该是上海《申报》曾以"鄂垣大火"为题报道了的一场火灾："初四晚，汉阳门外街东门坡地方，张姓骨货作坊失火。……火鸦飞舞，城内黄鹤楼第二层护栏亦被延及……烧至八点多钟，楼向南倒……"一代名楼，就此烧得只剩一个铜顶。至此之后，虽然修建名楼的动议不绝于耳，但始终"只见文章不见楼"（图6-3-7）。城市标志性建筑就此缺失。

图6-3-7　火灾中的黄鹤楼

（资料来源：陈平原，夏晓虹. 图像晚清：点石斋画报[M]. 北京：百花文艺出版社，2006：69）

而有些重大火灾甚至还与城市的兴衰紧紧联系在一起。例如1849年因一盐丁吸食鸦片引发的塘角大火就导致了武昌城市经济的迅速衰落。由于千船连接，江路阻塞，800多艘船舶和数万商民船户焚毁一空。此次浩劫，共损失淮南盐商的钱粮银本500余万，于是"群商请退"。清廷因此规定：凡运往两湖地区的淮盐，不准于塘角停泊。从此，塘角迅速走向衰落，因为龟蛇二山节点之下河段的长江主流线变化而失去水运之利的武昌完全退出了与汉口的竞争，区域物质转运中心的地位彻底丧失，城市经济一蹶不振，至张之洞督鄂后兴办洋务工业才有所发展。

火灾频发，严重阻碍城市的发展，而人们在不断的与火灾抗争的过程中，也摸索出不少有益的防火措施，表现在城市建设中，包括：

1．开辟火巷

早在宋代，武昌城市中就出现了一种"火巷"，即相邻建筑之间的一条小路，建筑用硬山（后用封火山墙）封闭临巷面，并且不对火巷开门洞窗。这种布局能在建筑间距较小的情况下，既节约城市用地，又具有较理想的防火效果[1]。近代市政依然沿用。据记载："孝宗时，赵善俊知鄂州，适南市火，善俊亟往视事，驰竹木税，发粟赈民，开古沟，创火巷，以绝后患。……其通沟渠、开火巷，均今日市政所不废。今省城有火巷之名，知为当时所遗也"[2]。

2．拓宽街道

武昌街道狭窄，一旦发生火灾，无法有效地阻止火势的蔓延。1906年张之洞督鄂时规定三镇新建房屋或改建房屋时，无论是商业铺面、私人住宅或公所等，一律让出官街三尺，以有益于防火以及发生火险时便于扑救。此后，武昌城市新修的道路都逐渐加宽。民国时期，还进行了诸多城市老街道的拓宽工作，如芝麻岭街、兰陵街等，有益于城市防火。

3．"望火楼"的建设

及早发现火情是城市防火中的一个重要问题。1884年，近代最后一座黄鹤楼焚毁之后，1904年，湖北巡抚端方在其故址新建了警钟楼①，承担火灾报警的重要任务（图6-3-8）。警钟楼常年设瞭望警员3名，采用悬旗、鸣钟、燃灯三种信号。如遇火警，不论白天、夜间，先急撞警钟，后按地段为番号鸣钟。白天通过悬旗的颜色表示不同的分局管辖地段（1933年起，武昌城市防火分为8个区局）；夜间遇有火警即燃红色灯，以灯盏数来区分地段。救火队接收信号后，就奔赴火场救火。

图6-3-8　警钟楼的瞭望

（资料来源：武汉市档案馆）

［1］肖大威. 中国古代城市防火减灾措施研究[J]. 灾害学，1995（4）：65.
［2］（清）王葆心，续汉口丛谈再续汉口丛谈[M]. 武汉：湖北教育出版社，2002：200.
① 黄鹤楼焚毁之前，客观上具备望火楼的功能。如《续汉口丛谈》29记载："嘉庆庚午汉口大火，时汪稼门总督两湖，闻报急登黄鹤楼瞭望"。

254

第四节 社会文化

社会、文化因素的范畴广泛，主要包括社会组织结构、文化价值观念等。它们对城市空间形态的发展具有不可忽视的影响。城市的社会组织关系、社会文化活动等构成了城市的社会空间，它与城市物质空间相互影响，共同组合构成城市空间形态。

一、社会组织结构

中国古代是建立在农业生产基础上的以血缘为纽带的宗族制社会，这种社会的等级划分是以在国家和宗族中的权力为依据的，有着严格的等级制度。反映在城市的空间形态上，从城市布局到官署寺院乃至居民住所等都存在着一种"同构"现象。步入近代以来，在商品经济的冲击下，原有的单一的宗族制社会逐渐分解，社会群体开始由继承性（亲戚）、邻近性（邻居）、共同利益（集团行业）、共同取向（朋友、种族）形成的不同社会群落组成[1]。

近代武昌城市由于政治、经济与文化教育的发展，人口结构中工商业的比重有所增加，阶级结构中出现了新兴的资产阶级以及工人阶级，在社会组织中"地缘"、"业缘关系"逐渐取代传统的"血缘"关系。这种社会组织结构的变化，促使了城市空间形态的演变。

其一，武昌作为区域中心城市，随着近代化的发展，不断吸引省内或省外的人前来，或求学、或任教、或经商、或做工。为增进彼此之间的联系、加强彼此之间的保护，他们以乡土或以行业为纽带结成了各种形式的共同体，从而促使了会馆的产生。

根据《现代汉语词典》，"会馆，是同省、同府、同县、或同业的人在京城、省城、或大商埠设立的机构，主要以馆址的房屋供同乡、同业聚会或寄寓。"《辞海》解释为："同籍贯或同行业的人在京城及各大城市所设立的机构，建有馆所，供同乡同行集会、寄寓之用"。可见，会馆是以"地缘"和"业缘"为基础的社会组织形式，而会馆建筑则是会馆这一机构活动的特定空间场所。由于各地的会馆一般由同乡会商人组织建设，因此，会馆建筑常常表现出其奖项的建筑风格或混合式风格，既给客居他乡的人以亲切感，也由此对城市的空间面貌带来"异域风情"。

受城市职能和城市文化的影响，与一江之隔的汉口相比较，近代武昌的会馆更多地具有政治参与意识和兴办教育的职能，而不似汉口会馆因商贸的发达更多地具有商业色彩。

255

---

[1] 段进. 城市空间发展论[M]. 南京：江苏科学技术出版社 1999：34.

武昌所设的会馆，大多与官方政府有着密切的关系。在筹建会馆时，会征询官方意见，并想方设法获得官府的支持，在会馆建立后还会继续求得官府的保护。因此，武昌的会馆建筑门前大都设立碑座或牌匾，将支持与保护会馆的官府名称镌刻其上，昭示全城以志纪念并寻求继续保护。另外，武昌的会馆大都兼办教育，因此会馆建筑中有专设的学堂。例如，建于城中蛇山南麓的湖南会馆设湖南中学堂，并附设小学，以培养三湘子弟。而汉口的会馆因洽谈生意、增进商业情报流通以及祀神需要，往往附设戏院（台）、拜殿等。同时，由于近代武昌城市商贸发展有限，也决定了会馆规模影响的局限性。

从数量上看，近代武昌会馆较大的只有10个（表6-4-1），而汉口的会馆及公所等达200个[1]。从行业分布来看，武昌的会馆以同乡组织为主兼及商业，而汉口的会馆，分布到药材、船码头、茶叶、木业、鞋业、面粉业、鞭炮业、旅馆业等各个方面。

近代武昌的十大会馆

表6-4-1

会馆名称	地址	建筑占地面积（平方米）
湖南会馆	先贤街	28554
安徽会馆	紫阳村	18674
山东会馆	紫阳路	3842
中州会馆	洗马池	7981
江西会馆	彭刘杨路	4770
两广会馆	先贤街	3918
云贵会馆	先贤街	1587
江苏会馆	花堤街	1503
浙江会馆	鼓架坡	5598
四川会馆	花园山育婴堂	2616

［资料来源：武汉市武昌区地方志编纂委员会.武昌区志（上）[M].武汉：武汉出版社.2008：244］

其二，城市社会阶级结构的变化以及组织关系的变化导致了居住形态的变化。原有的建立在"血缘"关系上的单一的三合院、四合院的居住模式被打破，开始出现了服务于新兴资产阶级以及官绅阶级的别墅、公馆以及供工厂工头及中层职员居住的"里分"式住宅。大量工人聚居点也在工厂周边自发形成，居住形式以棚户居多（见第五章）。

其三，伴随着城市经济的近代化，城市人的社会生活和社会交往方式

[1] 侯祖畲修，吕寅东撰 夏口县志 民国九年刻版.

也发生近代式变迁，产生了新型的城市公共空间。

清末民国时期，各种近代大型剧种如京剧、汉剧及西方电影等迭次进入武昌，为适应其演出需要，武昌开始出现了一批近代影剧场。

近代西方舞蹈传入后，跳舞也成为武昌上流社会休闲与交流的时髦方式，城市中开设了不少舞厅，"跳舞之风甚至波及约束甚严的学校"[1]。

武昌也是西方近代体育传入较早的地区之一。1924年的全国第3届运动会在武昌举办，为此兴修了湖北省第一个公共体育场——武昌体育场（见第五章）。

为满足市民闲暇消遣的需要，近代武汉三镇第一座城市公园——首义公园在武昌诞生。另外，作为一种特殊的城市公园——"海光农圃"的建设，不仅给市民提供了"健全游戏之场地"，还促进了东湖风景区的开发，引领了城市的东扩。

二、外来文化

近代武昌，由于汉口的开埠受到了外来文化的冲击。在城市发展的过程中，中西方文化与意识形态在此发生了碰撞、渗透、融合与共存。反映在城市规划上，从1900年的自开商埠规划，到孙中山的实业计划，再到1927—1937年国民政府对于现代城市空间的构想，最后到1945年后的战后重建"大武汉区域规划"，西方思想的影响层层深入（见第四章）。反映在城市建筑上，出现了新的建筑类型与建筑风格，形态上具有拼贴与杂糅的特征。

1861年汉口开埠后，西方宗教势力随着政治经济的入侵而开始在武汉三镇大量活动，为武昌带来西方文化的影响，产生了新的建筑风格与建筑类型。

作为帝国主义的"文化租界"，首先是教会在中国人居住密集的城区修建了一批教会建筑，包括教堂、学校、医院等。这些建筑全部采用西式风格或中西合璧式风格。1889年，张之洞督鄂后，在武昌开办了湖北布、纱、丝、麻四局。因为新兴机器工业生产技术和管理都是学习西方的，因而建筑本身也以西式为主要效仿对象，使得传统城市空间中出现新的空间要素与空间景象。值得注意的是，在1900年清末新政之前，西方文化向武昌传播渗透的速度是缓慢的，力度是轻柔的，因而西式建筑活动也是局部与孤立的。在这一阶段，西方建筑技术与艺术的采用，对西方教会而言是一种"文化侵略的初探"式的审慎渗入；对清政府的洋务兴办者张之洞而言，则是作为形而下的"器"的引入，并仅仅局限于工业建筑。对于传统建筑体系的整体而言，无论是功能类型，还是技术体系都没有受到太大冲击，与传统文化相联系的建筑思想观念和与封建专制制度相联系的建筑管

257

[1] 皮明庥.近代武汉城市史[M].北京：中国社会科学出版社，1983：760.

理体制也未受到触动。

清末新政之后，政府大力强调与普及西学，官方建筑全盘西化，才在更大程度上改变了城市的传统空间面貌。当时，武昌"城内有不少外国建筑与工厂，其中以官方与半官办机构居多"[1]。其中，最具代表性的是阅马场"红楼"。1907年，清政府被迫宣布仿行西方预备立宪，以缓和新兴资产阶级的改革要求。1909年，在蛇山南麓阅马场建成湖北咨议局。由于整个建筑采用红色砖瓦砌筑，因而又被称作"红楼"。主楼建筑坐北朝南，平面呈"山"字形，面宽73m，进深48m。立面采用西方古典三段式构图，以中央凸出的门廊为主入口，其后的穹顶高高举起，统率整体而成为构图中心。建筑的层数不高，但是协调的比例及尺度使之体现出和谐完整的风格（图6-4-1）。

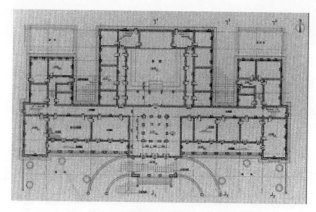

（a）红楼平面

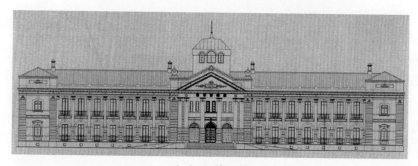

（b）红楼立面

图6-4-1　湖北咨议局建筑（红楼）

［资料来源：姜一公. 红楼——革命的摇篮[J]. 新建筑，2011（5）：28-29］

总的来看，红楼的形式完全参照近代西方国家议会大厦设计。据武汉市文史专家刘谦定介绍，红楼的建筑图纸是照搬江苏咨议局大厦的图纸，

258

---

[1] 皮明麻. 近代武汉城市史[M]. 北京：中国社会科学出版社，1993：115.

而后者是江苏咨议局议长张謇在特派人参观日本国会议事堂建筑后，仿照其建筑设计的。而日本的这种风格又是从西方传入，为日本当年"兰学"东渐之一端。红楼的建筑形式与上海法租界的工董局类似，其整体布局和立面形式应该也受到了工董局大楼的影响（图6-4-2）。由此，可以说，红楼的建筑形式反映了当时西学东渐的线路：从欧美传入日本、从日本传入中国沿海、从沿海传入沿江。

（a）日本国会议事堂建筑

（b）上海工董局大楼

（c）江苏咨议局建筑

（d）湖北咨议局建筑

图6-4-2　红楼的建筑形式比较

［资料来源：（a）、（b）、（c）www.google.com.hk；（d）作者自摄］

与清廷官方建筑不同的是，教会建筑开始体现出与本土地方建筑融合的趋势。1906年更名的美国圣公会"文华大学"在1910—1921年间陆续兴建了法学院大楼、文学院大楼、文华公书林（图书馆）、健身所、博约室（外籍教师单人宿舍）、颜母室（女生宿舍）等建筑，都采用了中西合璧的形式。

其中，翟雅各健身所建筑（图6-4-3）将西方建筑功能、结构技术与中国传统建筑形式共存一体，体现了中西建筑文化的相互交融。从建筑功能与结构技术来看，翟雅各健身所是一所西方近现代体育馆建筑。共两层，底层为体育器材与辅助用房，二层为活动大厅。建筑两侧凸出耳房，设置独立的楼梯间。正面底层较封闭，有3个拱门可直接进入室内；二层正面有可供观赏和指挥体育活动的廊。从外廊看出去，为室外体育竞技的观礼台，由此可见构思的精巧。建筑采用了现代混凝土结构柱网与楼板，砖砌墙面，水泥框套做券门及抹角窗。从建筑形式来看，则是一所近代中式风格的建筑。屋顶采用简化的庑殿形式，有小重檐，铺绿色琉璃瓦。立面处理上，一层模仿中国古代城墙"放台"做法，稳固厚重，设半圆形拱门。二层正面设置九开间开敞柱廊，形成了墙面的虚实对比。中间柱廊采用中国传统建筑形式，明间、次间、栏杆、额枋、雀替等做法都采用地方民居形式。

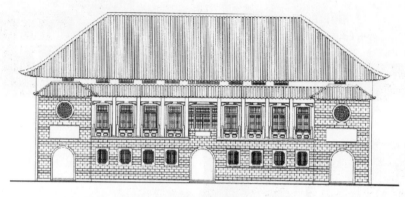

（a）翟雅各健身所建筑主立面图

（b）翟雅各健身所建筑北面　　　　（c）翟雅各健身所建筑东侧面

图6-4-3　翟雅各健身所建筑

［资料来源：（a）李百浩. 湖北近代建筑[M]. 北京：中国建筑工业出版社. 1999：98；（b）、（c）作者自摄］

另外一幢新建筑——法学院大楼（图6-4-4）在总体风格上呈现了西式建筑特征，在建筑造型和细部装饰上则融入了中国传统建筑部件与装饰纹样，形成东西杂糅式的折衷主义风格。底层为西方连续拱券门窗，二层东、西面设敞廊露台，采用中式额枋和传统木雕花格式栏杆，栏杆砖墩上设双柱支撑屋檐。正面主入口上方局部也仿侧面敞廊做法，以体现不对称构图。露台式做法反映了殖民式建筑特征，但局部又掺杂了中国传统装饰。

（a）法学院大楼外观　　　　　　　（b）主入口门廊

图6-4-4　文华大学法学院大楼

文学院大楼也是东西杂糅式的折衷主义风格（图6-4-5）。北面入口采用古典多立克柱式形成门廊，颇具气势。内院则采用中国传统院落围廊形式组织空间，在细部装饰上融入中国传统建筑部件与装饰纹样。

（b）外观

（a）内天井　　　　　　　　　（c）北入口多立克柱式

图6-4-5　文华大学文学院大楼

西方文化同样也影响到民间的建筑风格。1916年，汉口商会会长李紫云在城北曾家巷创办"第一纱厂"。该厂正门正对长江，建有四合院式厂部办公区。办公主楼（图6-4-6）为三层砖混结构，正面类似法国古典主义"横三段、纵三段"之构图形式。纵向划分三层，设两层外廊，采用古典爱奥尼柱式装饰。横向上，中部及两端略微凸出。中部入口建钟塔楼，高高耸起，并多次饰以曲线，装饰精美。两端设半圆形山花，其上套叠阶梯状牌面，形似"新巴洛克建筑"。另外，在一些民居建筑中，也出现了西式风格（见第五章）。

图6-4-6　第一纱厂办公楼

当然，由于武昌长期是区域的政治与文化中心，虽然受到外来文化的冲击，但本土文化的影响依然强大。因此，在出现新的建筑类型与形式的同时，大量的传统建筑类型与形式依然延续（见第五章）。20世纪20年代的一张老照片（图6-4-7）显示，武昌城中有不少的西式风格的建筑，但蛇山南北两侧的大量的民居建筑从外观形式来看，还是传统样式——砖木结构、青砖空斗外墙、黑瓦两坡屋面，有些屋角起翘檐。只是在沿街立面上，表现出西式风格。

图6-4-7　20世纪20年代武昌城街道与建筑

（资料来源：武汉市档案馆）

本土文化与外来文化的共存与相互影响，还非常有意味地表现在近代城市两座"黄鹤楼"的共存。其实，早在光绪十年八月初四（1884年9月22日），一场意外的大火殃及黄鹤楼，一夜之间，名楼化为灰烬。此后数十年，虽然重建动议不少，但都未能实现，直至1985年，才另外选址重修了黄鹤楼。也就是说，在1884—1949年间，武昌的黄鹤楼是不存在的。但是，无论是在市民的心中、言谈中，还是在官方出版的地图中、近代的老照片中、外国人的记述中，黄鹤楼似乎从来没有离开过（图6-4-8）。就连毛泽东1927年在武昌登蛇山奥略楼，也写有《菩萨蛮·登黄鹤楼》[①]。如果仔细考证，就会发现，有的将警钟楼当作"黄鹤楼"，而有些则将"奥略楼"误作"黄鹤楼"。

在奥略楼的位置上标注有"Huang He Lou"（黄鹤楼）

（a）1915年出版的汉口英文地图（局部）

在奥略楼的位置上标注有黄鹤楼

（b）日军侵华前出版的一张武汉三镇地图（局部）

（c）日据时期的一张明信片，将警钟楼写作黄鹤楼

图6-4-8　黄鹤楼之误

［资料来源：（a）吴之凌，胡忆东，汪勰，等. 百年武汉：规划图记[M]. 北京：中国建筑工业出版社，2009：237；（b）、（c）武汉市档案馆］

有意味的是，这两座楼与清代最后一座黄鹤楼形态都相去甚远。如果说将奥略楼当作黄鹤楼，似乎还有理由，毕竟两座建筑都是中国传统的楼

[①] 后改为《菩萨蛮·黄鹤楼》。

阁式建筑，虽然形体迥异①，且两座建筑基址邻近②。奥略楼是湖北学界为纪念张之洞而于1907年所建，原名"风度楼"，后由张之洞本人取晋书刘弘"恢宏奥略，镇绥南海"语意改名为"奥略楼"。而警钟楼，却完全是一座西式风格的建筑（图6-4-9）。楼高两层（局部3层），拱券门窗、平屋面。楼前设有方形哥特式高耸的钟楼，顶部四面装设闰鸣钟。究其形态，明显受到西方中世纪教堂建筑的影响。楼下还有英文说明：Watch Tower，亦即"瞭望楼"之意。这样形态与古典黄鹤楼迥异的建筑，又如何被"接受"成为"黄鹤楼"的呢？有些学者称："光绪末年，巡抚端方于黄鹤楼旧址上建了一座警钟楼，后又更名为纯阳楼。而民间既不称警钟楼，也不称纯阳楼，仍呼之为黄鹤楼。"；"由于黄鹤楼久负盛名，警钟楼又建在黄鹤楼旧址上，所以习惯上仍有人将警钟楼叫做黄鹤楼"[1]。然而，真是如此简单么？

（a）清代最后一座黄鹤楼　　（b）建于1907年的奥略楼　　（c）建于1904年的警钟楼

图6-4-9　近代武昌的"黄鹤楼"
（资料来源：武汉市档案馆）

从东汉末年即已出现，历朝历代屡毁屡建，已经深深扎根于武昌市民心中的传统建筑是如何摇身一变为西洋建筑形式的呢？

如果联想到警钟楼的建设年代，似乎可见一丝端倪。1904年，正是清末推行新政，大力普及西学，官方建筑全盘西化的时期。因此，在黄鹤楼故址上出现一座西式建筑也不觉为奇了。而它被市民"接受"为黄鹤楼，除了与它的建设位置（位于清代最后一座黄鹤楼原址）有关外，还与社会风俗活动有关。每年中元节（农历七月十五）的夜晚，黄鹄矶上游的江面上会举行放河灯活动，因此，登黄鹤楼看河灯也成为武汉三镇市民的一

① 清代黄鹤楼楼梯四望如一，为三层飞檐顶部攒尖的塔楼建筑，而奥略楼为三层歇山顶，门前还建有一栋四角攒尖顶楼阁，形态布局与黄鹤楼迥异。
② 奥略楼位于蛇山黄鹄矶头，黄鹤楼原址之后约200米位置。
[1] 李晓航.1927年毛泽东登的是黄鹤楼吗[J].党史博览，2009（6）：24.

种节令活动。1884年黄鹤楼被焚后的一段时间，人们失去了看河灯的好场所。1904年修建的警钟楼在辛亥革命之后开始对外开放，并在其周边修建了一些平台与景点等（图6-4-11）作为市民公共活动的空间。因而，每逢中元节，人们又相继登楼看河灯。正是由于这种活动总是与黄鹤楼联结在一起，因此，民间逐渐称呼"警钟楼"为"黄鹤楼"了。它的出现与被接受也正好印证了武昌城市对于外来文化的一种开放与包容的态度，以及本体文化与外来文化的一种相互融合的范例。

（a）整修之前的警钟楼及其周边环境

（b）整修后的警钟楼及其周边环境

（c）从沿江马路看警钟楼及其周边环境

（d）警钟楼前胜象宝塔（石镜亭）景观

图6-4-10　警钟楼及其周边环境

（资料来源：武汉市档案馆）

通过对城市空间形态演变各影响因素作用机制的详细分析，可知在近代武昌城市空间形态演变过程中，政治政策与军事、经济技术、建设环境与防灾以及社会文化等多因素总是共同作用，引起城市空间形态的变化。从时间进程来看，在城市空间形态的演变过程中，各影响因素交替发挥主导作用，并且，各影响因素对于城市空间形态演变的作用力也各不相同（表6-4-2）。

近代武昌城市空间形态演变影响因素的综合分析　　　　　表6-4-2

影响因素类型		各因素内在机制的转变过程		各因素对城市空间形态的影响结果	
		古代（明清时期）	近代（1861—1949年）	对城市空间形态的影响	近代城市空间形态综合特征
政治政策与军事	政治政策 政治意识	传统中央集权的"封闭"意识	晚清政府的"自强"与"主权"意识；国民政府的"现代"意识；日伪政府的"殖民"意识	开创近代机器工业，兴建新式学堂，自开商埠；引进欧美现代城市规划理论与实践，制订功能分区、道路计划、公园系统等内容规划；城市空间秩序的重新划分：难民区、军事区、日华区、轮渡区	城市沿江工业带的形成；大量教育空间的插入与替换；城市空间北向拓展；城市空间由封闭走向开放；城市空间出现跳跃式生长；由古代街巷交通体系向近代环状路网交通体系转变；新型城市公共空间的出现；城南八铺街新商业区的发展
	政权更替	相对稳定	更替频繁	城市空间发展的不连续性；关于城市发展与建设的构想多处于构想阶段，难以付诸实施	
	军事战争 战争破坏	冷兵器时代	热兵器时代	城市物质空间环境损毁、城市人口减少、城市经济发展脉络以及内在运行机制中断与破坏	
	军事设施	冷兵器时代	热兵器时代	城墙拆除；近代军事设施的建设；城市交通通信设施的建设	
经济技术	经济 经济地位结构	区域经济中心；城港一体化的经济结构	汉口超越武昌成为区域经济中心；工商并重，工业为主	工、商业空间占据城市交通最便利的地段；司门口商业片区形成	城市沿江工业带的形成；商业沿街"一层皮"向"格栅"状转变；城市空间形态演变呈现断续和明显的波动特征；内部空间结构重组："单中心"向"双中心"演变；由古代街巷交通体系向近代环状路网交通体系转变；沿江界面形态改变
	经济环境	相对稳定	波动频繁	无法组织大规模的城市建设活动；城市工商业发展有限	
	科学技术 交通技术	木帆船、马车、轿子	轮船、铁路、人力车、自行车、三轮车	车站、沿江码头、沿江马路、城际公路的建设；仓库、堆栈、交易商店、工厂、工人居住点的发展；车站新区的形成；城市道路的新建与拓展	

影响因素类型			各因素内在机制的转变过程		各因素对城市空间形态的影响结果	
			古代（明清时期）	近代（1861—1949年）	对城市空间形态的影响	近代城市空间形态综合特征
经济技术	交通技术	营造技术	砖木结构	砖混结构、钢筋混凝土结构、钢结构	出现工业厂房等大体量、大空间建筑；城市市政设施的发展	城市空间沿多条交通轴线发展，呈现"手指状"形态特征；城市空间由封闭走向开放；城市肌理由细密、均质向粗糙、异质转变
建设环境与防灾	建设环境	自然环境	江汉之滨，襄山带水；岗丘地貌，湖泊密布	长江主流线的改变	堆栈、码头建设的发展；商业发展受限；城市街道与建筑布局适应山水环境；城市公园依托自然山水建设	城市空间呈现山水交融的形态特征；沿江界面形态改变；城市建设规模发展有限；城市空间扩展根据地形地貌条件进行，表现出与自然环境相互契合的形态特征；由古代街巷交通体系向近代环状路网交通体系转变；城市街道空间形态具有现代特征；城市空间沿南北大堤带状扩展；城市标志性建筑变化
		人为环境	主要街道形成棋盘状网络，局部适应山水形态	棋盘状街道网络辅以环状路网	延续棋盘状主街，局部辅以自由街巷的街道网络格局；对旧有城市建筑与空间的改造与利用	
	城市防灾	城市防洪	城墙、护城河与防洪堤	防洪堤坝	修筑堤防、堤闸、沿江驳岸以及城市排渍工程	
		城市防火	火巷	开辟火巷；建设"望火楼"；拓宽街道	开辟火巷；建设"望火楼"；拓宽街道	
社会文化	社会	组织结构	以血缘为纽带的宗族制社会；"士民工商"的四民社会结构；城居人口多为官吏、生员、服役人员	人口结构中工商业的比重有所增加；出现新兴资产阶级与工人阶级；"地缘"、"业缘"逐渐取代传统的"血缘"关系	会馆的产生与发展；出现近代里分以及独立式住宅与公馆；产生新型城市公共空间：近代影剧场、舞厅、公共体育场、城市公园、城市广场	社会各阶层住宅的空间分布，体现阶层分化特征；居住形态变化；城市公共空间拓展；城市标志性建筑转变；城市空间形态"拼贴"与"杂糅"风格明显
		外来文化	排斥西方文化	逐渐接受西方文化；本土文化与西方文化的融合	西式、中西合璧式建筑的产生与发展；教会区的形成；产生新的建筑类型	

（资料来源：根据相关资料与实地调研整理）

267

结　语

　　城市营建的历史本身是一种记忆，也是一门重要且深奥的学问。从创造和建设具有中国特色的现代化城市，以及对世界城市规划理论作出中国应有的贡献这两方面而言，中国城市营建史研究的理论与实践意义都是重大的。为了使中国城市营建史研究更加深入，有必要建立起广泛的、涉及各个层面和类型的城市个体的基础研究。本文就是这个基础研究中的一个组成部分。

　　作为武汉三镇之一的武昌是一座"依山傍水，开势明远"的古城。自三国时期孙权建城始，历经唐宋鄂州城、明清武昌城，至今已有近2000年历史。1861年汉口开埠，1889年张之洞督鄂后，武昌开启了城市近代化历程。诸多政治、军事事件的发生，尤其是辛亥首义将武昌从中国内地一个普通的省会城市变成全国、甚至世界瞩目之焦点，武汉三镇也在这一系列事件中被日益紧密地结合成一个整体。本文的研究立足于近代武昌城市的发展，并将之置于三镇统一的大背景下探讨近代时期三镇关系的变化以及随之城市发展的变化与特质，以期获得对于武昌城市深入且精细的认识，填补在对武汉进行研究中，侧重武汉整体和汉口，而对武昌研究不足的情况。同时，系统地研究近代城市空间形态的演变，探求今日城市形态形成之历史根源，对于丰富武汉历史文化名城的内涵、加强城市历史保护也具有重要的现实指导意义。本文主要结论如下：

一、典型性与特殊性相交织的城市近代化发展

　　从城市纵向的发展历程来看，武昌的发展无疑既典型又特殊。从三国时期的夏口城开始，发展成为唐宋时期的鄂州城、元明清时期的武昌城，经历了类似于中国其他一些区域中心城市的发展路线，即从军事城堡——经济中心——政治中心的发展历程。1861年汉口开埠，1889年张之洞督鄂后，武昌开启了城市近代化历程。经历了从封闭向开放、从传统农业社会型向近代工业社会型的转变，具有一定的典型性。但由于在区域城市体系中城市主要职能的变化，使得武昌城市近代化发展又呈现出一定的特殊性。政治地位上升与政治影响力加强；经济职能下降以及与汉口、汉阳相互补的经济结构形成；文化教育职能的全面发展；与汉口、汉阳联系紧密的立体化交通体系的建构，使得武昌在实现从传统向现代转型的同时，也完成了从独立发展的城市向协同发展的现代城区的转换，形成武昌城市近代化发展的特殊性。

　　深入探究其近代化发展的动力机制，主要在于三方面：一是统治阶级的决策力量。二是汉口开埠的影响。武昌城市近代化发展过程一个特殊的

现象就是：汉口一些通过与西方资本主义的碰撞而攫取了"第一桶金"的买办资产阶级选择在武昌创办近代工厂，将商业资本转化为产业资本，直接推动了武昌近代工业化发展。三是城市内部生产发展的需要。这是一些传统城市研究中容易被忽视的一个因素。以往哈佛学派所主张的"西方冲击——中国回应"模式正受到越来越多学者的质疑，尤其是对中国大量非条约口岸城市的研究表明，这种西方中心主义的观点并无很强的说服力。笔者也注意到：在汉口开埠之前，武昌的一些手工业者已经开始了生产过程的局部更新，包括生产原料的替换以及生产工具的更新。甲午战争之后，民族资产阶级的艰苦创业更酝酿了民族工业的大发展，成为城市近代化的内在动力。正如徐新吾在《对中国资本主义萌芽等若干问题的探讨》中所言："中国的近代机器工业并非全部是从国外移植而来，中国原来有大量的手工业行业与手工业雇佣劳动，除部分被排挤没落淘汰的行业外，它们也必然会向着资本主义大机器工业过渡转化，只是出现了十分曲折反复的情况。"

二、由竞争到互补、由分立到统一的近代武汉三镇发展关系

武汉三镇，是武昌、汉阳、汉口的合称，三座城市分布于长江与汉水交汇处的两岸。曾经各自为镇，独立发展，却又彼此相连，共同书写着武汉的历史。在以水运为主要运输方式的古代，三镇凭借独特的地理区位和环境形成了"城港一体化"的经济形式。由于对长江水道与沙洲环境的依赖乃至于对环境资源的争夺，形成了三镇之间以竞争为主体的关系。1861年汉口开埠之后，三镇开始向近代转型。在这个过程中，三镇被日益紧密地结合成一个整体。古代三镇以竞争为主体的关系在近代演变为互补以及协同发展。以汉口为中心的长江中游商业圈的形成，推动了三镇经济结构的调整。一系列近代工业的创办，改变了武汉三镇旧的封建商业和消费性城市特征，使得古代三个独立发展的单纯的封建贩运经济中心开始向统一的近代生产贸易综合型城市转变。借助于近代交通技术的发展，三镇之间的社会生活联系大为加强，为三镇的统一发展奠定了技术与文化基础。水陆联运的发展，使武昌与汉口成为纵贯中国南北的铁路线的起点与终点，显示出铁路枢纽的巨大城市功能。内在的割不断的城市市民社会生活之间的联系使得近代武汉三镇协同发展，开始从分立的封建性城市向统一的近代大都市转化。最终，武汉长江大桥于1957年的建成与通车，使长江天堑变通途，武汉三镇也稳定地结成了同一个城市型政区。

三、"突变"与"渐变"相承继的近代城市空间形态演变过程

由于政治、经济、文化等不同作用的共同推动，城市空间形态的变化通常不是匀质的。重大历史事件通过刺激城市相关结构性的形态要素发生

变化，从而造成城市空间形态的"突变"。在这些重大历史事件之间，城市局部空间形态要素发生缓慢的变化，形成城市空间形态"渐变"过程。近代武昌城市空间形态的演变通过一系列"突变"以及"渐变"的历史过程，完成从传统相对封闭形态向现代开放形态演变。根据对影响城市空间形态的重大历史事件，将近代武昌城市空间形态的演变分为四个历史阶段：

第一阶段（1861—1911）：标志性历史事件是汉口开埠以及张之洞督鄂。1861年汉口开埠之后，一江之隔的武昌成为西方宗教势力在华中地区主要的传教中心。西式、中西合璧建筑的修建以及"文化租界"——教会区域的形成，改变了原有的城市肌理。1889—1907年张之洞督鄂，兴工业、办教育，为武昌城市带来城墙内外空间的变化。沿江工业带的出现，在极大程度上改变了城市沿江界面的形态特征。大量教育空间的插入与替换，使城市内部空间形态发生渐变。

第二阶段（1912—1926）：标志性历史事件是辛亥首义爆发以及粤汉铁路的修筑。辛亥武昌首义开启了民主共和宪政的新篇章，也促成城市空间的变革。新型开放性公共空间的建设，如城市广场、城市公园、城市道路以及纪念性公共建筑等，以多重方式物化了新政府的共和政治话语和纪念诉求。1918年粤汉铁路的通车带动了徐家棚车站新区的发展，形成城市空间结构中的新节点。铁路还牵引着城市空间北拓，沿江带状扩展的形式愈加分明。

第三阶段（1927—1937）：标志性历史事件是城墙的拆除以及武汉三镇统一建市。1927年武昌城墙拆除，空间形态由封闭走向开放。配合城墙拆除而进行的筑路工程，基本奠定了城市近代道路交通系统的格局。城区进出口道路的修建更带动了城市空间的拓展。武汉三镇合并设武汉市，改变了之前三镇因分治而行政管理混乱的状况。新的市政府引进欧美城市规划的理念与实践，意欲建构有序、高效、健康的现代城市空间来带动城市社会的全面发展。虽然计划未能完全实现，但民国中期的一些市政建设，大体遵循规划进行，对城市空间形态的演变产生了重大影响。

第四阶段（1938—1949）：标志性历史事件是城市的沦陷以及抗日战争的胜利。1938年10月，武汉沦陷。日据时期，日军根据军事攻防与统治的需要，对城市空间秩序重新划分，打破了城市形态原有的发展脉络，使得城市空间呈现出特殊的战时景象。抗日战争胜利后，虽然城市的空间形态没有发生结构性变化，但是大武汉区域规划的系列成果反映出国民政府对于三镇统一未来发展的美好愿景。不同于1927—1937年间置经济职能与效率为首位的武汉现代城市空间构想，大武汉区域规划综合了现代城市对于发展经济的重视以及传统城市中的山水环境观念，体现了政府城市空间意识的转变。因为规划的预见性与科学性，对新中国成立之后的武汉城市规划与建设产生了重要的影响作用。

四、多层级的适合中国城市研究的城市空间形态研究框架

从20世纪80年代末，英国城市形态学派与意大利建筑类型学派的理论被陆续传入中国。起源于19世纪末的德国地理学科的英国城市形态学派是基于康泽恩的理论和研究建立起来的。康泽恩通过对英国许多小城镇城市肌理发展演变的研究，建立了形态分析从小到大的层级系统，包括对建筑基底平面、地块、街道网络和城市规划平面的分析。20世纪50年代以后，意大利学者莫拉托尼和卡尼吉亚建立了意大利建筑类型学派。使用类型的方法理解城市和建筑环境及其历史发展，提出了建筑构件、建筑有机体、城市片断组织、城市有机体和区域有机体的城市形态组成规律。近年来，这两个学派的交流促成了新的形态类型学的产生，成为分析理解城市形态演变发展的重要工具，在城市历史保护中具有重要的应用前景。对于中国学者而言，如何学习借鉴西方形态类型学方法，发展适合中国城市发展特征的城市形态分析理论，准确地阅读、理解和分析城市的物质形态和历史发展也是目前城市形态研究的重点课题。

本文对于近代武昌城市空间形态的综合分析，建构了"城市（宏观）——街区（中观）——建筑（微观）"的多层级研究框架，是对借鉴西方类型形态学理论发展适合中国城市研究和对城市设计有指导作用的城市形态分析方法的初步探索。在这个研究框架中，三个层级系统之下对应7个形态要素：城市总平面、城市天际线、街道网络、街区、公共空间、公共建筑与住宅。它们所在的尺度具有连贯性：城市总平面与天际线是城市尺度下的两大要素；街道网络是勾连城市与街区的要素、公共空间是勾连街区与城市建筑的要素，而街道网络、街区与公共空间本身则可视作街区尺度下的三大要素；公共建筑与住宅为建筑尺度下的两大要素。这7个要素的单体在同一尺度下的相互关系和与上一层级要素单体之间的包含关系组成了城市的复杂巨系统。这7个城市形态要素普遍存在于中国城市中，它们的综合和相互作用形成了中国城市独特的空间形态。对这7个要素的演变研究可以阐明整个城市空间形态的历时演变，同时，由于它对每个形态要素的类型分析可以直接运用于具体的设计实践，从而具备一定的现实指导意义。

五、与自然山水环境相契合的近代城市空间形态综合特征

通过对7个城市形态要素的分析，可知近代武昌城市空间形态在3个层面都表现出与自然山水环境相契合的独特的形态特征。

城市（宏观）层面：近代武昌城市空间的空间扩展总是根据地形地貌条件而进行，从而又表现出与自然环境相互契合的不规整与自由的形态特征。在垂直形态上，城市天际线借助于自然山体的起伏，形成变化连

续、丰富的剖面梯度,充分展现出山水城市天际线层次丰厚、连续的独特魅力。黄鹄矶头的建筑群以各异的屋顶形态形成了波状起伏、层次丰富、中西形态杂糅的天际线,成为城市垂直形态上的标志性景观,也昭示了城市转型时期的文化交融特征。城市街道网络也表现出与自然环境契合的形态特征。主要道路基本走向为南北向与东西向,形成长方形格网状的街道系统。次要道路则与山水环境相适应:城北多围绕三座山形成,城南则多沿湖畔建设,布局相对自由。主城以外街道也呈现出与滨江的自然地理环境相适应的单边"鱼骨"状形态特征。滨江路段甚至考虑了景观与观景要求,为市民提供了公共活动的空间。

街区(中观)层面:山水环境在承担城市重要景观节点功能的同时,也参构到街区环境组织之中。边界与中心的双重控制,使得近代武昌城市街区界定清晰、特征鲜明,在一定程度上弥补了道路系统的不足,成为人们城市生活体验中重要且令人满意的部分。由于受到外来文化影响,出现新的生活、娱乐与社会交往方式,催生近代武昌城市休闲运动型公共空间,主要形式为城市公园与公共体育场。同时,由于武昌是近代诸多重要的政治事件发生的中心地,因此,城市居民的社会生活不可避免地与政治紧紧联系在一起,由此产生了城市政治集会型公共空间,主要形式为城市广场。这些空间多依托自然山水环境而成,并在景观形态上表现出拼贴与杂糅的特征。

建筑(微观)层面:近代武昌在外来文化和清政府主动求变的双重影响下,城市建设发生巨大变化,出现了许多新的公共建筑类型。同时,固有的古代建筑形式继续存在与发展,由此而形成了近代武昌城市建筑类型的多样性,体现着东西方不同功能类型的杂存与不同形式类型的交织。另外,还存在着功能类型分布不均的特点,文化教育类建筑成为近代公共建筑中的主体。国立武汉大学的建设,不仅使武昌城市文化教育职能进一步加强,也带动城市空间向东的扩展。同时,借助于自然山水营造优美的校园环境与建筑,彰显了武昌山水城市的风貌特色。

图　录

277

表　录

参考文献

一、古、近代文献与资料

[1]（北魏）郦道元．水经注．藏于武汉大学图书馆．

[2]（唐）李吉圃．元和郡县志．藏于武汉大学图书馆．

[3]（宋）王象之．舆地纪胜．藏于广州大学图书馆．

[4]（宋）罗愿．鄂州小集．藏于武汉大学图书馆．

[5]（宋）叶适．叶适集·水心文集．藏于武汉大学图书馆．

[6]（宋）王炎．双溪集．藏于武汉大学图书馆．

[7]（宋）黄榦．勉斋集．藏于武汉大学图书馆．

[8]（明万历）湖广总志．藏于湖北省图书馆．

[9]（明正德）湖广图经志．藏于武汉市地方志编纂办公室．

[10]（清康熙）江夏县志．藏于湖北省图书馆．

[11]（清嘉靖）汉阳府志．藏于湖北省图书馆．

[12]（清）胡丹凤．黄鹄山志．藏于武汉大学图书馆．

[13]（清）胡丹凤．大别山志·鹦鹉洲小志[M]．武汉：湖北教育出版社，2002．

[14]（清）顾祖禹．读史方舆纪要[M]．北京：中华书局，2005．

[15]（清）王葆心，续汉口丛谈再续汉口丛谈[M]．武汉：湖北教育出版社，2002．

[16]（民国）张春霆．张文襄公治鄂记[M]．武昌：湖北通志馆，民国36年（1947）．

[17]（民国）文士员．武昌要览[M]．武昌：亚新地学社，民国12年（1923），藏于武昌区档案馆．

[18]（民国）周荣亚．武汉指南[M]．汉口：广益书局，民国22年（1933），藏于武汉市图书馆．

[19]（民国）汤震龙．武昌市政工程全部具体计划书．民国19年（1930），藏于湖北省图书馆．

[20]（民国）朱皆平．武汉区域规划初步研究报告．民国34年（1945），藏于湖北省图书馆．

[21]（民国）朱皆平．武汉区域规划实施纲要．民国34年（1945），藏于湖北省图书馆．

[22]（民国）鲍鼎．武汉三镇土地使用与交通系统计划纲要．民国35年（1946），藏于湖北省图书馆．

[23] 董休甲．市政新论[M]．上海：商务印书馆，民国17年（1928），藏于湖北省图书馆．

[24] 湖北省政府建设厅编纂．湖北建设最新概况，民国22年（1933），藏于湖北省图书馆．

二、武昌、武汉地方史、志及资料汇编

[1] 刘玉堂，张硕，王本文．武汉通史·先秦卷[M]．武汉：武汉出版社，2006.

[2] 刘玉堂．武汉通史·秦汉至隋唐卷[M]．武汉：武汉出版社，2006.

[3] 李怀军．武汉通史·宋元明清卷[M]．武汉：武汉出版社，2006.

[4] 皮明麻，邹进文．武汉通史·晚清卷（上、下）[M]．武汉：武汉出版社，2006.

[5] 涂文学．武汉通史·中华民国卷（上、下）[M]．武汉：武汉出版社，2006.

[6] 皮明麻．武汉通史·图像卷 [M]．武汉：武汉出版社，2006.

[7] 陈芳国，黄建芳．武汉通史·中华人民共和国卷（上）[M]．武汉：武汉出版社，2006.

[8] 陈芳国，涂天向．武汉通史·中华人民共和国卷（下）[M]．武汉：武汉出版社，2006.

[9] 皮明麻．近代武汉城市史[M]．北京：中国社会科学出版社，1993.

[10] 皮明麻．武汉近百年史[M]．武汉：华中工学院出版社，1985.

[11] 武汉市武昌区地方志编纂委员会．武昌区志（上、下）[M]．武汉：武汉出版社，2008.

[12] 武昌区政协．武昌文史[Z]．藏于武昌区档案馆．

[13] 武汉市政协，文史资料研究委员会．武汉文史资料[Z]．藏于武汉市图书馆．

[14] 湖北省政协，文史资料研究委员会．湖北文史资料[Z]．藏于湖北省图书馆．

[15] 徐建华．武昌史话[M]．武汉：武汉出版社，2003.

[16] 武汉市地方志编纂委员会．武汉市志·城市建设志（上、下）[M]．武汉：武汉大学出版社，1996.

[17] 武汉市地方志编纂委员会．武汉市志·工业志（上、下）[M]．武汉：武汉大学出版社，1999.

[18] 武汉市地方志编纂委员会．武汉市志·商业志 [M]．武汉：武汉大学出版社，1989.

[19] 武汉市地方志编纂委员会．武汉市志·教育志 [M]．武汉：武汉大学出版社，1991.

[20] 武汉市地方志编纂委员会．武汉市志·文化志 [M]．武汉：武汉大学出版社，1998.

[21] 武汉市地方志编纂委员会．武汉市志·体育志 [M]．武汉：武汉大学出版社，1990.

[22] 武汉市地方志编纂委员会．武汉市志·社会志 [M]．武汉：武汉大学出版社，1997.

[23] 武汉市地方志编纂委员会．武汉市志·人物志 [M]．武汉：武汉大学出版社，1999.

[24] 武汉市地方志编纂委员会．武汉市志·军事志 [M]．武汉：武汉大学出版社，1999.

[25] 武汉市城市规划管理局．武汉市城市规划志 [M]．武汉：武汉出版社，1999.

[26] 武汉市地名委员会．武汉地名志[M]．武汉：武汉出版社，1990.

[27] 章开沅，张正明，罗福惠．湖北通史（晚清卷）[M]．武汉：华中科技大学出版社，1999.

[28] 皮明庥．武汉教育史[M]．武汉：武汉出版社，1994.

[29] 冯天瑜．黄鹤楼志[M]．武汉：武汉大学出版社，1999.

[30] 武汉市政建设管理局．武汉市政建设志[M]．武汉：武汉出版社，1988.

[31] 杨蒲林．武汉史话[M]．武汉：武汉出版社，2002.

[32] 武汉档案馆．武昌市抗战史料汇编[G]．藏于武汉市档案馆.

[33] 湖北革命实录馆．武昌起义档案资料选编[M]．武汉：湖北人民出版社，1981.

[34] 李泽等．武汉抗战史料选编[G]．武汉市档案馆编印，1985，藏于武汉市档案馆.

[35] 武汉市地名委员会．武汉地名志[M]．武汉：武汉出版社，1990.

[36] 武汉市防汛指挥部办公室．武汉堤防志[G]．武汉：武汉市防汛指挥部办公室编印，1986.

[37] 葛文凯．今昔武昌城[G]．武汉：武汉市武昌区档案局出版，2001.

三、国内外著作

[1] 饶胜文．布局天下——中国古代军事地理大势[M]．北京：解放军出版社，2001.

[2] 黄惠贤，李文澜．古代长江中游的经济开发[M]．武汉：武汉出版社，1988.

[3] 杨果．宋辽金史论稿[M]．北京：商务印书馆，2010.

[4] 谭其骧．鄂君启节铭文释地[M]．北京：中华书局，1962.

[5] 吴庆洲．中国军事建筑艺术[M]．武汉：湖北教育出版社，2006.

286

[6] 吴庆洲．建筑哲理、意匠与文化[M]．北京：中国建筑工业出版社，2005．

[7] 吴庆洲．中国古代城市防洪研究 [M]．北京：中国建筑工业出版社，1995．

[8] 吴庆洲．中国古城防洪研究 [M]．北京：中国建筑工业出版社，2009．

[9] 苏畅．〈管子〉城市思想研究[M]．北京：中国建筑工业出版社，2010．

[10] 张蓉．先秦至五代成都古城形态变迁研究[M]．北京：中国建筑工业出版社，2010．

[11] 万谦．江陵城池与荆州城市御灾防卫体系研究[M]．北京：中国建筑工业出版社，2010．

[12] 李炎．南阳古城演变与清"梅花城"研究[M]．北京：中国建筑工业出版社，2010．

[13] 王茂生．从盛京到沈阳——城市发展与空间形态研究[M]．北京：中国建筑工业出版社，2010．

[14] 刘剀．晚清汉口城市发展与空间形态研究[M]．北京：中国建筑工业出版社，2010．

[15] 傅娟．近代岳阳城市转型与空间转型研究（1899—1949）[M]．北京：中国建筑工业出版社，2010．

[16] 贺为才．徽州村镇水系与营建技艺研究[M]．北京：中国建筑工业出版社，2010．

[17] 刘晖．珠江三角洲城市边缘传统聚落的城市化[M]．北京：中国建筑工业出版社，2010．

[18] 冯江．祖先之翼——明清广州府的开垦、聚族而居与宗族祠堂的衍变[M]．北京：中国建筑工业出版社，2010．

[19] 段进．城市空间发展论[M]．南京：江苏科学技术出版社，1999．

[20] 段进，邱国潮．国外城市形态学概论[M]．南京：东南大学出版社，2009．

[21] 武进．中国城市形态：结构、特征及其演变[M]．南京：江苏科学技术出版社，1990．

[22] 任放．明清长江中游市镇经济研究[M]．武汉：武汉大学出版社，2003．

[23] 陈钧，任放．世纪末的兴衰——张之洞与晚清湖北经济[M]．北京：中国文史出版社，1991．

[24] 苏云峰．中国现代化的区域研究1860—1916·湖北省[M]．台湾近代史研究专刊，1981．

[25] 贺觉非，冯天瑜．辛亥武昌首义史[M]．武汉：湖北人民出版社，1985．

[26] 贺觉非．辛亥武昌首义人物传[M]．北京：中华书局，1982．

[27] 苑书义，孙华泽，李秉新．张之洞全集·第一册[M]．合肥：河北人民

出版社，1997.

[28] 陈旭麓，郝盛潮．孙中山集外集[M]．上海：上海人民出版社，1990.

[29] 赵德馨．张之洞全集[M]．武汉：武汉出版社，2008.

[30] 潘新藻．湖北建制沿革[M]．武汉：湖北人民出版社，1992.

[31] 沈云龙．近代中国史料丛刊第四十八辑[M]．台北：文海出版社，1970.

[32] 陈锋，张笃勤．张之洞与武汉早期现代化[M]．北京：中国社会科学出版社，2003.

[33] 冯天瑜，陈锋．武汉现代化进程研究[M]．武汉：武汉大学出版社，2002.

[34] 姜辉，等．大学校园群体[M]．南京：东南大学出版社，2006.

[35] 刘统畏．铁路修建史料第一集1876-1949[M]．北京：中国铁道出版社，1991.

[36] 秦尊文．武汉城市圈的形成机制与发展趋势[M]．武汉：中国地质大学出版社，2010.

[37] 龙泉明，徐正榜．老武大的故事[M]．南京：江苏文艺出版社，1998.

[38] 徐明庭．武汉竹枝词[M]．武汉：湖北人民出版社，1999.

[39] 胡俊．中国城市：模式与演进[M]．北京：中国建筑工业出版社，1995.

[40] 李军．近代武汉城市空间形态的演变[M]．武汉：长江出版社，2005.

[41] 隗瀛涛．中国近代不同类型城市综合研究[M]．武汉：湖北人民出版社，1999.

[42] 何一民．近代中国城市发展与社会变迁[M]．北京：科学出版社，2004.

[43] 张仲礼．中国近代城市发展与社会经济[M]．上海：上海社会科学院出版社，1999.

[44] 张仲礼．东南沿海城市与中国近代化[M]．上海：上海人民出版社，1996.

[45] 曹洪涛，刘金声．中国近现代城市的发展[M]．北京：中国城市出版社，1998.

[46] 庄林德，张京祥．中国发展与建设史[M]．南京：东南大学出版社，2002.

[47] 梁江，孙晖．模式与动因——中国城市中心区的形态演变[M]．北京：中国建筑工业出版社，2007.

[48] 陈锋．明清以来长江流域社会发展史论[M]．武汉：武汉大学出版社，2006.

[49] 王亚男．1900—1949年北京的城市规划与建设研究[M]．南京：东南大学出版社，2008.

[50] 李传义等．中国近代建筑总览——武汉篇[M]．北京：中国建筑工业出版社，1999.

[51] 涂勇．武汉历史建筑要览[M]．武汉：湖北人民出版社，2002.

[52] 李百浩．湖北近代建筑[M]．北京：中国建筑工业出版社，1999.

[53] 中国第二历史档案馆．湖北旧影[M]．武汉：湖北教育出版社，2001.

[54] 上海市历史博物馆．武汉旧影[M]．上海：上海古籍出版社，2007.

[55] 武汉市档案馆、武汉市博物馆．武汉旧影[M]．北京：人民美术出版社，1999.

[56] 武汉市档案馆．大武汉旧影[M]．武汉：湖北人民出版社，1999.

[57] 天津社会科学院出版社．千里江城：二十世纪初长江流域景观图集[M]．天津：天津社会科学院出版社，1999.

[58] 武汉历史地图集编纂委员会．武汉历史地图集[M]．北京：中国地图出版社，1998.

[59] 池莉．老武汉：永远的浪漫[M]．南京：江苏美术出版社，1998.

[60] 哲夫，余兰生，翟跃东．晚清民初武汉映像 [M]．上海：上海三联书店，2010.

[61] 武汉市国土资源与规划局．规划武汉图集[M]．北京：中国建筑工业出版社，2010.

[62] 吴之凌，胡忆东，汪勰等．百年武汉：规划图记[M]．北京：中国建筑工业出版社，2009.

[63] 李晓虹，陈协强．武汉大学早期建筑[M]．武汉：湖北美术出版社，2006.

[64] 陈正祥．中国文化地理[M]．北京：三联书店，1983.

[65]（美）施坚雅．中华帝国晚期的城市[M]．叶光庭，等译．北京：中华书局，2000.

[66]（美）徐中约．中国近代史：1600—2000，中国的奋斗（第六版）[M]．北京：兴界图书出版公司，2008.

[67]（瑞典）奥斯伍尔德·喜仁龙．北京的城墙和城门[M]．许永全译．北京：燕山出版社，1985.

[68]（英）霍华德．明日的田园城市[M]．金经元译．北京：商务印书馆，2000.

[69]（英）帕特里克·格迪斯．进化中的城市：城市规划与城市研究导论[M]．李浩，等译．北京：中国建筑工业出版社，2012.

[70]（美）凯文·林奇．城市形态[M]．林庆怡，陈朝晖，邓华译．北京：华夏出版社，2001.

[71]（美）刘易斯·芒福德．城市发展史——起源、演变和前景[M]．宋俊岭，倪文彦译．北京：中国建筑工业出版社，2005.

[72]（日）斯波义信．宋代江南经济史研究[M]．方健，何忠礼译．南京：江苏人民出版社，2012.

289

[73] 伊利尔．沙里宁．城市——它的发展．衰败与未来．顾启源译．北京：中国建筑工业出版社，1986.

[74] （美）斯皮罗．科斯托夫．城市的形成——历史进程中的城市模式和城市意义．单皓译．北京：中国建筑工业出版社，2005.

[75] （德）阿尔弗雷德·申茨．幻方——中国古代的城市．梅青译．北京：中国建筑工业出版社，2009.

[76] （日）广田康生．移民和城市．北京：商务印书馆，2005.

[77] 蒋赞初．长江中下游历史考古论文集．北京：科学出版社，2001.

[78] Frederick Law Olmsted Jr． "introduction" in City Planning: Aeries of Papers Presenting the Essential Elements of a City Plan [M]．John Nolen．New York and London: D Appleton and Company，1916.

[79] Conzen．M．R．G．Alnwick，Northumberland: a study in townplan analysis [M]．London: Institute of British Geographers，1969.

[80] Harvey．M．E．The urbanization of capital: studies in the history and theory capitalist urbanization[M]．The Johns Hopkins University Press．1985.

[81] Rapoport．A．History and precedent in environmental design[M]．University of Wisconsin Milwankee，1990.

[82] Whitehand．J．W．R，Larkham P J．Urban Landscape: International Perspectives [M]．London: Routledge，1992.

[83] Katharine Kia Tehranian．Modernity，Space and Power: the American City in Discourse and Practice [M]．Cresskill．NJ: Hampton Press，1995.

[84] Caniggia G，Maffel G L．Architectural Composition and Building Technology: Interpreting Basic Building [M]．Firenze: Alinea Editrice，2001.

[85] Cullen．G．Townscape [M]．The Architecture Press．1971.

[86] Cowan．R．Urban Design Guidance: urban design frameworks．Development briefs and master plans [M]．London: Thomas Telford Publishing，2002.

四、学位论文及会议论文集

[1] 张复合．中国近代建筑研究与保护（二）[C]．北京：清华大学出版社，2001.

[2] 张复合．中国近代建筑研究与保护（三）[C]．北京：清华大学出版社，2004.

[3] 张复合．近代中国建筑研究与保护（四）[C]．北京：清华大学出版社，2004.

[4] 张复合．近代中国建筑研究与保护（五）[C]．北京：清华大学出版社，2006.

[5] 龙胜春．清代武昌城市研究[D]．成都：四川大学硕士学位论文，2007．

[6] 涂文学．市政改革与中国城市早期现代化[D]．武汉：华中师范大学博士学位论文，2006．

[7] 曾艳红．鸦片战争以来武汉城市社会经济发展与地理环境[D]．武汉：武汉大学博士学位论文，2002．

[8] 庞广仪．粤汉铁路早期历史研究——基于国权视野的探讨[D]．苏州：苏州大学博士学位论文，2009．

[9] 李百浩．日本在中国的侵占地的城市规划历史研究[D]．上海：同济大学博士学位论文，1997．

[10] 郭建．中国近代城市规划范型的历史研究[D]．武汉：武汉理工大学硕士学位论文，2003．

[11] 徐渊．转型与重构——城墙与近代城市规划发展研究[D]．武汉：武汉理工大学硕士学位论文，2011．

[12] 唐静．武汉城市空间结构形态发展探析[D]．武汉：华中科技大学硕士学位论文，2003．

五、期刊杂志论文

[1] 吴庆洲．中国古城选址与建设的历史经验与借鉴[J]．城市规划，2004（24）：31-36．

[2] 田银生．自然环境——中国古代城市选址的首重因素[J]．城市规划汇刊，1999（4）：13．

[3] 田银生，谷凯，陶伟．城市形态研究与城市历史保护规划[J]．城市规划，2010（4）：21-25．

[4] 谷凯．城市形态的理论与方法：探索全面与理性的研究框架[J]．城市规划，2001（12）36-41．

[5] 肖大威．中国古代城市防火减灾措施研究[J]．灾害学，1995（4）：65．

[6] 郑莘，林琳．1990年以来国内城市形态研究述评[J]．城市规划，2002（7）：59-64．

[7] 何一民，曾进．中国近代城市史研究的进展、存在问题与展望[J]．中华文化论坛．2000（4）：65-69．

[8] 何一民．省会城市史：城市史研究的新亮点[J]．史林，2009（1）：1-7．

[9] 苏智良．城区史研的路径与方法——以上海城区研究为例[J]．史学理论研究，2006（4）：115-117．

[10] 任吉东．从宏观到微观 从主流到边缘——中国近代城市史研究回顾与瞻望[J]．理论与现代化．2007（4）：122-126．

[11] 李百浩．中西近代城市规划比较综述[J]．城市规划汇刊，2000（1）：43-46．

[12] 李百浩，王西波，薛春莹．武汉近代城市规划小史[J]．规划师，2002（5）：20-25.

[13] 李玉堂，李百浩．鲍鼎与武汉近现代城市规划[J]．华中建筑，2000（2）：127-129.

[14] 李百浩，薛春莹，王西波，赵彬．图析武汉市近代城市规划（1861-1949）[J]．城市规划汇刊，2002（6）：23-28.

[15] 李百浩，郭明．朱皆平与中国近代首次区域规划实践．城市规划学刊，2010（3）：105-111.

[16] 李百浩，郭建．日本在中国的侵占地的城市规划历史研究．城市规划汇刊，2003（4）：43-48.

[17] 李百浩，徐宇甦，吴凌．武汉近代里分住宅研究[J]．华中建筑，2000（3）：116-117.

[18] 李百浩，吴皓．中国近代城市规划史上的民族主义思潮．城市规划学刊，2010（4）：98-103.

[19] 张修桂．汉口河口段历史演变及其对长江汉口段的影响[J]．复旦大学学报（社会科学版），1984（3）：35-36.

[20] 刘盛佳，曾令甫．武汉城市沿革漫谈[J]．湖北大学学报（哲学社会科学版），1985（3）：90-91.

[21] 袁丰．城中湖形态变迁之意识流隐喻[J]．华中建筑，2011（10）：120-124.

[22] 黄绢．武汉里分住宅堂屋空间流变与分析[J]．华中建筑，2007（1）：169-175.

[23] 杨宇振．城市历史地图与近代文学解读中的重庆城市意象[J]．南方建筑，2011（4）：33-37.

[24] 杨宇振．图像之间：中国古代城市地图初探[J]．城市规划学刊，2008（2）：33-37.

[25] 葛兆光．思想史研究视野中的图像——关于图像文献研究的方法[J]．中国社会科学，2002（4）：75.

[26] 谭刚毅，雷祖康，殷伟．木雕的武汉城记——湖北红安吴氏祠堂木雕"武汉三镇江景图"辨析[J]．华中建筑，2010（5）：148-150.

[27] 谭刚毅．"江"之于江城——近代武汉城市形态演变的一条线索[J]．城市规划学刊，2009（4）：93-99.

[28] 张天洁，李泽，孙媛．纪念语境、共和话语与公共记忆——武昌首义公园刍议[J]．新建筑，2011（5）：6-11.

[29] 张天洁，李泽．重塑武汉：1927—1937年间的城市规划尝试述略[J]．建筑学报，2011：80-84.

[30] 张天洁，李泽．20世纪上半期全国运动会场馆述略[J]．建筑学报，

2008（7）：97-101.

[31] 吴薇．武昌古城之环境营构发展特征[J]．广州大学学报（社会科学版），2009（7）：94-96.

[32] 吴薇．近代中国城市公园建设解析——以武汉为例[J]．广东技术师范学院学报（自然科学版），2010（1）：53-55.

[33] 吴薇，刘红红．西学东渐下的中国近代城市公园建设[J]．古建园林技术，2011（4）：48-51.

[34] 武汉市文物考古研究所．武昌起义门前的城墙发掘与整理[J]．武汉文博，1990（4）：32-35.

[35] 龚胜生．两湖平原城镇发展的空间过程[J]．地理学报，1996（6）：489-499.

[36] 严昌洪．新发现的民国初年"首义文化区"设想[J]．武汉文史资料，2003（10）：4-6.

[37] 杨果，陈曦．宋代江湖平原水陆交通的发展及其对经济开发的影响[J]．武汉大学学报（人文科学版），2003（3）：274-278.

[38] 周向频，刘源源．从容的转型与主动的融汇——武汉近代园林的发展及对当代园林的启示[J]．城市规划学刊，2010（2）：111-116.

[39] 吴之凌，汪勰．武汉城市规划思想的百年演变[J]．城市规划学刊，2009（4）：33-39.

[40] 吴雪飞．武汉城市空间扩展的轨迹及特征[J]．华中建筑，2004（2）：77-79.

[41] 赵纪军，陈纲伦．从园林到景观——武昌首义公园纪念性之表现研究[J]．新建筑，2011（5）：36-39.

[42] 丁援．武汉——革命造就的转型之都[J]．新建筑，2011（5）：26-27.

[43] 姜一公．红楼——革命的摇篮[J]．新建筑，2011（5）：28-29.

[44] 葛亮．昙华林——革命大戏的后台背景[J]．新建筑，2011（5）：30-31.

[45] 段进．城市形态研究与空间战略规划[J]．城市规划，2003（2）：46-49.

[46] 皮明庥．武昌起义与武汉城市的毁兴[J]．广东社会科学，1991（5）：20-24.

[47] 冯天瑜．辛亥革命在破立双方的开创性贡献[J]．武汉大学学报（社会科学版），2011（5）：5-9.

[48] 赵艳，杜耘．武汉市河道变迁与商业中心的转移[J]．华中师范大学学报（自然科学版），1998（2）：241-245.

[49] Whitehand. J. W. R, Kai Gu. Extending the Compass of Plan Analysis: a Chinese Exploration [J]. Urban Morphology, 2007（2）：91-109.

293

[50] Kai Gu, Yinsheng Tian, Whitehand. J. W. R, et al. Residential Building Types as an Evolutionary Process: the Guangzhou Area, China [J]. Urban Morphology, 2008 (2) : 97-115.

[51] Lai Delin. Searching for a Modern Chinese Monument: The Design of the Sun Yat-sen Mausoleum in Nanjing [J]. Journal of the Society of Architectural Historians 61, No. 1 (2005) : 22-55.

[52] Knox. P. L. The restless urban landscape: economic and socio-culture change and the transformation of metropolitan Washington, D. C. [J]. Annals of the association of American Geographers, 1991 (81) : 181-209.

后　记

　　本书是在我的博士论文基础上修改完成的。攻读博士是一个漫长的求索过程。在6年多的求学经历中，既让我体会到学业的压力和求解的艰难，也让我享受了读书与思考的乐趣。回顾6年来的一切，深感非常幸运能够获得如此好的学习机会，更为幸福的是能得到如此之多的老师、同学、朋友、家人等的支持与帮助。

　　首先感谢我的导师吴庆洲先生。论文从选题、资料的收集、研究框架的组织到内容的完善等诸多方面均得到先生关键且及时的指点。先生渊博的知识、严谨的治学以及高尚的人格深深影响着我，使我受益匪浅。在此对先生及师母表示最诚挚的谢意。

　　衷心感谢华南理工大学程建军教授、唐孝祥教授、郑力鹏教授；广州美术学院吴卫光教授；广州大学龚兆先教授、董黎教授为本论文提出了大量富有启发性的建议。华中科技大学谭刚毅教授不仅为本文提出了富有启发性的建议，还提供了非常有价值的照片！谢谢！

　　衷心感谢谢璇、房莉、裴刚、陈立新、李炎、谷云黎、吴左宾、刘虹、张华、徐好好、刘红红、王晖、郭青、余炜楷等同学、朋友对我的不断支持与鼓励。

　　衷心感谢湖北省档案馆、武汉市档案馆、武昌区档案馆、武汉地方志编撰办公室等相关工作人员，实地调研和原始资料的收集过程中得到了他们的热情接待与大力支持。感谢武汉市规划院的汪勰、武汉市国土资源管理局的吴之凌、武汉大学李晓虹老师的慷慨赠书，开拓了我的研究视野。感谢武昌基督教崇真堂的温牧师、民间保护专家刘谦定在实地调研中的大力帮助。

　　最后，由衷地感谢我的家人。烈日炎炎下他们陪我在昙华林、武汉大学等地一遍又一遍地考察；他们的无私奉献解除了我读书的后顾之忧；他们的支持与理解是我前进的动力。感谢小宝贝的出生，在我茫然、退却、郁闷、急功甚至觉得自不量力的时候，是她的可爱与对她的爱给了我执著前行的勇气与动力。